工业和信息化部"十四五"规划专著

Stiffness Optimization Technology
of Robotic Machining System

机器人加工系统刚度优化技术

田 威 李 波 廖文和 著

科学出版社

北 京

内 容 简 介

工业机器人正越来越广泛地应用于航空航天复杂结构件的制造装配中,其高性能加工技术是实现构件高效高质高精加工的关键所在。本书针对机器人本体弱刚性结构属性导致产品加工质量差与加工轨迹精度低的问题,提出了工业机器人加工系统刚度优化的基础理论与关键技术,主要包括机器人刚度建模、机器人加工系统刚度性能分析、机器人刚度优化、基于刚度性能的机器人加工误差预测与补偿等内容,并进一步阐述了机器人加工系统刚度优化技术在航空航天钻孔、铣削中的应用,验证该技术的有效性。

本书可作为先进制造技术与装备科研人员的参考书,也可作为机械工程、航空宇航科学与技术等相关专业的高年级本科生、研究生的参考书。

图书在版编目(CIP)数据

机器人加工系统刚度优化技术/田威, 李波, 廖文和著.—北京: 科学出版社, 2023.6
ISBN 978-7-03-072671-1

Ⅰ. ①机… Ⅱ. ①田… ②李… ③廖… Ⅲ. ①机器人技术 Ⅳ. ①TP24

中国版本图书馆 CIP 数据核字(2022)第 111122 号

责任编辑:李涪汁 沈 旭 高慧元/责任校对:王萌萌
责任印制:张 伟/封面设计:许 瑞

科 学 出 版 社 出版
北京东黄城根北街 16 号
邮政编码: 100717
http://www.sciencep.com

北京中科印刷有限公司 印刷
科学出版社发行 各地新华书店经销
*
2023 年 6 月第 一 版 开本: 720 × 1000 1/16
2023 年 6 月第一次印刷 印张: 15
字数: 303 000
定价: 129.00 元
(如有印装质量问题,我社负责调换)

前　言

　　当前，在各行业智能化转型的巨大需求牵引下，工业机器人的市场规模屡创新高。随着信息技术、材料技术、数字化元器件技术等多种技术的不断提高，机器人的应用领域大幅拓展，已经覆盖汽车、电子、冶金、轻工、石化、医药等52个行业大类，在仓储物流、教育娱乐、清洁服务、安防巡检、医疗康复等领域实现了规模应用，在航空航天等高端制造领域的应用也在逐年攀升。

　　航空制造工业作为一项国家战略性产业，被誉为"现代工业之花"，是衡量一个国家技术、经济、国防实力和工业化水平的重要标志。随着新一代飞行器的迅速发展，多品种、小批量、快速转产的生产需求持续增长，利用数字化技术与网络化技术实现制造资源的快速整合，采用智能化、高柔性的工业机器人装备实现制造的快速响应，不仅符合智能制造的发展目标，也是提高航空航天制造效能的有效手段。

　　然而，工业机器人受其串联结构固有特性的影响，刚度仅为数控机床的1/50～1/20，甚至更低，弱刚性的结构特点导致工业机器人对工作载荷的耐受能力偏低。对于面向高精度重载加工领域的应用，机器人本体刚度特性会导致机器人加工轨迹精度低、表面加工质量差等一系列问题。对于制造、装配过程复杂的航空航天高附加值产品，机器人装配钻孔、铣削加工时的加工质量以及稳定性对于保证产品综合性能与生产效能具有重要意义。因此，研究机器人加工系统刚度特性，揭示刚度特性对加工质量的影响规律与作用机理，并寻求改善和提高机器人刚度的方法，对于完善机器人加工工艺规范，抑制机器人应用中的加工质量缺陷，具有重要的理论指导意义。此外，通过建立机器人加工系统的刚度模型，分析并优化机器人加工刚度特性，有利于相关理论和共性技术的扩展应用，对于推动我国航空航天制造技术的发展、提高行业智能化水平具有重要意义与应用价值。

　　本书包含8章内容。第1章为绪论，简要介绍机器人刚度的内涵与相关研究现状；第2章为机器人经典刚度建模，介绍了机器人系统经典刚度模型的建立与刚度系数的辨识方法；第3章提出了一种机器人变刚度辨识与建模方法；第4章为机器人加工系统刚度性能分析，建立了机器人刚度特性的标量判据模型，提出了机器人切削性能评价指标，分析了机器人刚度对加工精度的影响规律；第5章介绍了几种机器人运动学性能评估指标，提出了融合运动学和刚度性能的机器人加工姿态优化方法；第6章为动力学性能最优的加工姿态优化方法，建立了移动钻孔机器人多体动力学模型，提出了动力学振动响应最小的机器人姿态优化方法；第 7 章为刚度最优的机器人加工误差预测与补偿，提出了加工轨迹预测与误差分级补偿策略；第 8 章为典型应用。

本书由国家自然科学基金项目 (52075256，52005254 和 51875287) 资助，积累了作者团队近十年在工业机器人刚度优化领域的科研成果，能够为机器人应用领域的研究提供借鉴。

限于作者水平，书中疏漏在所难免，敬请读者指正。

田　威　李　波　廖文和
2023 年 1 月

目　录

扫一扫，看彩图

第 1 章 绪 论

1.1 背景及意义

计算机技术、通信技术、控制技术的发展以及各类高精密检测装置、控制单元的应用，极大地提高了制造业的信息化与自动化水平。伴随新技术、新装备的应用，人们对制造理念与技术的期望都发生了巨大转变。2013 年 4 月，德国在汉诺威工业博览会上率先提出"工业 4.0"计划，其核心思想是动态配置生产资源，把"智能制造"与"智能工厂"作为关键技术进行研究，另外将工业机器人技术与虚拟现实、人工智能、工业大数据、3D 打印、云计算等其他 8 项关键技术共同作为支撑工业 4.0 计划实施的核心技术 [1]。为迎接新技术给制造业带来的冲击与挑战，我国在借鉴德国工业 4.0 计划的基础上结合自身特点于 2015 年正式发布了迈向创新型制造业强国的《中国制造 2025》行动纲领，旨在实现由中国制造向中国创造转变的阶段性发展目标，并塑造一批具有核心竞争力的大国品牌 [2,3]。

近年来，我国高度重视航空业发展并给予大力支持，《"十二五"国家战略性新兴产业发展规划》明确将飞机产业纳入国家战略性高科技产业发展规划 [4]。飞机部件装配是飞机制造全流程中难度最大、工作量最多、工艺流程最为复杂的环节，装配质量的好坏直接决定飞机性能以及使用寿命的优劣，其工作量与成本投入占飞机制造总成本的一半以上 [5]。新一代军用飞机要求具有高隐身性、长使用寿命的特点，其部件外形在弦向与展向呈连续双曲率变化，内部骨架构成复杂、开敞性差，多种材料叠加，因此，实现高精度加工非常困难；再加上个性化定制的需求，小批量、快响应是其生产模式的主要特点。据统计，一架商用客机全机共有超过 130 万个连接孔，钻孔质量是影响飞机部件产品质量与综合性能的关键，对飞机实现高性能、长寿命等技术指标具有决定性的作用。连接孔加工效率的提升将大幅度提升飞机制造的效能，节约成本 [6]。传统工艺通常采用人工画线钻孔与铆接的方法，不仅无法满足孔的位置精度 (不低于 ±0.5 mm) 和姿态精度 (不低于 ±0.5°) 的要求，而且人工操作凭借工人经验，无法有效保证孔质量与叠层材料间的毛刺高度等要求，已经成为制约新一代飞机部件装配精度、影响其性能与寿命的难点问题。为克服人工操作带来的问题，近年来国内外开始采用自动钻铆设备进行飞机部件装配连接孔的加工 [7,8]，虽然一定程度上提高了孔的加工质量、精度与效率，但是由于飞机部件外形尺寸巨大、刚性弱的特点，机床设备必须以大型龙门结构、大尺寸立柱结构为床身平台，尺寸庞大、灵活性差[9]。再者，为实现对大曲率、弱刚性部件的可靠定位与高精度钻孔，机床设备通常与高精度数控托架进行配合使用，进一步增加了设备投入量与系统复杂性，成为制造企业庞大的经济负担[10]。

此外，随着我国航天事业的不断发展，在载人航天与探月工程、深空探测、空间飞行器在轨服务与维护、天地一体化信息网络等国家重大专项规划的框架下，大型航天器结构总装配体整体化加工能力的需求越来越旺盛。此类航天构件具有尺寸大、壁薄、刚度弱的特点，其制造装配质量直接影响高性能航天器的服役性能。以某型航天器舱体为例，直径达 3.5 m，长 9 m，外表面待加工的载荷安装支架面达 100 多个，加工精度要求极高。目前只能采用支架分体加工、组装测量、分体修配的方案，至少需要 1 次初装测量 → 拆卸转运 → 机床加工 → 转运复位安装 → 测量验证的过程。这种分体加工、检测修配、最终组装的方式的缺点是质量稳定性差、生产效率低、生产周期长，难以满足我国航天快节奏任务的需求。将支架提前安装在舱体上，以舱体坐标系为基准进行支架加工面的原位铣削加工，能够有效解决上述难题，实现大型舱体的高效加工。但是，由于舱体整体尺寸超大，远超普通加工中心的加工能力 (尤其是工作空间)，开发专用加工装备则会面临成本的制约问题。因此，寻求一种低成本、高柔性的航空航天部件装配加工载体，克服人工操作与大型机床在工程实际中的不足具有重要意义。

工业机器人作为一种智能、柔性加工载体，近年来备受制造业的青睐。突出的系统柔性、较强的环境与任务目标适应性、出色的人机交互与协同能力、显著的成本优势，使得工业机器人在制造领域得到广泛应用。文献 [11] 指出，应用于零部件加工、部件装配制造等领域的工业机器人数量将以每年 15% 的速度增长。以工业机器人作为加工载体，是航空航天制造装配行之有效的途径，可利用机器人高柔性、良好的人机协同性、低成本等优势，弥补大型数控机床设备的不足[12,13]。但是，工业机器人受其串联结构固有特性的影响，其刚度仅为数控机床的 1/50~1/20，甚至更低，弱刚性的结构特点导致工业机器人对工作载荷的耐受能力偏低。对于面向高精度加工领域的工业机器人，机器人本体刚度特性会导致机器人铣削轨迹精度低、表面加工质量差等加工缺陷。因此，研究机器人加工系统刚度特性，探索其对加工质量的影响规律与作用机理，寻求优化和提高机器人刚度的方法，对于完善机器人自动加工系统的工艺规范具有重要的理论指导意义。

综上所述，工业机器人在制造业尤其是飞机装配领域中具有广泛的应用前景。但是，高附加值产品制造对机器人加工系统提出的高运动精度、高加工质量、高加工稳定性的技术需求,与机器人本体弱刚性结构属性之间的矛盾依然突出,已成为制约工业机器人在高端制造业中应用推广的核心技术难题,急需基础理论创新和关键技术突破。研究机器人刚度特性及其对加工质量的影响机理,探索可行、可靠的机器人刚度优化策略与轨迹误差补偿方法,是克服机器人结构固有缺陷、提升机器人加工效能的有效手段。本书的应用基础研究可以极大地丰富机器人刚度建模与优化的基础理论知识和工程实现方法,对机器人加工系统轨迹精度控制方法的研究具有重要的理论指导意义和工程应用价值。技术研究成果将有效解决我国高附加值产品生产装配制造中所面临的关键技术难题,为我国高端智能制造技术及装备的研制提供坚实的理论保障,有利于以工业机器人为载体的先进制造装备在高端制造领域的推广应用,成为产业转型升级的强大推动力。

1.2 工业机器人高端制造装备

当前,工业机器人已经较为广泛地集成应用于欧美发达国家的航空、航天、船舶等领域高附加值产品的研制和批产。美国 Electroimpact (简称 EI) 公司与波音公司联合研制了 ONCE (One-sided Cell End Effector) 机器人钻孔系统,如图 1.1(a) 所示,该系统以 KUKA KR350 型工业机器人作为钻孔加工的载体,搭载多功能末端执行器实现了对 F/A-18E/F 大黄蜂系列飞机襟翼部件的自动钻孔、锪窝等任务 [14,15]。德国 BROETJE 公司研制的双机器人自动钻铆系统,如图 1.1(b) 所示,通过两台 KUKA 机器人协同运动,实现了钻孔、插钉与铆接的一体化协同装配,大幅提高了装配效率 [16]。德国 Fraunhofer 协会研发的移动铣削机器人系统通过集成双目视觉伺服控制技术与关节转角反馈控制技术,在机器人末端以 3000 mm/min 的速度进给时,轨迹精度可达 ±0.35 mm,已成功应用于空客 A350 机身及翼面部件的修配,如图 1.1(c) 所示 [17]。美国 EI 公司通过集成工业机器人与模块化铺丝头,为波音 787 客机的全复材前机身的制造研制了机器人铺丝系统,如图 1.1(d) 所示,实现了高达 50 m/min 的铺放速度与 ±0.75 mm 的轨迹精度,大幅提升了复材部件生产效能 [18]。图 1.1(e) 所示是瑞典 NOVATOR 公司为波音公司研制的机器人螺旋铣孔系统,该系统主要用于较大尺寸 (直径 6 mm 以上)、难加工材料孔的螺旋铣削加工 [19]。图 1.1(f) 所示为德国 BROETJE 公司研制的 RACe (Robot Assembly Cell) 机器人钻孔系统,凭借集成的离线编程软件可完成对机器人全工艺流程的任务规划和加工路径优化,具备单侧压紧钻孔和自动换刀功能 [20]。图 1.1(g) 所示是瑞典 Linkoping 大学为 "神经元" 无人机中央翼盒装配研制的机器人钻孔系统,该系统钻孔末端执行器设计得十分轻巧,能够伸入翼盒内部对骨架结构进行钻孔加工,充分发挥了机器人的灵巧性,实现了飞机部件的装配工装与加工设备的低成本化 [6]。

(a) 美国EI ONCE机器人钻孔系统[14]   (b) 德国BROETJE双机器人自动钻铆系统[16]

 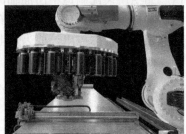

(c) 德国Fraunhofer协会移动铣削机器人[17]   (d) 美国EI机器人铺丝系统[18]

(e) 瑞典NOVATOR机器人螺旋铣孔系统[19]   (f) 德国BROETJE RACe机器人
                                                            钻孔系统[20]

(g) 瑞典Linkoping大学机器人钻孔系统[6]

图 1.1   国外典型机器人制造装备

我国在机器人加工技术与装备领域起步较晚，以高校和科研院所为主开展研究，近年来突破了机器人精度补偿、加工任务离线规划、末端执行器设计等多项关键技术，研制出一批具有工程应用价值的机器人加工系统。浙江大学研制了面向飞机交点孔的机器人精镗加工系统，采用激光跟踪仪全闭环控制方法，对机器人末端加工位姿在线测量与修正，如图 1.2(a) 所示[8,21]。北京航空航天大学研制了面向壁板类部件装配的机器人钻孔系统，如图 1.2(b) 所示，通过集成的视觉检测模块实现了钻孔基准检测功能，使得钛合金和铝合金材料的钻孔精度均达到H9[9]。华中科技大学为大型风电叶片开发了一套多机器人协同磨抛系统[22]，如图 1.2(c) 所示，在叶片两侧各安装一套直线地轨，且每套地轨均安装两套磨抛机器人单元，分别对各自一侧的叶根和叶尖部分进行磨抛。南京航空航天大学在机器人精度补偿、离线编程、钻铆工艺机理与集成控制等技术领域开展了深入研究，形成了多平台、系列化机器人智能制造装备[18,23−28]。其中，南京航空航天大学研制了面向复材叠层部件装配的机器人钻铆系统，同时针对铝合金叠层部件研发了集成电磁铆接设备的双机器人协同钻铆系统，有效提升了翼面叠层材料的装配效率与质量，如图 1.2(d) 与图 1.2(e) 所示[29,30]。此外，针对航天器舱体部件原位铣削需求，研制了移动机器人铣削装备，如图 1.2(f) 所示，有效提升了大型航天舱体的制造效率。上述装备均在我国重点型号上开展应用验证并取得了良好的工程效果。

我国在工业机器人加工技术与装备研制领域的投入已初见成效，针对加工任务研制多功能末端执行器、检测装置、柔性定位工装以及外围保障装置等都已具备较高的集成度和自动化水平，加工系统精度已经达到与国外先进产品比肩的水平。但是，围绕机器人本体刚度特性以及受机器人刚度特性条件约束的加工工艺研究尚不完善，对于基于机器人本体刚度特性的加工工艺方面的研究大部分依旧停留在试验摸索的水平，加工质量与国外先进设备仍有一定差距。

(a) 浙江大学机器人钻(镗)孔系统[8]   (b) 北京航空航天大学机器人钻孔系统[9]

(c) 华中科技大学多机器人协同磨抛系统[22]　　　(d) 南京航空航天大学机器人
钻铆系统

(e) 南京航空航天大学双机器人协同钻铆系统　　(f) 南京航空航天大学移动机器人铣削装备

图 1.2　国内典型机器人制造装备

1.3　机器人刚度对切削加工的影响

　　工业机器人弱刚性是制约其在高精加工领域应用的一大难题。由于机器人弱刚性导致的加工问题主要包括两方面：① 机器人弱刚度会导致轨迹加工精度降低；② 弱刚度会导致切削稳定性变差，造成加工质量下降。研究发现，即便是重载工业机器人，其刚度值也仅是数控加工机床的 1/50~1/20，甚至更低。以铣削任务为例，平均每作用 500N 的切削力，就会在工业机器人末端造成大约 1 mm 的运动轨迹偏差；相比之下，同等载荷作用的条件下，机床产生的轨迹偏差小于 0.01 mm。刚度问题是机器人加工技术领域迫切需要解决的难点问题，也是近年来学者和工程技术人员研究的热点问题。正是由于机器人弱刚性引起的加工质量与精度缺陷，目前只有不到 10% 的工业机器人运用于钻孔、铆接、铣削、磨削等重载高精度加工领域。

　　加工轨迹精度问题是指机器人在切削力载荷的作用下实际运动轨迹较理论轨迹发生较大偏移，造成加工精度下降。Cen 等 [31] 在进行机器人铣削研究时发现，即使在小直径刀具微量切削的条件下，机器人进行直线铣削加工的轨迹偏差也有 0.1 mm。Zaeh 等 [32] 发现机器人铣削轨迹偏差高达 1.7 mm，在进行曲线、圆周加工时偏差更大，而且轨迹过渡段的加工质量很差，甚至出现明显的波纹状加工痕迹。Olsson 等 [33] 在研究机器人精密钻孔时发现，由于工业机器人弱刚性的特点，在钻孔载荷作用下末端执行器会沿着垂直于孔轴线的平面产生微量滑动，导致孔位置精度、孔径精度、孔壁表面质量、出口质量等均不能满足飞机装配孔的质量要求。这类问题的解决办法主要分为两类：基于误差测量的轨迹修正方法和基于刚度模型的补偿方法。前者通过对参考样件进行加工并测量样件的加工误差，对机器人加工轨迹进行反向修正，达到提升加工精度的效果。例如，Matsuoka 等 [34] 采用工业机器人进行铝合金的高速铣削加工时，通过测量机器人加工后的轨迹偏差，在对应的位置增加逆向位移以补偿部分偏差，起到提高机器人加工轨迹精度的效果。Abele 等 [35] 在加工曲面类零件时，通过对试加工参考样件的几何尺寸进行详细测量，计算出机器人轨迹偏差再反向补偿。这种方法不仅增加了工作量，还需要掌握复杂的曲面测量与逆向重构技术，实施难度大。随着对机器人加工需求的增加，Schneider 等 [36] 认为基于刚度模型的补偿方法具有较好的适应性，其核心思想是建立完善的机器人刚度模型，预测切削载荷作用后机器人末端的变形误差，通过离线或在线的方式进行轨迹补偿。例如，Klimchik 等 [37] 基于机器人刚度模型与偏差预测的思想，成功实现了对加工轨迹偏差的补偿，提高了机器人的加工精度。

由于机器人刚度特性引起的加工质量缺陷是机器人应用于高精加工领域的又一个难点问题。受低刚度特性的影响，在实际加工过程中，即使是轻微的切削力作用，机器人末端也会产生比较大的振动，影响产品的表面加工质量。Pan 等 [38] 通过试验研究发现，工业机器人的固有频率远小于机床，更容易发生切削颤振的情况，而且切削颤振多由机器人的低频特性所致。接着，Pan 等 [39] 深入分析了三维铣削力的作用特点，发现工业机器人在铣削平面内的二维平面刚度与铣削力之间需满足严格的方向约束关系，才能保证铣削过程的稳定性。由此揭示了机器人铣削过程中切削颤振由切削平面内机器人刚度特性与铣削力相互作用所致。机器人在镗孔加工时，经常会出现振动，进而导致孔加工表面质量变差。Guo 等 [8] 研究机器人镗孔加工动态性能发现，机器人本体是镗孔加工系统中的主要柔性部件，揭示了压紧力对于抑制机器人镗孔切削振动的机理。

以上研究分别针对机器人铣削和镗孔加工，揭示了切削颤振出现的原因与抑制方法。从研究结论能够看出机器人低刚度特性是导致加工质量差和加工精度低的主要原因，机器人刚度特性与加工质量间的作用机理是提高机器人加工质量的首要问题。

1.4　机器人刚度特性研究

工业机器人的刚度表征了外部载荷作用下机器人抵抗结构变形的能力。一方面，机器人在自重和外部载荷的作用下，关节和连杆会产生相应的变形，串联结构的累积和放大效应会造成机器人末端产生显著的位姿误差，降低机器人的定位精度；另一方面，机器人弱刚性结构属性导致在较高速运动或者交变载荷的作用下会产生结构振动，影响加工质量。因此，研究机器人刚度特性是实现机器人高精度加工的关键所在。

1.4.1　机器人刚度建模方法

建立精确的机器人刚度模型，是分析机器人加工刚度性能分布规律的基础，更是机器人刚度优化与结构挠度误差预测与补偿的理论支撑。在机器人加工系统中，刚度反映了其加工能力以及在加工载荷作用下定位精度的保持能力。从切削加工的角度讲，机器人刚度直接决定其对切削载荷的耐受能力，进而影响加工过程中工艺参数的选取[40]。

机器人刚度一般分为连杆刚度和关节刚度，其中关节刚度对机器人性能的影响最为显著。关节刚度包括关节驱动伺服刚度和关节传动结构刚度，对于机器人加工系统，两者的综合作用可视为关节处的线弹性扭转变形[40]，有关机器人加工系统刚度特性的研究均是在该简化模型的基础上进行的。Abele 等[41]基于连杆刚性假设，认为末端受力后的变形来源于机器人各关节转角的柔性，采用虚功原理与能量守恒的方法，推导出工业机器人关节空间刚度矩阵与笛卡儿空间刚度矩阵之间的映射关系，实现了对机器人受力后末端变形的预测，并利用该方法对机器人铣削轨迹进行修正。然而，Abele 等的研究没有把末端受力作为影响因素纳入机器人刚度模型中，实际上外部载荷会引起机器人姿态的微小变化，进而影响关节空间和笛卡儿空间的刚度关系。针对这个缺陷，Chen 等[42]把载荷、机器人姿态、关节柔度一同考虑，修正了 Abele 等的刚度模型，提高了工业机器人刚度建模的准确性，并将其方法命名为守恒合同变换 (Conservative Congruence Transformation，CCT) 法。

CCT 方法只需建立机器人运动学模型、辨识机器人关节转角柔度矩阵，即可获得机器人笛卡儿刚度矩阵。Dumas 等[43]通过在机器人末端施加静载荷，利用激光跟踪仪和六维力传感器测量机器人所受负载及受载前后的末端位姿变化，辨识得到 KUKA KR240-2 工业机器人的关节刚度模型。Zhou 等[44]认为机器人制造装配造成的误差会导致其理论运动学模型不准确，造成力雅可比矩阵的求解误差。鉴于此，Zhou 等首先对机器人运动学几何参数进行辨识，修正了运动学模型，在此基础上完成了对机器人转角柔度矩阵的辨识，最终建立了机器人刚度模型。Slavkovic 等 [45,46] 采用雅可比矩阵与试验辨识得到的关节柔度矩阵建立了 5 轴串联机器人的刚度模型，并分析了单个关节柔度对笛卡儿三维刚度的影响，作为优化末端受力与修正机器人加工轨迹的依据。Klimchik 等 [47] 针对连杆重力对机器人刚度建模的影响，提出了综合考虑连杆重力和机器人末端所受载荷的刚度建模方法，进一步提升了刚度建模精度。为进一步逼近工况环境下的机器人状态，Alici 等 [48] 预先将加工末端执行器安装到工业机器人法兰盘上，通过在末端执行器上进行加载的方式，实现了对关节柔度矩阵的辨识 (图 1.3)，并验证了机器人变形与载荷间的线弹性关系，该方法在工程应用领域具有很好的借鉴意义。Klimchik 等 [49] 利用类似的方法，实现了对重载机器人在工厂环境下的刚度辨识与刚度建模，使得 KUKA KR270 工业机器人在负载 2.5 kN 的情况下，定位误差可保证在 0.2 mm 以内。

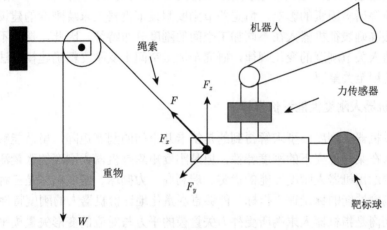

图 1.3 Alici 等通过在末端执行器上加载进行刚度辨识 [48]

国内学者对机器人刚度特性及其建模方法也有深入的研究。王玉新等 [50] 研究了机器人关节刚度对关节误差的影响，通过建立关节转角和机器人末端之间的刚度模型，降低了工业机器人关节误差。窦永磊等 [51] 通过研究并联机构刚度的半解析建模与全域快速预估问题，揭示了一种 6 自由度混联机器人整机静刚度在任务空间中随位形的变化规律，满足了该型机器人对焊接、切割、打磨等应用的需求。针对 Tricept 和 TriVariant 系列 5 自由度混联机器人，黄田团队 [52,53] 采用全变形雅可比矩阵法建立了整机的刚度模型，并将柔度矩阵的最大奇异值作为整机刚度的评价指标，评估出系统关键部件对整机刚度的贡献率，以此进行结构优化设计。黄心汉 [54] 提出了一种机器人刚度的试验测试方法，介绍了试验过程中作用载荷、末端变形在坐标系之间的变换原理，并通过加载试验求解出 Unimate

PUMA 560 机器人的刚度矩阵。针对切削加工机器人，张永贵等[55,56] 将机器人关节转角及连杆视作柔性体，建立了机器人本体关节、连杆与笛卡儿刚度之间的关联关系。针对打磨机器人，李成群等[57] 构造了关节柔度与末端笛卡儿刚度之间的传递关系，以此为据计算出机器人刚度矩阵；通过逐步增加单个转角关节的柔度系数，发现机器人末端笛卡儿刚度随关节柔度系数的增加而增强，且当关节柔度系数超过一定阈值时，末端刚度将不再随关节柔度系数的增加而增强，该结论的发现对于指导机器人关节刚度的设计与优化具有重要意义。柯映林团队[58-60] 以工业机器人镗孔系统为研究对象，沿用 CCT 方法建立了机器人刚度模型，通过优化机器人加工姿态提高了孔加工质量。此外，北京交通大学、华南理工大学等研究机构的学者也对机器人刚度特性与刚度建模方法有深入的研究[61-64]。

综上所述，针对机器人刚度建模与辨识，现有研究成果较好地解决了机器人关节刚度与笛卡儿刚度的映射关系。但由于机器人关节刚度辨识受到采样姿态、末端载荷等诸多因素的影响，恒定关节刚度假设下机器人末端刚度的建模精度有限，无法准确表征机器人在不同加工空间的刚度分布特征。因此，探索不同加工空间机器人关节刚度的变化规律，研究全加工空间下变刚度精确建模方法，对机器人的应用至关重要。

1.4.2 机器人刚度性能评价指标

通过机器人刚度模型求解得到的是笛卡儿空间的刚度矩阵，虽然能够全面反映机器人在某一位姿下的刚度特性，但是刚度矩阵是机器人刚度的张量测度，不能直观表达出机器人刚度性能的优劣。瑞利商、力椭球、刚度椭球是三种常用的机器人刚度性能的标量评价指标，能够直观量化地评价机器人的刚度特性。

瑞利商是指机器人末端所受外力矢量模的平方与对应的变形矢量模平方的比值，反映了机器人在不同姿态下刚度性能的分布情况。所以，当机器人末端受到载荷时，瑞利商的值越大，则机器人抵抗变形的能力越强，刚度越大。

力椭球是度量机器人刚度特性的指标[65]。假设 $\boldsymbol{\tau}$ 是作用在机器人关节的扭矩 (机器人自由度是 m)，且 $\|\boldsymbol{\tau}\| = 1$，根据力雅可比矩阵的定义有 $\boldsymbol{\tau} = \boldsymbol{J}^{\mathrm{T}}(\boldsymbol{\theta})\boldsymbol{f}$，$\boldsymbol{f}$ 是作用在末端的载荷，$\boldsymbol{J}$ 是雅可比矩阵，$\boldsymbol{\theta}$ 是关节变量。则对于 $\|\boldsymbol{\tau}\| \leqslant 1$ 空间内的任一载荷 $\boldsymbol{f}$，在欧几里得空间构成一个 m 维的椭球，该椭球称为力椭球。力椭球用来衡量机器人的可操作性，主轴越短则机器人操作性能越好，在该方向的刚度越差。反之，主轴越长则该方向的刚度越好，操作性越差。雅可比矩阵和机器人的位姿密切相关，因此力椭球也依赖于机器人位姿，当力椭球接近于圆时，机器人操作性趋于各向同性，在各个方向都有较一致的载荷传递能力。

刚度椭球描述当前位姿下机器人刚度在空间的分布情况[66,67]。以空间三维笛卡儿刚度为例，设矩阵 $\boldsymbol{K}_{3\times3}$ 是机器人的线刚度矩阵，则有 $\boldsymbol{f} = \boldsymbol{K}\boldsymbol{d}$，$\boldsymbol{d}$ 是相应的线位移。对于任意单位力 $\boldsymbol{f}$，对应的所有变形 $\boldsymbol{d}$ 在欧几里得空间内构成一个三维椭球，即刚度椭球。若刚度矩阵 $\boldsymbol{K}$ 的特征向量是 $\boldsymbol{u}_i(i=1,2,3)$，对应的特征值是 $\lambda_i(i=1,2,3)$，根据 $\boldsymbol{K}$ 的正定性，假设有 $\lambda_1 > \lambda_2 > \lambda_3 > 0$。则刚度椭球的主轴方向是矩阵 $\boldsymbol{K}$ 的特征向量方向 $\boldsymbol{u}_i(i=1,2,3)$，对应的半长轴的长度是 λ_i $(i=1,2,3)$。刚度椭球的物理意义在于，机器人在 $\boldsymbol{u}_1$ 方向的刚度性能最好且刚度值是 λ_1，在该方向上抵抗外力的能力也就最强；相反，机器人在 $\boldsymbol{u}_3$ 方向的刚度性能最差，抵抗外力的能力也最弱。刚度椭球反映了机器人的基本力学性能，是进一步研究机器人刚度特性的基础。

上述三种机器人刚度性能评价指标反映了特定姿态下机器人本体的刚度特性，能够得到机器人刚度最大与最小的方向，并且能够衡量机器人在特定姿态下本体刚度的平均水平。对于机器人加工系统，机器人的主要受力方向基本上不可能与其本体刚度最优的方向重合，因此，提出一种针对特定方向的机器人刚度性能评价方法，对于量化评估机器人在任务目标方向上对加工载荷的耐受能力更具实用意义。

1.5 机器人刚度优化研究

影响机器人刚度性能的因素主要有以下三方面：① 机器人本体的结构设计及材料属性，主要影响连杆结构的刚度；② 驱动机构以及传动机构的刚度，也就是关节刚度，主要表现为关节驱动电机和减速器的扭转刚度以及电机的伺服刚度；③ 机器人的几何构型，也就是机器人的工作姿态。通常提升机器人刚度的方法主要从以上三方面入手，优化目标也多以瑞利商、力椭球、刚度椭球作为机器人刚度性能指标的参考判据。

通过优化本体结构提升机器人刚度性能多用于机器人结构设计阶段，主要包括形状优化、尺寸优化和拓扑优化等方法 [68−70]。其中，形状与尺寸优化主要以机器人任务目标的功能需求为约束，通过寻优算法求解出满足机器人刚度要求的几何参数；拓扑优化主要通过对工业机器人进行动力学仿真和有限元分析，找到整体结构中刚度最弱的零部件，然后对其进行优化设计，并对刚度较高的部位进行减重处理，以提升机器人的总体刚度性能。现有机器人加工装备多采用成熟的商业产品，通过改变本体结构以增强机器人刚度的策略在推出市场认可的高精度机器人之前是不可行的。

在特定类型的加工任务中通过设计末端辅助结构强化加工刚度也被认为属于结构优化设计的范畴 [71−73]。Olsson 等 [33] 针对机器人钻孔加工过程中末端执行器发生侧向滑移的问题，采用刚性压力脚的方案，研究了压紧力对机器人钻孔径向刚度的强化机理，同时结合六维力传感器反馈保证了稳定的压紧力，有效抑制了钻孔侧向滑动，改善了机器人钻孔定位精度和加工质量。布音等[74,75] 研究了压力脚对钻孔加工的质量强化机理，并实现了压紧力作用效果的定量评估，为压紧力优化和机器人加工性能评估提供了理论依据。Guo[8] 也提出了一种基于压力脚机构的振动抑制方法，并成功应用于机器人精确镗孔加工。但无论钻孔还是镗孔加工，都是典型点位加工，压力脚结构的刚度强化模式并不适用于铣削、磨削等连续轨迹加工任务。

优化机器人刚度的另一种途径是设计一种变刚度控制器，主要思想是根据具体任务对机器人刚度的需求，调整驱动电机的输出力矩，达到刚度自适应优化的目的。利用变刚度控制器对机器人刚度进行优化的方法，不仅需要准确完善的刚度模型，还需要设计复杂的控制系统[76,77]。近年来国内外学者针对机器人关节刚度主动控制开展了诸多研究，以实现刚度的自适应优化[78-82]。然而目前机器人变刚度关节只适用于小负载机器人，且现有变刚度控制器的设计目的都是提高机器人运动柔顺性及降低关节缓冲，反而降低了关节刚度，与重载高精度机器人装备工艺需求相悖。

以上两种方法常应用在机器人的设计阶段，对于机器人自动加工系统通常采用成熟的工业机器人商业化产品作为加工载体，改变商业化机器人的连杆结构，增强其刚度几乎不可能。另外变刚度控制的设计需要与机器人伺服控制系统进行复杂的通信，而受到机器人控制器封闭性的限制，实现变刚度控制也有极大难度。因此，提高机器人刚度的途径就倾向于从优化机器人的姿态入手。

在钻孔、铣削等机器人加工任务中，任一加工位置的任务执行需要五个自由度，六自由度的工业机器人在加工过程中存在一个冗余自由度，此外机器人加工装备往往将机器人安装到地轨或自动导引车 (Automatic Guided Vehicle，AGV) 等变位器以扩大有效加工空间与任务适应性，又会为机器人装备提供至少一个功能冗余自由度。冗余自由度是机器人基于姿态优化的刚度强化策略的实施基础[83]。利用冗余自由度可以调整加工姿态以获得任意约束下的机器人最优刚度[84,85]。Slamani 等[86] 在研究机器人复材零件铣削工艺时发现，不同姿态下机器人加工质量和切削力都有明显差异，由此证明姿态对机器人加工刚度与加工性能有直接影响。Angeles[87] 基于工业机器人功能冗余特性，在规划机器人加工路径时，重新定义了机器人任务目标，把机器人到达加工点位置和姿态作为一级任务，把机器人运动学操作性作为二级任务，在到达加工点位置和姿态的前提下通过自身冗余自由度调整姿态获得了最好的运动学操作性能。基于功能冗余二级任务定义的思想，Pei 等[88] 以机器人力椭球作为刚度性能判据，通过优化机器人工作姿态，提高了机器人在载荷作用方向上的操作性，提升了机器人的抓取精度与效率。类似地，Friedman 等[89] 采用力椭球与刚度椭球相结合的方法，优化机器人的抓取姿态，实现了机器人操作性与刚度的综合优化。

Zargarbashi 等 [90] 认为，基于运动学姿态特性的机器人性能优化远不能满足切削机器人的使用需求，把机器人承受切削载荷能力作为机器人姿态的优化目标，对于机器人加工系统刚度的提升更具实用价值。Sabourin 等 [91] 利用附加外部轴的冗余自由度，提出了结合运动学性能、机械力传递性能、刚度性能的综合优化目标函数，实现了机器人点位加工的姿态优化以及连续切削加工的轨迹优化。He 等 [92] 综合考虑了机器人关节刚度和运动学参数与末端位姿误差的映射关系，以误差最小为优化目标开展了姿态优化研究，有效提升了铣削轨迹精度。Xiong 等 [93] 以机器人关节极限和奇异位姿规避为约束，提出了刚度性能最优的铣削机器人加工姿态离散化搜索算法，加工试验结果表明，优化后的机器人铣削轨迹精度得到了显著提升。Ajoudani 等 [94] 把刚度椭球的形状和尺寸作为机器人刚度性能的评价指标，衡量当前姿态下机器人的基本力学特性；进一步地，为提高机器人抵抗来自某一特定方向载荷的能力，以优化机器人工作姿态为手段，改变刚度椭球的形状与尺寸，使得刚度椭球在载荷作用方向具有最大的分量。Vosniakos 等 [84] 对加工起始点的姿态进行优化，使得机器人在加工全过程具有稳定、一致的刚度性能，为工业机器人姿态优化提供了一条新思路。

可以看出，现有的研究分析了影响机器人加工刚度的主要因素，同时证明了机器人姿态对末端加工刚度存在直接影响，使得姿态优化成为提升机器人加工刚度与加工效能的热点方向。但在实际加工任务中，加工过程的稳定性、安全性与加工质量同等重要。因此，建立一种机器人加工姿态综合优化方法，以机器人运动学性能为约束，在保证运动平稳、安全的前提下选择刚度最优的加工姿态，具有重要的工程应用价值。

1.6 本书主要内容

本书以面向高附加值产品的机器人制造装备为研究对象，立足于工业机器人的本体刚度特性，通过对加工刚度建模与优化，达到提高机器人加工精度与质量的目的。尽管现有研究在机器人加工系统刚度建模与优化方面取得了一些成果，但仍存在诸多问题有待解决。针对现有研究大多都是假设机器人刚度为恒定值的不足，提出了机器人变刚度辨识与建模新方法，以提升机器人刚度建模准确度；提出了耦合机器人运动灵巧性指标和关节极限指标的综合运动学评估方法，建立了任务导向的机器人定向刚度性能评估指标；基于机器人加工系统的功能冗余自由度，提出了一种刚度最优与运动稳定性导向的机器人姿态优化策略，以强化机器人加工系统刚度并提高加工质量稳定性；针对加工过程中的机器人运动轨迹误差，提出了加工误差分级补偿策略，以满足高附加值产品的加工轨迹精度要求。各章节主要内容概括如下。

第 1 章针对飞机装配领域对机器人加工技术的需求进行探讨,分析得到刚度特性是制约机器人应用于高精度钻孔领域的难点问题。

第 2 章建立了机器人系统的经典刚度模型,是进行后续分析的理论基础。在工况环境下对机器人刚度进行试验辨识,实现了机器人受力变形的预测,为进一步分析其刚度特性奠定理论基础。

第 3 章对机器人关节刚度的空间相似性进行理论和试验分析,基于空间网格化的采样点规划方法,提出了一种机器人变刚度辨识与建模方法。该方法通过修改对应加工空间的关节刚度系数,克服了机器人恒定关节刚度对加工空间和姿态适应性差的缺陷,实现了机器人刚度特性的精确表征。

第 4 章建立了机器人加工系统定向刚度表征模型,分析了机器人加工空间内的刚度与切削性能,揭示了机器人加工刚度对加工性能的影响规律,为刚度优化与加工负载引起的变形误差的预测与补偿提供了理论依据。

第 5 章提出了融合运动学与刚度性能的机器人加工姿态优化方法。利用机器人加工系统的功能冗余自由度,提出了融合灵巧性、关节极限的机器人系统运动学性能评价指标,探索了一种机器人加工姿态综合优化策略,实现了加工过程机器人姿态与附加轴站位的优化,提升了切削方向的刚度性能,改善了机器人加工系统的加工质量与稳定性。

第 6 章提出了基于动力学性能最优的加工姿态优化方法,建立了移动钻孔机器人的多体动力学模型,求解了移动钻孔机器人振动特性和振动响应。利用 AGV平台的运动冗余自由度,在满足加工位姿及关节限角的前提下,提出了一种以移动钻孔机器人加工时末端振动位移最小为优化目标的姿态优化方法,降低了机器人加工振动。

第 7 章提出了机器人加工轨迹误差预测与补偿策略,主要用于解决机器人弱刚性导致的加工轨迹精度差的问题。提出了分级补偿的机器人轨迹误差补偿策略,在机器人刚度精确建模的基础上,通过在线采集加工载荷,在机器人加工阶段实现载荷引起的变形误差在线补偿方法,提升了机器人对高精度轨迹加工任务的执行能力。

第 8 章涉及机器人刚度优化技术的应用。通过实际的机器人在典型的航空航天产品上的钻孔与铣削加工,验证了机器人刚度优化方法对加工质量及加工精度的提升效果。

第 2 章　机器人经典刚度建模

2.1　引　　言

工业机器人运动学模型和关节刚度系数矩阵是建立机器人刚度模型的必要条件，分析机器人运动学性能对于合理规划机器人刚度辨识姿态及提高关节刚度矩阵的辨识准确性具有重要意义。本章以 KUKA KR500 型机器人为研究对象，建立其运动学模型，分析机器人在工作空间内的运动学特性，为规划机器人刚度辨识姿态提供理论依据。接着，建立机器人经典刚度模型，掌握机器人关节空间刚度矩阵与笛卡儿刚度矩阵的映射关系，实现对机器人受力变形的理论计算。通过在机器人末端施加静载荷，辨识关节刚度系数，预测机器人受力变形，为进一步分析其刚度特性奠定理论基础。

2.2　机器人运动学

2.2.1　机器人正向运动学

机器人正向运动学模型，又称机器人运动学正解或者机器人运动学方程，一般通过对机器人连杆之间的几何关系进行参数化描述，以根据机器人的关节输入获得机器人的末端位置和姿态。这里使用 D-H 方法 [95] 建立典型的 KUKA 工业机器人的正向运动学模型。

1. 连杆描述与连杆坐标系

串联机器人的结构可以抽象为若干首尾相连的连杆，各连杆之间的几何关系可以通过固连在各连杆上的连杆坐标系之间的位姿进行表示。为便于描述，机器人的连杆参数和连杆坐标系应统一确定。这里所使用的机器人连杆参数及连杆坐标系的定义如图 2.1 所示。

以连杆 i 为例，与其固连的连杆坐标系 $\{i\}$ 的定义如下：

(1) 连杆坐标系 $\{i\}$ 的 z 轴：与关节轴 i 共线，正方向与关节轴 i 的正方向同向 (一般旋转关节按右手法则确定)，移动关节沿着移动正方向；

(2) 连杆坐标系 $\{i\}$ 的 x 轴：与关节轴 $i-1$ 和关节轴 i 的公垂线重合，正方向为由关节轴 $i-1$ 指向关节轴 i；

(3) 连杆坐标系 $\{i\}$ 的 y 轴：按照右手法则，由连杆坐标系 x 轴与 z 轴确定；

(4) 连杆坐标系 $\{i\}$ 的原点 o_i：当关节轴 $i-1$ 和关节轴 i 不平行时，o_i 是 z_i 与 x_i 的交点；当关节轴 $i-1$ 和关节轴 i 平行时，o_i 是 z_i 与 x_{i-1} 的交点。

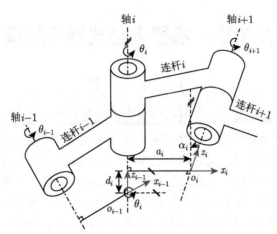

图 2.1   机器人连杆坐标系与运动学参数定义

由上述连杆坐标系 $\{i\}$ 的定义，机器人运动学参数 (包括连杆长度 a_i、关节扭角 α_i、连杆偏置 d_i、关节转角 θ_i) 可描述如下：

(1) 关节转角 θ_i：从 x_i 到 x_{i+1} 绕着 z_i 轴旋转的角度，按照右手法则逆时针为正；

(2) 连杆偏置 d_i：从 x_i 到 x_{i+1} 沿着 z_i 轴移动的距离，沿着 z_i 轴正方向移动为正；

(3) 关节扭角 α_i：从 z_i 到 z_{i+1} 绕着 x_{i+1} 轴旋转的角度，按照右手法则逆时针为正；

(4) 连杆长度 a_i：从 z_i 到 z_{i+1} 沿着 x_{i+1} 轴移动的距离。

对于带有转动关节的连杆，其关节转角 θ_i 为关节变量，其他 3 个参数为关节常量；对于带有移动关节的连杆，其连杆偏置 d_i 为关节变量，其他 3 个参数为关节常量。

2. 连杆变换与机器人正向运动学模型

齐次变换矩阵 ${}^iT_{i+1}$ 表示连杆坐标系 $\{i+1\}$ 相对于连杆坐标系 $\{i\}$ 的空间位姿变换矩阵，可以通过 θ_i、d_i、α_i、a_i 这四个运动学参数进行数学描述。根据这四个运动学参数的几何特征，连杆变换 ${}^iT_{i+1}$ 可以被分解为如下四个子变换：

(1) 连杆坐标系 $\{i\}$ 绕 z_i 轴旋转 θ_i 角，得到坐标系 $\{i'\}$；

(2) 坐标系 $\{i'\}$ 沿 z_i 轴移动 d_i，得到坐标系 $\{i''\}$；

(3) 坐标系 $\{i''\}$ 沿 x_{i+1} 轴移动 a_i，得到坐标系 $\{i'''\}$；

(4) 坐标系 $\{i'''\}$ 绕 x_{i+1} 轴旋转 α_i 角，得到坐标系 $\{i+1\}$。

上述子变换都是相对于运动坐标系进行描述的，根据"从左向右"的原则，连杆变换 ${}^iT_{i+1}$ 可以表示为

$$
\begin{aligned}
{}^iT_{i+1}(\theta_i) &= T_{\text{rot}}(z,\ \theta_i)\ T_{\text{trans}}(z,\ d_i)\ T_{\text{trans}}(x,\ a_i)\ T_{\text{rot}}(x,\ \alpha_i)\\
&= \begin{bmatrix}
\cos\theta_i & -\sin\theta_i\cos\alpha_i & \sin\theta_i\sin\alpha_i & a_i\cos\theta_i\\
\sin\theta_i & \cos\theta_i\cos\alpha_i & -\cos\theta_i\sin\alpha_i & a_i\sin\theta_i\\
0 & \sin\alpha_i & \cos\alpha_i & d_i\\
0 & 0 & 0 & 1
\end{bmatrix}
\end{aligned}
\tag{2.1}
$$

式中，T_{rot}、T_{trans} 分别表示旋转变换和平移变换矩阵。

将各连杆变换 ${}^iT_{i+1}$ $(i=0,1,\cdots,n-1)$ 依次相乘，即可得到机器人正向运动学模型，即对于 n 自由度串联机器人，末端位姿变换矩阵为

$$
\begin{aligned}
{}^0T_n &= {}^0T_1\,{}^1T_2\cdots{}^{n-1}T_n\\
&= \begin{bmatrix}
{}^0n_n & {}^0o_n & {}^0a_n & {}^0p_n\\
0 & 0 & 0 & 1
\end{bmatrix}\\
&= \begin{bmatrix}
{}^0R_n & {}^0p_n\\
\mathbf{0}_{1\times3} & 1
\end{bmatrix}
\end{aligned}
\tag{2.2}
$$

式中，${}^0R_n$ 由 ${}^0n_n$、${}^0o_n$、和 ${}^0a_n$ 构成，为机器人末端姿态的旋转矩阵，${}^0n_n$、${}^0o_n$、和 ${}^0a_n$ 分别对应连杆坐标系 $\{n\}$ 的 x 轴、y 轴和 z 轴在连杆坐标系 $\{0\}$（即机器人基坐标系 $\{\text{Base}\}$）下的投影；${}^0p_n$ 为机器人末端位置向量，即连杆坐标系 $\{n\}$ 的原点 o_n 在连杆坐标系 $\{0\}$ 下的坐标；$\mathbf{0}_{1\times3}$ 表示 1×3 零矩阵。

3. KUKA KR500 型机器人运动学模型

本节以 KUKA KR500 型机器人为例，该型号机器人有 6 个关节转角，自重 2375 kg，额定负载 500 kg，重复定位精度 ±0.08 mm。如图 2.2 所示为 KUKA KR500 型机器人基本尺寸与空间操作范围，各关节转角范围如表 2.1 所示。

KUKA KR500 型机器人是开链式 6 自由度串联结构，关节 1、2、3 主要用来确定机器人末端在空间所处的位置；关节 4、5、6 主要用来确定机器人末端到达目标位置后的姿态。关节 4、5、6 轴线相交于一点，选取该点为关节 4、5 的坐标原点。关节 1 轴线与机器人基座 (安装面) 平面垂直；关节 2、3 轴线平行。KUKA KR500 型机器人的坐标系如图 2.3 所示。图中未示出的坐标系的 y 轴根据右手法则确定。根据图 2.3，KUKA KR500 型机器人 D-H 参数如表 2.2 所示。

表 2.1　KUKA KR500 型机器人关节转角范围

关节转角	范围/(°)
θ_1	±185
θ_2	−130~+20
θ_3	−100~+144
θ_4	±135
θ_5	±120
θ_6	±350

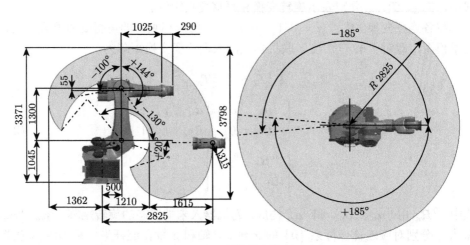

图 2.2　KUKA KR500 型机器人外形尺寸与工作空间

尺寸数据单位为 mm

表 2.3 所示为机器人处于 HOME 点时的位姿，θ_i $(i = 1, 2, \cdots, 6)$ 是此时各转角关节的初始角度值，D-H 模型中的关节角度初始值是 $\boldsymbol{\theta} = [0\ 90°\ 180°\ 0\ 0\ 0]^{\mathrm{T}}$，机器人控制器中的关节初始角度值是 $\boldsymbol{\theta}' = [0\ -90°\ 90°\ 0\ 0\ 0]^{\mathrm{T}}$。此时，D-H 模型中的关节初始转角与机器人控制器中的转角值不同，这是由机器人关节转角编码器的零位以及六个关节的转动方向定义与 D-H 模型不同造成的。为实现理论计算与机器人实际控制器中的位姿统一，对关节转动方向和零位偏差进行修正。机器人控制器中的角度值与 D-H 模型中的角度值间相差固定的零位偏置，两者之间的关系与修正值如表 2.3 所示。为实现计算过程的统一，本书对机器人刚度建模及其加工性能分析均以表 2.3 中的关节转角定义进行计算。

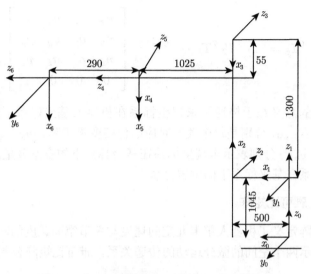

图 2.3   KUKA KR500 型机器人坐标系定义

尺寸数据单位为 mm

表 2.2   KUKA KR500 型机器人 D-H 参数表

序号	$\alpha_i/(°)$	a_i/mm	$\theta_i/(°)$	d_i/mm
1	0	0	θ_1	1045
2	90	500	θ_2	0
3	0	1300	θ_3	0
4	−90	55	θ_4	1025
5	90	0	θ_5	0
6	−90	0	θ_6	290

表 2.3   机器人 HOME 点关节零位偏置修正

序号	$\theta_i/(°)$	$\theta_i'/(°)$	零位偏置值/(°)	旋转方向
1	0	0	$\theta_1 = -\theta_1'$	相反
2	90	−90	$\theta_2 = -\theta_2'$	相反
3	180	90	$\theta_3 = 270 - \theta_3'$	相反
4	0	0	$\theta_4 = -\theta_4'$	相反
5	0	0	$\theta_5 = -\theta_5'$	相反
6	0	0	$\theta_6 = -\theta_6'$	相反

当机器人运动时，由表 2.2 可知，只有 $\theta_i(i = 1, 2, \cdots, 6)$ 是变量，只要获得各关节的角度值就可求解出机器人的位姿。机器人末端在基坐标系下的位姿矩阵为

$$^{0}\boldsymbol{T}_6 = {}^{0}\boldsymbol{T}_1\,{}^{1}\boldsymbol{T}_2\,{}^{2}\boldsymbol{T}_3 \cdots {}^{5}\boldsymbol{T}_6 = \begin{bmatrix} n_x & o_x & a_x & p_x \\ n_y & o_y & a_y & p_y \\ n_z & o_z & a_z & p_z \\ 0 & 0 & 0 & 1 \end{bmatrix} \tag{2.3}$$

式 (2.3) 的意义在于描述了末端坐标系在机器人基坐标系下的位置与姿态，$^{i-1}\boldsymbol{T}_i(i=1,2,\cdots,6)$ 分别是每个关节对应的位姿变换矩阵。$[n_x \ \ n_y \ \ n_z]^{\mathrm{T}}$、$[o_x \ \ o_y \ \ o_z]^{\mathrm{T}}$、$[a_x \ \ a_y \ \ a_z]^{\mathrm{T}}$ 分别表示末端坐标系在基坐标系下的姿态分量，$[p_x \ \ p_y \ \ p_z]^{\mathrm{T}}$ 表示末端坐标系在基坐标系下的位置分量。

2.2.2　机器人雅可比矩阵

雅可比矩阵定义了机器人笛卡儿空间速度与关节空间速度的映射关系，同时也可以用来表示两个空间的微分运动的传递关系。雅可比矩阵公式可表示为

$$\boldsymbol{V} = \boldsymbol{J}(\boldsymbol{\theta})\dot{\boldsymbol{\theta}} \tag{2.4}$$

$$\mathrm{d}\boldsymbol{D} = \boldsymbol{J}(\boldsymbol{\theta})\mathrm{d}\boldsymbol{\theta} \tag{2.5}$$

式中，$\boldsymbol{V}$ 表示机器人末端在笛卡儿空间的广义速度；$\dot{\boldsymbol{\theta}}$ 表示机器人的关节速度；$\mathrm{d}\boldsymbol{D}$ 表示机器人末端在笛卡儿空间的微分运动矢量；$\mathrm{d}\boldsymbol{\theta}$ 表示机器人的关节微分运动；$\boldsymbol{J}(\boldsymbol{\theta})$ 表示 $m \times n$ 偏导数矩阵，即机器人的雅可比矩阵；$\boldsymbol{\theta}$ 表示关节转角向量；m 表示机器人末端在笛卡儿空间的自由度；n 表示机器人的关节数量。

本书通过微分变换法来构建雅可比矩阵。对于第 i 个转动关节，连杆 i 相对于连杆 $i-1$ 绕坐标系 $\{i\}$ 的 z_i 轴做微分转动 $\mathrm{d}\theta_i$，根据连杆坐标系和坐标系变换矩阵的定义，连杆 i 的微分转动 $\mathrm{d}\theta_i$ 相当于微分转动矢量：

$$\boldsymbol{d} = [0 \ \ 0 \ \ 0]^{\mathrm{T}}, \quad \boldsymbol{\delta} = [0 \ \ 0 \ \ 1]^{\mathrm{T}}\mathrm{d}\theta_i \tag{2.6}$$

根据微分运动在基坐标系和连杆坐标系 $\{i\}$ 的等价变换，可得机器人末端的微分运动矢量为

$$\begin{aligned} &[d_x \ \ d_y \ \ d_z \ \ \delta_x \ \ \delta_y \ \ \delta_z]^{\mathrm{T}} \\ &= [(\boldsymbol{p} \times \boldsymbol{n})_z \ \ (\boldsymbol{p} \times \boldsymbol{o})_z \ \ (\boldsymbol{p} \times \boldsymbol{a})_z \ \ n_z \ \ o_z \ \ a_z]^{\mathrm{T}}\mathrm{d}\theta_i \end{aligned} \tag{2.7}$$

若关节 i 为移动关节，连杆 i 相对于连杆 $i-1$ 绕坐标系 $\{i\}$ 的 z_i 轴做微分移动 $\mathrm{d}d_i$，则相当于做微分平移矢量：

$$\boldsymbol{d} = [0 \ \ 0 \ \ 1]^{\mathrm{T}}\mathrm{d}d_i, \quad \boldsymbol{\delta} = [0 \ \ 0 \ \ 0]^{\mathrm{T}} \tag{2.8}$$

根据微分运动在基坐标系和连杆坐标系 $\{i\}$ 的等价变换，可得机器人末端的微分运动矢量为

$$[d_x \quad d_y \quad d_z \quad \delta_x \quad \delta_y \quad \delta_z]^{\mathrm{T}} = [n_z \quad o_z \quad a_z \quad 0 \quad 0 \quad 0]^{\mathrm{T}}\mathrm{d}d_i \qquad (2.9)$$

由此机器人雅可比矩阵的第 i 列可以表示为

$$\boldsymbol{J}_{di} = [(\boldsymbol{p} \times \boldsymbol{n})_z \quad (\boldsymbol{p} \times \boldsymbol{o})_z \quad (\boldsymbol{p} \times \boldsymbol{a})_z]^{\mathrm{T}}, \quad \boldsymbol{J}_{ri} = [n_z \quad o_z \quad a_z]^{\mathrm{T}} \text{ (转动关节 } i)$$
$$(2.10)$$

$$\boldsymbol{J}_{di} = [n_z \quad o_z \quad a_z]^{\mathrm{T}}, \quad \boldsymbol{J}_{ri} = [0 \quad 0 \quad 0]^{\mathrm{T}} \text{ (移动关节 } i) \qquad (2.11)$$

式中，$\boldsymbol{n}$、$\boldsymbol{o}$、$\boldsymbol{a}$、$\boldsymbol{p}$ 分别为 ${}^iT_n$ 的四个列向量。只需要得到各连杆变换 ${}^{i-1}T_i$，便可以构造得到机器人的雅可比矩阵，具体步骤如下：

(1) 计算机器人的各个连杆变换 ${}^0T_1$、${}^1T_2$、$\cdots$、${}^{n-1}T_n$；

(2) 计算各连杆至末端连杆的变换 ${}^{n-1}T_n = {}^{n-1}T_n$、${}^{n-2}T_n = {}^{n-2}T_{n-1}{}^{n-1}T_n$、$\cdots$、${}^{i-1}T_n = {}^{i-1}T_i{}^iT_n$、$\cdots$、${}^0T_n = {}^0T_1{}^1T_n$；

(3) 计算雅可比矩阵的各列元素 $\boldsymbol{J}_i$。

针对六自由度的旋转关节工业机器人通过式 (2.10) 构造雅可比矩阵，针对附加外部轴的机器人加工系统，可将附加轴看作移动关节来构造雅可比矩阵。

2.3 机器人经典刚度模型

2.3.1 关节刚度与笛卡儿刚度之间的映射关系

当机器人与工作环境间存在接触或相互作用时，会在末端产生相应的接触力或力矩。对于 6-DOF 串联工业机器人而言，六个转动关节由六套独立的伺服系统驱动。在机器人受到外力时，伺服系统需要输出相应的力矩与末端作用力平衡。机器人在外力作用下，末端会产生相应的变形，机器人抵御外力变形的能力称为机器人刚度。刚度越大，则抵抗外力变形的能力越强。对于机器人加工系统而言，末端会受到加工载荷的作用，机器人刚度将直接决定机器人对切削载荷的承受能力，是评价机器人加工性能的重要指标。与关节相比，工业机器人的连杆具有较大的刚度，可视为刚体。本节在进行机器人刚度建模时，做出以下假设。

(1) 末端执行器刚体假设。即认为负载作用下的变形仅来自于机器人本体，末端执行器的变形可以忽略。

(2) 机器人关节柔性假设。即认为机器人的连杆是刚体，载荷作用下的机器人本体变形源于关节扭转变形。

(3) 弹性变形假设。即将载荷作用下的关节扭转变形看作弹性变形。

(4) 准静态假设。机器人在进行加工时，受到切削载荷的作用后，发生微小变形，认为该变形足够小，不引起雅可比矩阵的变化；此外，在研究机器人刚度对加工质量的影响时，均在稳定切削的状态下进行讨论，加工力视作施加在机器人末端的静载荷。

设向量 $\boldsymbol{X} = [x\ y\ z\ A\ B\ C]^{\mathrm{T}}$ 表示机器人末端中心点的位姿，$\boldsymbol{F} = [f_x\ f_y\ f_z\ m_x\ m_y\ m_z]^{\mathrm{T}}$ 表示作用在末端执行器上的力和力矩。$\boldsymbol{\theta} = [\theta_1\ \theta_2\ \theta_3\ \theta_4\ \theta_5\ \theta_6]^{\mathrm{T}}$ 表示六个关节转角，$\boldsymbol{\tau} = [\tau_1\ \tau_2\ \tau_3\ \tau_4\ \tau_5\ \tau_6]^{\mathrm{T}}$ 是各关节转角力矩。利用虚功原理，认为末端作用力在虚位移 $\delta\boldsymbol{X}$ 上所做的功等于关节转角克服微变形 $\mathrm{d}\boldsymbol{\theta}$ 所做的功，即

$$\boldsymbol{F}^{\mathrm{T}}\delta\boldsymbol{X} = \boldsymbol{\tau}^{\mathrm{T}}\mathrm{d}\boldsymbol{\theta} \tag{2.12}$$

根据机器人末端速度与关节速度之间的传递关系，有

$$\frac{\mathrm{d}\boldsymbol{X}}{\mathrm{d}t} = \boldsymbol{J}(\boldsymbol{\theta})\,\frac{\mathrm{d}\boldsymbol{\theta}}{\mathrm{d}t} \Rightarrow \delta\boldsymbol{X} = \boldsymbol{J}(\boldsymbol{\theta})\,\mathrm{d}\boldsymbol{\theta} \tag{2.13}$$

将式 (2.13) 代入式 (2.12) 得

$$\begin{aligned}&\boldsymbol{F}^{\mathrm{T}}\boldsymbol{J}(\boldsymbol{\theta})\mathrm{d}\boldsymbol{\theta} = \boldsymbol{\tau}^{\mathrm{T}}\mathrm{d}\boldsymbol{\theta}\\&\Rightarrow \boldsymbol{\tau} = \boldsymbol{J}^{\mathrm{T}}(\boldsymbol{\theta})\boldsymbol{F}\end{aligned} \tag{2.14}$$

$\boldsymbol{J}^{\mathrm{T}}(\boldsymbol{\theta})$ 是工业机器人的力雅可比矩阵。设矩阵 $\boldsymbol{K}_{6\times 6}$ 是机器人末端在笛卡儿空间的刚度矩阵，则作用在机器人末端的力和位移存在以下关系：

$$\boldsymbol{F} = \boldsymbol{K}\delta\boldsymbol{X} \tag{2.15}$$

对角矩阵 $\boldsymbol{K}_\theta = \mathrm{diag}(K_{\theta 1}, K_{\theta 2}, K_{\theta 3}, K_{\theta 4}, K_{\theta 5}, K_{\theta 6})$ 是机器人关节空间的刚度矩阵，反映了每个关节的刚度系数。那么，当机器人产生微变形后，转角关节所受力矩可表示为

$$\mathrm{d}\boldsymbol{\tau} = \boldsymbol{K}_\theta\delta\boldsymbol{\theta} \tag{2.16}$$

将式 (2.13)~ 式 (2.15) 代入式 (2.16) 得

$$\boldsymbol{K} = \boldsymbol{J}^{-\mathrm{T}}\boldsymbol{K}_\theta\boldsymbol{J}^{-1} \tag{2.17}$$

式 (2.17) 表征了机器人关节空间刚度矩阵与笛卡儿空间刚度矩阵之间的映射关系，即为机器人经典静刚度模型。可以看出，机器人笛卡儿刚度矩阵不仅受各关节刚度系数的直接影响，同时与雅可比矩阵密切相关。雅可比矩阵随机器人加工姿态的变化而变化，因此，静刚度模型也是基于姿态优化的刚度强化策略的理论支撑。

2.3.2 补充刚度矩阵

工业机器人关节空间刚度矩阵与笛卡儿空间刚度矩阵之间的映射关系，反映了机器人刚度在关节空间与笛卡儿空间最基本的传递关系。从推导式 (2.17) 的过程可以看出，通过虚功原理建立的是机器人转角关节力矩和末端输出力/力矩之间的平衡关系，外部载荷与机器人微变形的影响均没有纳入建模过程，因此式 (2.17) 描述的机器人刚度矩阵在使用时有严格的约束条件。首先，机器人笛卡儿刚度与雅可比矩阵不存在耦合关系，这一点显然在式 (2.17) 中不能满足。对于工业机器人这类串联结构，关节处的力矩是通过机器人特定位姿构型下的连杆结构传递到末端的，笛卡儿刚度矩阵与机器人姿态之间存在紧密的联系。其次，机器人在工作状态下不承受任何外部载荷，这点显然与机器人应用场合不符。机器人在完成加工任务时，必须配备加工末端执行器，并安装于机器人末端，使得机器人在任何状态下都承受负载。因此，需进一步讨论耦合外部载荷的机器人刚度模型。

根据机器人弹性变形假设，用笛卡儿刚度矩阵 $\boldsymbol{K}$ 衡量机器人末端所受外力与相应变形之间的关系。$\boldsymbol{F}$ 的全微分可以写成

$$
\begin{aligned}
\mathrm{d}\boldsymbol{F} &= \frac{\partial \boldsymbol{F}}{\partial \boldsymbol{X}}\mathrm{d}\boldsymbol{X} + \frac{1}{2}\left(\frac{\partial^2 \boldsymbol{F}}{\partial \boldsymbol{X}^2}\mathrm{d}\boldsymbol{X}\right)\mathrm{d}\boldsymbol{X} + \cdots + \frac{1}{n!}\left(\frac{\partial^{(n)} \boldsymbol{F}}{\partial \boldsymbol{X}^{(n)}}\mathrm{d}\boldsymbol{X}\right)\mathrm{d}^{(n-1)}\boldsymbol{X} \\
&= \boldsymbol{K}\mathrm{d}\boldsymbol{X} + \frac{1}{2}\left(\frac{\partial \boldsymbol{K}}{\partial \boldsymbol{X}}\mathrm{d}\boldsymbol{X}\right)\mathrm{d}\boldsymbol{X} + \cdots + \frac{1}{n!}\left(\frac{\partial^{(n)} \boldsymbol{K}}{\partial \boldsymbol{X}^{(n)}}\mathrm{d}\boldsymbol{X}\right)\mathrm{d}^{(n-1)}\boldsymbol{X}
\end{aligned}
\tag{2.18}
$$

略去式 (2.18) 中的高阶项，得

$$
\mathrm{d}\boldsymbol{F} = \boldsymbol{K}\mathrm{d}\boldsymbol{X}
\tag{2.19}
$$

根据雅可比矩阵定义，机器人末端工具中心点 (Tool Center Point，TCP) 微变形与关节微变形之间存在关系 $\mathrm{d}\boldsymbol{X} = \boldsymbol{J}(\boldsymbol{\theta})\mathrm{d}\boldsymbol{\theta}$。对式 (2.14) 微分，可得

$$
\mathrm{d}\boldsymbol{\tau} = \mathrm{d}[\boldsymbol{J}^{\mathrm{T}}(\boldsymbol{\theta})]\,\boldsymbol{F} + \boldsymbol{J}^{\mathrm{T}}(\boldsymbol{\theta})\,\mathrm{d}\boldsymbol{F}
\tag{2.20}
$$

将式 (2.16)、式 (2.19) 代入式 (2.20) 整理后，得

$$
\boldsymbol{K}_\theta\,\mathrm{d}\boldsymbol{\theta} = \left[\frac{\partial \boldsymbol{J}^{\mathrm{T}}(\boldsymbol{\theta})}{\partial \boldsymbol{\theta}}\mathrm{d}\boldsymbol{\theta}\right]\boldsymbol{F} + \boldsymbol{J}^{\mathrm{T}}(\boldsymbol{\theta})\,\boldsymbol{K}\,\mathrm{d}\boldsymbol{X}
\tag{2.21}
$$

$\dfrac{\partial \boldsymbol{J}^{\mathrm{T}}(\boldsymbol{\theta})}{\partial \boldsymbol{\theta}}$ 和 $\dfrac{\partial \boldsymbol{J}^{\mathrm{T}}(\boldsymbol{\theta})}{\partial \boldsymbol{\theta}}\mathrm{d}\boldsymbol{\theta}$ 分别是三阶和二阶张量，又因 $\mathrm{d}\boldsymbol{X} = \boldsymbol{J}(\boldsymbol{\theta})\,\mathrm{d}\boldsymbol{\theta}$，则 $\left[\dfrac{\partial \boldsymbol{J}^{\mathrm{T}}(\boldsymbol{\theta})}{\partial \boldsymbol{\theta}}\right.$

$\times \mathrm{d}\boldsymbol{\theta}\Big]\boldsymbol{F}$ 可写成

$$\left[\frac{\partial \boldsymbol{J}^{\mathrm{T}}(\boldsymbol{\theta})}{\partial \boldsymbol{\theta}}\mathrm{d}\boldsymbol{\theta}\right]\boldsymbol{F} = \left\{\sum_{i=1}^{6}\left[\frac{\partial \boldsymbol{J}^{\mathrm{T}}(\boldsymbol{\theta})}{\partial \theta_i}\mathrm{d}\theta_i\right]\right\}\boldsymbol{F}$$

$$= \sum_{i=1}^{6}\left[\frac{\partial \boldsymbol{J}^{\mathrm{T}}(\boldsymbol{\theta})}{\partial \theta_i}\boldsymbol{F}\right]\mathrm{d}\theta_i \qquad (2.22)$$

$$= \left[\frac{\partial \boldsymbol{J}^{\mathrm{T}}(\boldsymbol{\theta})}{\partial \theta_1}\boldsymbol{F}\ \ \frac{\partial \boldsymbol{J}^{\mathrm{T}}(\boldsymbol{\theta})}{\partial \theta_2}\boldsymbol{F}\ \ \cdots\ \ \frac{\partial \boldsymbol{J}^{\mathrm{T}}(\boldsymbol{\theta})}{\partial \theta_n}\boldsymbol{F}\right]\mathrm{d}\boldsymbol{\theta}$$

将式 (2.22) 代入式 (2.21)，化简后得

$$\boldsymbol{K}_\theta\,\mathrm{d}\boldsymbol{\theta} = \left[\frac{\partial \boldsymbol{J}^{\mathrm{T}}(\boldsymbol{\theta})}{\partial \theta_1}\boldsymbol{F}\ \ \frac{\partial \boldsymbol{J}^{\mathrm{T}}(\boldsymbol{\theta})}{\partial \theta_2}\boldsymbol{F}\ \ \cdots\ \ \frac{\partial \boldsymbol{J}^{\mathrm{T}}(\boldsymbol{\theta})}{\partial \theta_6}\boldsymbol{F}\right]\mathrm{d}\boldsymbol{\theta} + \boldsymbol{J}^{\mathrm{T}}(\boldsymbol{\theta})\,\boldsymbol{K}\,\boldsymbol{J}(\boldsymbol{\theta})\,\mathrm{d}\boldsymbol{\theta}$$

$$\Rightarrow \boldsymbol{K}_\theta - \left[\frac{\partial \boldsymbol{J}^{\mathrm{T}}(\boldsymbol{\theta})}{\partial \theta_1}\boldsymbol{F}\ \ \frac{\partial \boldsymbol{J}^{\mathrm{T}}(\boldsymbol{\theta})}{\partial \theta_2}\boldsymbol{F}\ \ \cdots\ \ \frac{\partial \boldsymbol{J}^{\mathrm{T}}(\boldsymbol{\theta})}{\partial \theta_6}\boldsymbol{F}\right] = \boldsymbol{J}^{\mathrm{T}}(\boldsymbol{\theta})\,\boldsymbol{K}\,\boldsymbol{J}(\boldsymbol{\theta})$$

$$(2.23)$$

令矩阵 $\left[\dfrac{\partial \boldsymbol{J}^{\mathrm{T}}(\boldsymbol{\theta})}{\partial \theta_1}\boldsymbol{F}\ \ \dfrac{\partial \boldsymbol{J}^{\mathrm{T}}(\boldsymbol{\theta})}{\partial \theta_2}\boldsymbol{F}\ \ \cdots\ \ \dfrac{\partial \boldsymbol{J}^{\mathrm{T}}(\boldsymbol{\theta})}{\partial \theta_6}\boldsymbol{F}\right]_{6\times6} = \boldsymbol{K}_C$，则

$$\boldsymbol{K} = \boldsymbol{J}^{-\mathrm{T}}(\boldsymbol{\theta})\,(\boldsymbol{K}_\theta - \boldsymbol{K}_C)\,\boldsymbol{J}^{-1}(\boldsymbol{\theta}) \qquad (2.24)$$

式中，矩阵 $\boldsymbol{K}_C$ 称为补充刚度矩阵。$\partial \boldsymbol{J}^{\mathrm{T}}(\boldsymbol{\theta})/\partial \theta_i\ (i=1,2,\cdots,6)$ 为 6×6 的矩阵，力 $\boldsymbol{F}$ 是作用在机器人末端的广义力，包括力和力矩，是 6×1 的向量，因此，$[\partial \boldsymbol{J}^{\mathrm{T}}(\boldsymbol{\theta})/\partial \theta_i]\ \boldsymbol{F}\ (i=1,2,\cdots,6)$ 也是 6×1 的向量，补充刚度矩阵 $\boldsymbol{K}_C$ 是一个 6×6 的矩阵。从补充刚度矩阵 $\boldsymbol{K}_C$ 的组成不难发现，机器人末端受力对补充刚度矩阵具有重要影响，末端受力越大，影响越大；受力为零时，补充刚度矩阵也为零，此时补充刚度矩阵不影响关节空间刚度与笛卡儿空间刚度之间的映射关系，可按照式 (2.17) 定义的形式进行机器人笛卡儿刚度矩阵计算；当机器人雅可比矩阵与构型无关时有 $\partial \boldsymbol{J}^{\mathrm{T}}(\boldsymbol{\theta})/\partial \theta_i = 0$，则补充刚度矩阵也为零，不影响机器人的笛卡儿刚度。

从补充刚度矩阵的结果出发，$[(\partial \boldsymbol{J}^{\mathrm{T}}(\boldsymbol{\theta})/\partial \theta_1)\ \boldsymbol{F}\ (\partial \boldsymbol{J}^{\mathrm{T}}(\boldsymbol{\theta})/\partial \theta_2)\ \boldsymbol{F}\ \cdots\ (\partial \boldsymbol{J}^{\mathrm{T}}(\boldsymbol{\theta})/\partial \theta_6)\ \boldsymbol{F}]$ 反映了载荷作用下雅可比矩阵相对于单个关节转角 $\theta_i(i=1,2,\cdots,6)$ 的变化率。机器人末端受到作用力 $\boldsymbol{F}$ 后会产生相应的微变形，若此时在转角关节 θ_i 处产生很大的转动量，则 $\partial \boldsymbol{J}^{\mathrm{T}}(\boldsymbol{\theta})/\partial \theta_i$ 会有较为急剧的变化和相对较大的量级。末端微变形引起关节大范围转动这类问题通常发生于靠近机器人奇异位姿的

状态。机器人在实际使用过程中，不允许末端出现微小变形时关节转角出现较大的波动。相反地，对应于机器人末端的微变形，在转角关节处也产生相应的微小转动变形，不会使雅可比矩阵在 θ_i 上出现较大的变化。补充刚度矩阵实质上反映了外力向各转角关节的传递特性。因此，当机器人具有良好的载荷传递性能时，末端作用力 $\boldsymbol{F}$ 与关节作用力矩之间的传递误差较小，那么载荷 $\boldsymbol{F}$ 的作用效果更加准确地传递到关节上，相应的补充刚度矩阵的影响就较弱。反之，若机器人姿态对载荷的传递性能差，那么末端作用力 $\boldsymbol{F}$ 与关节作用力矩之间的传递误差就较大，补充刚度矩阵的影响就格外突出。

为了定量评估 $\boldsymbol{K}_C$ 对机器人笛卡儿刚度矩阵的影响，设 $\boldsymbol{d}_{\mathrm{P\_with}} = [x_{\mathrm{with}}\ y_{\mathrm{with}}$ $z_{\mathrm{with}}\ \varphi_{x\_\mathrm{with}}\ \varphi_{y\_\mathrm{with}}\ \varphi_{z\_\mathrm{with}}]^{\mathrm{T}}$、$\boldsymbol{d}_{\mathrm{P\_without}} = [x_{\mathrm{without}}\ y_{\mathrm{without}}\ z_{\mathrm{without}}\ \varphi_{x\_\mathrm{without}}$ $\varphi_{y\_\mathrm{without}}\ \varphi_{z\_\mathrm{without}}]^{\mathrm{T}}$ 分别是考虑补充刚度矩阵和不考虑补充刚度矩阵时末端受力后变形量的计算结果。此时，机器人末端的总变形量是

$$V_{\mathrm{P\_with}} = \sqrt{x_{\mathrm{with}}^2 + y_{\mathrm{with}}^2 + z_{\mathrm{with}}^2}$$

和

$$V_{\mathrm{P\_without}} = \sqrt{x_{\mathrm{without}}^2 + y_{\mathrm{without}}^2 + z_{\mathrm{without}}^2}$$

令

$$\begin{cases} V_{\mathrm{p}} = \dfrac{|V_{\mathrm{P\_with}} - V_{\mathrm{P\_without}}|}{\max(V_{\mathrm{P\_with}},\ V_{\mathrm{P\_without}})} \\ V_{\mathrm{r}} = \max(|\varphi_{x\_\mathrm{with}} \\ \quad -\varphi_{x\_\mathrm{without}}|,\ |\varphi_{y\_\mathrm{with}} - \varphi_{y\_\mathrm{without}}|,\ |\varphi_{z\_\mathrm{with}} - \varphi_{z\_\mathrm{without}}|) \end{cases} \tag{2.25}$$

式中，V_{p} 反映了在是否考虑补充刚度矩阵的两种情况下，机器人末端线位移之间的差异量在总变形量中所占百分比；V_{r} 反映了在是否考虑补充刚度矩阵的两种情况下，机器人末端角位移之间的最大差异量。V_{p} 是无量纲量，V_{r} 的量纲与角位移相同。

为最大限度地反映载荷对补充刚度矩阵的影响，在计算 V_{p} 和 V_{r} 时，假设机器人末端法兰中心受到的载荷是机器人所能承受的极限负载，对于机器人加工系统所用的 KR500 型机器人，设作用载荷是 $^{\mathrm{Flange}}\boldsymbol{F} = [0\ \ 0\ \ 5000\mathrm{N}\ \ 500 \times 10^3\mathrm{N}\cdot\mathrm{mm}\ \ 500 \times 10^3\mathrm{N}\cdot\mathrm{mm}\ \ 0]^{\mathrm{T}}$。给定一组机器人转角关节刚度系数矩阵 $\boldsymbol{K}_\theta = \mathrm{diag}(1.199 \times 10^{10}, 5.0 \times 10^9, 4.367 \times 10^9, 2.217 \times 10^9, 2.301 \times 10^9, 2.328 \times 10^9)$ $\mathrm{N}\cdot\mathrm{mm/rad}$，该关节刚度系数矩阵是学者对 KUKA KR360 型机器人进行关节刚度辨识的结果，KR360 型机器人与本书中使用的 KR500 型机器人具有相似的 D-H 模型以及相近的负载能力，因此在试验初期用该组值来分析补充刚度矩阵对机器人末端变形量计算结果的影响。

　　计算时使用的机器人雅可比矩阵和其对关节转角 θ_i 的偏导数矩阵均是在基坐标系下表示的，为实现对坐标系的统一，须将机器人末端受力转换到基坐标系内。假设 $\{B\}$ 和 $\{C\}$ 是两个独立的坐标系，在坐标系 $\{C\}$ 中表示的力和力矩矢量在坐标系 $\{B\}$ 内可表示为

$$\begin{bmatrix} {}^B\boldsymbol{f}_B \\ {}^B\boldsymbol{n}_B \end{bmatrix} = \begin{bmatrix} {}^B\boldsymbol{R}_C & \boldsymbol{0}_{3\times 3} \\ {}^B\tilde{\boldsymbol{p}}_{O_C}{}^B\boldsymbol{R}_C & {}^B\boldsymbol{R}_C \end{bmatrix} \begin{bmatrix} {}^C\boldsymbol{f}_C \\ {}^C\boldsymbol{n}_C \end{bmatrix} \tag{2.26}$$

式中，${}^B\tilde{\boldsymbol{p}}_{O_C}$ 表示坐标系 $\{C\}$ 的原点 O_C 在坐标系 $\{B\}$ 中的投影列阵 ${}^B\boldsymbol{p}_{O_C}$ 所对应的反对称矩阵，即

$$^B\boldsymbol{p}_{O_C} = [p_x,\, p_y,\, p_z]^{\mathrm{T}} \Rightarrow {}^B\tilde{\boldsymbol{p}}_{O_C} = \begin{bmatrix} 0 & -p_z & p_y \\ p_z & 0 & -p_x \\ -p_y & p_x & 0 \end{bmatrix} \tag{2.27}$$

　　根据雅可比矩阵的计算结果，分别对 θ_i 求偏导，可得到 $\partial \boldsymbol{J}(\boldsymbol{\theta})/\partial \theta_i$ 的计算结果。设 $\theta_1 = \theta_6 = 0°, \theta_4 = \theta_5 = 45°$，将 θ_2 和 θ_3 作为变量，绘制 V_{p} 和 V_{r} 在转角空间的等高线图，如图 2.4 所示。图中也标记出了机器人具有良好运动学性能 (即机器人雅可比矩阵条件数的倒数较大) 区域和较差运动学性能 (即机器人雅可比矩阵条件数的倒数较小) 区域的结果。在机器人具有良好运动学性能的区域，如图 2.4(a) 中的 Z_1、Z_2、Z_3 区域内，V_{p} 的值相对较小，说明当机器人具有良好的操作性时，更加容易获得准确的关节刚度矩阵辨识结果；相反，在机器人运动学性能略差的区域内，如图 2.4(a) 中的 E_1、E_2 区域，V_{p} 的值相对较大。由此可见，机器人运动学性能与补充刚度矩阵之间存在密切关系，运动性好的区域，是否考虑补充刚度矩阵对于末端位移量的计算结果影响不大。V_{r} 在关节空间内的分布情况如图 2.4(b) 所示。机器人处于运动学性能好的区域内，角位移计算结果几乎不受补充刚度矩阵的影响；相反，在运动学性能差的区域内，如图 2.4(b) 的 E_3 区域，是否考虑补充刚度矩阵对角位移计算结果影响较大。由此说明，机器人运动学性能与补充刚度矩阵之间存在密切关系，在运动学性能好的区域内补充刚度矩阵的作用偏弱，在这类区域内选择机器人姿态进行刚度辨识试验更容易获得准确的关节刚度系数矩阵。

　　根据机器人转角关节柔性假设，获取工业机器人六个关节的刚度系数矩阵是求解机器人笛卡儿刚度矩阵的必要条件，补充刚度矩阵的作用使得机器人姿态及所受外力均会对笛卡儿刚度造成影响，从而增加关节刚度系数辨识试验的难度。根据对补充刚度矩阵特点的分析，可寻找机器人具有良好运动学性能的区域，使得补充刚度矩阵 $\boldsymbol{K}_C$ 对 $\boldsymbol{K}_\theta$ 的影响可以忽略，则会极大降低机器人关节刚度系数的辨识难度，提高辨识精度。

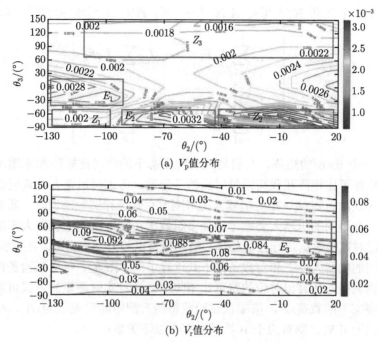

(a) V_p 值分布

(b) V_r 值分布

图 2.4 关节空间内 V_p 和 V_r 分布等高线图

2.3.3 关节刚度辨识

根据对补充刚度矩阵 $\boldsymbol{K}_C$ 物理意义的分析结果，当机器人具有良好的运动性能时，$\boldsymbol{K}_C$ 对机器人笛卡儿空间刚度矩阵的影响可以忽略。在笛卡儿空间内，作用在机器人末端的载荷与末端变形之间的关系可表示成

$$\boldsymbol{F} = \boldsymbol{J}^{-\mathrm{T}} \boldsymbol{K}_\theta \boldsymbol{J}^{-1} \mathrm{d}\boldsymbol{X} \tag{2.28}$$

根据式 (2.28)，机器人每受到一组外部载荷都会在末端产生相应的变形量，由此可求解出转角关节刚度矩阵 $\boldsymbol{K}_\theta$。将机器人所受载荷向量、各关节刚度系数以及雅可比矩阵代入式 (2.28) 可得

$$\mathrm{d}\boldsymbol{X} = \left[\begin{array}{c} \displaystyle\sum_{j=1}^{6}\left(1/K_{\theta j} \cdot J_{1j} \sum_{i=1}^{6} J_{ij} F_i\right) \\ \vdots \\ \displaystyle\sum_{j=1}^{6}\left(1/K_{\theta j} \cdot J_{6j} \sum_{i=1}^{6} J_{ij} F_i\right) \end{array}\right] \tag{2.29}$$

式 (2.29) 中孤立 K_θ^{-1} 可得 $A K_\theta^{-1} = \mathrm{d}X$，其中 A 可称为观测矩阵，表示为

$$
A = \begin{bmatrix} J_{11} \displaystyle\sum_{i=1}^{6} J_{i1} F_i & \cdots & J_{16} \displaystyle\sum_{i=1}^{6} J_{i6} F_i \\ \vdots & & \vdots \\ J_{61} \displaystyle\sum_{i=1}^{6} J_{i1} F_i & \cdots & J_{66} \displaystyle\sum_{i=1}^{6} J_{i6} F_i \end{bmatrix} \tag{2.30}
$$

A 是一个 6×6 的矩阵，与机器人当前姿态下的雅可比矩阵和末端所受载荷有关，根据雅可比矩阵和载荷向量对应的各元素，可求得机器人特定姿态下单次加载试验的观测矩阵 A。在对机器人关节刚度系数进行试验辨识时，通常需进行多次试验，在不同的机器人姿态下施加多组载荷，并依次测量机器人末端产生的位移，通过对试验数据进行分析处理，最终拟合出关节刚度系数。在试验过程中，假设在不同的机器人姿态和负载条件下共进行了 n 次试验，每次试验条件下都能够根据机器人姿态计算出对应的雅可比矩阵 J，通过实时测量的方式可得到机器人在特定姿态下的载荷 F，第 i 次试验获得的观测矩阵可表示为 A_i，相应的末端变形量记为 $\mathrm{d}X_i$。则对应于 n 次试验存在以下关系：

$$
\begin{bmatrix} A_1 \\ \vdots \\ A_i \\ \vdots \\ A_n \end{bmatrix} \begin{bmatrix} K_{\theta 1}^{-1} & 0 & 0 & 0 & 0 & 0 \\ 0 & K_{\theta 2}^{-1} & 0 & 0 & 0 & 0 \\ 0 & 0 & K_{\theta 3}^{-1} & 0 & 0 & 0 \\ 0 & 0 & 0 & K_{\theta 4}^{-1} & 0 & 0 \\ 0 & 0 & 0 & 0 & K_{\theta 5}^{-1} & 0 \\ 0 & 0 & 0 & 0 & 0 & K_{\theta 6}^{-1} \end{bmatrix} = \begin{bmatrix} \mathrm{d}X_1 \\ \vdots \\ \mathrm{d}X_i \\ \vdots \\ \mathrm{d}X_n \end{bmatrix} \Rightarrow B\,C_\theta = C \tag{2.31}
$$

式中，$B = [A_1 \ \cdots \ A_i \ \cdots \ A_n]^{\mathrm{T}}$ 是 $6n \times 6$ 矩阵；$C = [\mathrm{d}X_1 \ \cdots \ \mathrm{d}X_i \ \cdots \ \mathrm{d}X_n]^{\mathrm{T}}$ 是 $6n \times 1$ 变形矢量。式 (2.31) 是线性超定方程组，不能通过矩阵求逆的方法解得关节柔度矩阵 C_θ (关节刚度矩阵的倒数)，只能寻求一组近似解 $\hat{C}_\theta$ 最大限度地减小向量 BC_θ 与向量 C 之间的误差，即

$$
\min\ e(\hat{C}_\theta) = \frac{1}{2} \| B C_\theta - C \|^2 \tag{2.32}
$$

$\hat{C}_\theta$ 是式 (2.31) 的最小二乘解，则有

$$
\hat{C}_\theta = (B^{\mathrm{T}} B)^{-1} B^{\mathrm{T}} C \tag{2.33}
$$

式中，矩阵 $\hat{C}_\theta$ 是一个 6×6 的对角矩阵，其对角元素 $(\hat{C}_{\theta 11}, \hat{C}_{\theta 22}, \hat{C}_{\theta 33}, \hat{C}_{\theta 44}, \hat{C}_{\theta 55}, \hat{C}_{\theta 66})$ 分别表示关节 A1、A2、A3、A4、A5、A6 的柔度系数。辨识出关节柔度矩阵，也就得到了关节刚度矩阵。

2.4　机器人经典刚度辨识试验

2.3 节介绍了机器人学领域常用的经典刚度模型，该模型假设机器人关节刚度为恒定值，通过雅可比矩阵构建起末端刚度与关节刚度之间的映射关系。本节进行机器人关节刚度辨识试验研究，利用力传感器测量施加在末端执行器上的静载荷，利用激光跟踪仪测量末端静变形，识别机器人关节刚度。

2.4.1　试验系统

如图 2.5 所示是双机器人协同钻铆系统，由两台分别搭载多功能钻铆末端执行器的 KUKA KR500 型机器人组成，可实现对飞机翼面部件的自动钻孔和电磁铆接任务。在刚度辨识试验过程中，将机器人 1 作为试验研究对象，通过安装于机器人 1 法兰的钻铆末端执行器压力脚向工装施加压紧力，产生的三向作用载荷通过力传感器进行采集，相应的机器人变形通过激光跟踪仪进行测量。为避免工装变形造成试验误差，试验过程中机器人 2 通过支撑单元在工装背面施加反向支撑载荷。机器人 1 与机器人 2 均安装于重载地轨上，通过在地轨方向移动机器人可扩展机器人参与刚度辨识试验的姿态；同理，沿工装高度方向移动力传感器的安装位置，也可扩展机器人参与刚度辨识的姿态。

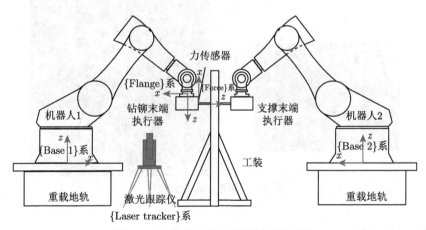

图 2.5　双机器人协同钻铆系统示意图

系统中各组成部分坐标系如图 2.5 所示。沿导轨方向依次定义机器人三个站位——站位 1、站位 2、站位 3，每个站位之间相距 500 mm。传感器安装位置沿工装高度方向取两个不同值，安装位置 1 与安装位置 2 之间的高度相差 400 mm，如图 2.6 所示。

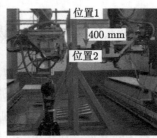
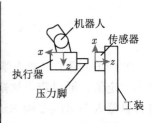

(a) 力传感器高位安装　　　(b) 力传感器低位安装　　　(c) 力传感器安装示意图

图 2.6　　力传感器安装位置示意图

通过移动机器人站位和传感器位置实现调整机器人受力姿态，定义力传感器在位置 1 时机器人的三个站位依次是 p_1、p_2、p_3，力传感器在位置 2 时机器人的三个站位依次是 p_4、p_5、p_6。试验过程中，压力脚压紧在传感器表面，在反作用力的作用下机器人发生微变形，变形量通过安装于机器人法兰边缘的 3 个激光跟踪仪靶标获得，靶标安装位置如图 2.7 所示，依次是 M_1、M_2、M_3。试验过程中用于测量机器人变形量的是 API T3 激光跟踪仪，力传感器是 KISTLER 9257B 型六维测力仪。

图 2.7　　测量靶标安装位置

2.4.2　试验准备

机器人关节刚度系数矩阵的辨识主要包括三步：首先建立系统各部分在世界坐标系下的相对位姿关系；其次对机器人进行加载；最后利用激光跟踪仪测量机器人受力后的变形量。试验流程如图 2.8 所示。

通过激光跟踪仪建立系统各部分在世界坐标系下的位姿坐标关系。当机器人在站位 p_1 时，基坐标系 {Base} 相对于世界坐标系 {World} 的位姿矩阵是

$$
{}_{p_1}^{\text{World}}\boldsymbol{T}_{\text{Base}} = \begin{bmatrix} -0.005109 & 0.999987 & -0.000045 & -1059.2054 \\ -0.999985 & -0.005109 & -0.001994 & 3702.5982 \\ -0.001994 & 0.000035 & 0.999998 & 1065.6482 \\ 0 & 0 & 0 & 1 \end{bmatrix}
$$

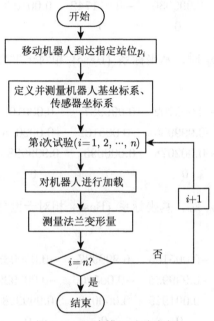

图 2.8 刚度辨识试验流程

当机器人在站位 p_2 时，基坐标系 {Base} 相对于世界坐标系 {World} 的位姿矩阵是

$$
{}_{p_2}^{\text{World}}\boldsymbol{T}_{\text{Base}} = \begin{bmatrix} -0.005140 & 0.999987 & -0.000011 & -543.8975 \\ -0.999985 & -0.005140 & -0.001921 & 3700.1126 \\ -0.001921 & 0.000001 & 0.999998 & 1065.5355 \\ 0 & 0 & 0 & 1 \end{bmatrix}
$$

当机器人在站位 p_3 时，基坐标系 {Base} 相对于世界坐标系 {World} 的位姿矩阵是

$$
{}_{p_3}^{\text{World}}\boldsymbol{T}_{\text{Base}} = \begin{bmatrix} -0.005107 & 0.999987 & -0.000111 & -145.2651 \\ -0.999985 & -0.005108 & -0.001913 & 3698.1387 \\ -0.001913 & 0.000101 & 0.999998 & 1065.5923 \\ 0 & 0 & 0 & 1 \end{bmatrix}
$$

测力仪在位置 1 时，力传感器坐标系 {Force} 相对于世界坐标系 {World} 的位姿矩阵是

$$
{}_{\substack{\text{World}\\ \text{up}}}\boldsymbol{T}_{\text{Force}} =
\begin{bmatrix}
-0.011734 & -0.999909 & -0.006640 & 613.4192 \\
0.001154 & 0.006627 & -0.999977 & 1298.889 \\
0.999930 & -0.011742 & 0.001076 & 2101.9080 \\
0 & 0 & 0 & 1
\end{bmatrix}
$$

当机器人在站位 p_4 时，基坐标系 {Base} 相对于世界坐标系 {World} 的位姿矩阵是

$$
{}_{\substack{\text{World}\\ p_4}}\boldsymbol{T}_{\text{Base}} =
\begin{bmatrix}
-0.005102 & 0.999987 & -0.000105 & -1216.8302 \\
-0.999985 & -0.005102 & -0.002078 & 3703.0612 \\
-0.002078 & 0.000095 & 0.999998 & 1065.7512 \\
0 & 0 & 0 & 1
\end{bmatrix}
$$

当机器人在站位 p_5 时，基坐标系 {Base} 相对于世界坐标系 {World} 的位姿矩阵是

$$
{}_{\substack{\text{World}\\ P_5}}\boldsymbol{T}_{\text{Base}} =
\begin{bmatrix}
-0.005105 & 0.999987 & -0.000033 & -545.393 \\
-0.999985 & -0.005106 & -0.001929 & 3699.9882 \\
-0.001929 & 0.000023 & 0.999998 & 1065.7094 \\
0 & 0 & 0 & 1
\end{bmatrix}
$$

当机器人在站位 p_6 时，基坐标系 {Base} 相对于世界坐标系 {World} 的位姿矩阵是

$$
{}_{\substack{\text{World}\\ p_6}}\boldsymbol{T}_{\text{Base}} =
\begin{bmatrix}
-0.005064 & 0.999987 & -0.000173 & 473.0565 \\
-0.999985 & -0.005064 & -0.001897 & 3695.0530 \\
-0.001898 & 0.000163 & 0.999998 & 1065.8563 \\
0 & 0 & 0 & 1
\end{bmatrix}
$$

测力仪在位置 2 时，力传感器坐标系 {Force} 相对于世界坐标系 {World} 的位姿矩阵是

$$
{}_{\substack{\text{World}\\ \text{down}}}\boldsymbol{T}_{\text{Force}} =
\begin{bmatrix}
-0.006946 & -0.999945 & -0.007852 & 613.3308 \\
0.001201 & 0.007844 & -0.999969 & 1298.2211 \\
0.999975 & -0.006955 & 0.001146 & 1709.3277 \\
0 & 0 & 0 & 1
\end{bmatrix}
$$

在每个站位 p_i，机器人法兰坐标系 {Flange} 相对于基坐标系 {Base} 的位姿矩阵可根据 D-H 模型求得，即 $^{\mathrm{Base}}_{p_i}T_{\mathrm{Flange}}$，则法兰坐标系 {Flange} 在世界坐标系 {World} 内可表示为 $^{\mathrm{World}}_{p_i}T_{\mathrm{Flange}} = {}^{\mathrm{World}}_{p_i}T_{\mathrm{Base}}\,{}^{\mathrm{Base}}_{p_i}T_{\mathrm{Flange}}$。在每个机器人站位进行一次刚度辨识试验，单个站位机器人选取 5 种不同姿态，选取方法是机器人绕钻孔刀具轴线旋转 5 个不同的角度。由于机器人的功能冗余特点，在旋转过程中只会改变机器人的姿态，而不会改变末端执行器压力脚 TCP 的位置和法向。换言之，在单一站位无论如何调整机器人姿态，都不会改变压力脚在力传感器上作用点的位置。参与刚度辨识的机器人姿态对应的关节转角如表 2.4 所示。为后续论述方便，定义 $r_j\ (j = 1, 2, \cdots, 5)$ 表示在当前站位下机器人所处的姿态，则 $p_i r_j$ 表示机器人在站位 i 时的第 j 个姿态。

表 2.4　参与刚度辨识试验的机器人姿态

姿态编号	$\theta_i/(°)$						姿态编号	$\theta_i/(°)$					
	θ_1	θ_2	θ_3	θ_4	θ_5	θ_6		θ_1	θ_2	θ_3	θ_4	θ_5	θ_6
p_1 r_1	−39.31	−38.28	45.11	−2.93	80.25	−38.92	p_4 r_1	−41.99	−26.26	42.51	−2.81	70.09	−41.24
r_2	−37.44	−41.62	52.72	−11.56	70.25	−34.42	r_2	−40.26	−29.57	50.81	−11.98	59.65	−35.18
r_3	−35.56	−44.04	59.49	−21.90	61.45	−27.32	r_3	−38.52	−31.71	57.72	−23.93	50.51	−25.57
r_4	−33.74	−45.54	65.48	−34.57	54.48	−17.26	r_4	−36.84	−32.77	63.43	−39.51	44.07	−11.80
r_5	−32.05	−46.08	70.66	−49.69	50.18	−4.28	r_5	−35.27	−32.76	68.00	−58.10	41.46	5.34
p_2 r_1	−29.08	−52.28	72.14	−3.60	67.76	−27.86	p_5 r_1	−29.12	−43.08	79.48	−4.22	51.17	−26.65
r_2	−26.70	−53.98	76.27	−14.06	61.56	−20.76	r_2	−26.74	−44.23	83.25	−17.40	45.35	−15.24
r_3	−24.33	−54.99	80.27	−26.16	56.70	−11.49	r_3	−24.38	−44.56	86.63	−33.34	41.96	−0.63
r_4	−22.05	−55.25	84.03	−39.76	53.82	−0.24	r_4	−22.10	−44.01	89.52	−50.63	41.82	15.71
r_5	−19.97	−54.69	87.45	−54.12	53.46	12.18	r_5	−20.02	−42.58	91.83	−66.62	45.10	31.08
p_3 r_1	−19.42	−58.89	84.01	−4.14	63.09	−17.7	p_6 r_1	−2.12	−51.89	98.97	−6.05	42.31	2.21
r_2	−16.68	−59.78	86.61	−15.53	59.48	−9.32	r_2	0.92	−51.35	99.20	−20.66	43.64	15.96
r_3	−13.96	−59.99	89.22	−27.90	57.36	0.41	r_3	3.82	−50.02	99.24	−33.83	47.12	28.33
r_4	−11.4	−59.48	91.74	−40.71	57.09	10.97	r_4	6.49	−47.95	99.07	−44.85	52.30	38.63
r_5	−9.08	−58.21	94.09	−53.23	58.86	21.59	r_5	8.84	−45.22	98.65	−53.75	58.71	46.86

图 2.9 所示为机器人处于站位 p_1 时，通过绕压力脚轴线旋转末端执行器得到的机器人姿态。姿态 $p_1 r_1$ 是机器人定位到传感器安装位置的初始姿态，在该姿态下末端执行器绕压力脚轴线分别旋转 $10°$、$20°$、$30°$、$40°$ 得到姿态 $p_1 r_2$、$p_1 r_3$、$p_1 r_4$、$p_1 r_5$。通过旋转调姿的方法，机器人姿态有较大范围的改变，而压力脚在传感器表面的作用位置与姿态则不发生改变。以此类推，在站位 $p_2 \sim p_6$ 也是采用相同的方法在单一站位得到多组不同的机器人姿态。表 2.4 中列出的机器人姿态是参与机器人刚度辨识试验的所有姿态，在不同的站位上 $p_i r_1$ 是机器人在站位 i 上定位到传感器作用位置的初始姿态，$p_i r_2 \sim p_i r_5$ 是通过旋转调姿获得的 4 组姿态。

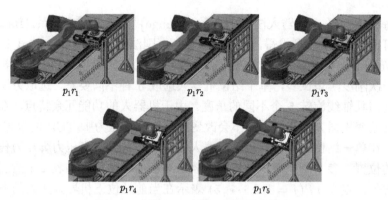

图 2.9　站位 p_1 时的 5 个机器人姿态

2.4.3　结果与分析

　　每组姿态对应的 V_p、V_r 的计算结果如表 2.5 所示。在进行 V_p、V_r 计算时，机器人所受载荷为 KR500 型机器人所能承受的最大负载。由表 2.5 可以看出，V_p 的最大值为 0.00211，V_r 的最大值为 0.077，说明采用规划的 30 组机器人姿态进行刚度辨识试验时，即便机器人处于最大许用负载的情况下，补充刚度矩阵对机器人末端变形量的计算结果影响远小于钻孔法向精度要求，补充刚度矩阵可以忽略。而试验过程中，施加于机器人末端的载荷小于机器人的极限负载，补充刚度矩阵的影响将会更小。

表 2.5　V_p、V_r 的计算结果

p_1	V_p	V_r	p_2	V_p	V_r	p_3	V_p	V_r
r_1	0.00097	0.053	r_1	0.00132	0.059	r_1	0.00147	0.060
r_2	0.00132	0.068	r_2	0.00150	0.063	r_2	0.00153	0.058
r_3	0.00154	0.072	r_3	0.00155	0.056	r_3	0.00147	0.049
r_4	0.00162	0.062	r_4	0.00146	0.056	r_4	0.00129	0.056
r_5	0.00155	0.053	r_5	0.00124	0.053	r_5	0.00101	0.052
p_4	V_p	V_r	p_5	V_p	V_r	p_6	V_p	V_r
r_1	0.00148	0.064	r_1	0.00191	0.070	r_1	0.00211	0.070
r_2	0.00182	0.077	r_2	0.00204	0.069	r_2	0.00201	0.057
r_3	0.00203	0.077	r_3	0.00202	0.054	r_3	0.00179	0.053
r_4	0.00209	0.063	r_4	0.00186	0.055	r_4	0.00148	0.053
r_5	0.00198	0.044	r_5	0.00161	0.042	r_5	0.00116	0.047

　　图 2.10 所示是通过压力脚向传感器表面施加正压力后载荷的测量结果。图中，F_z 表示压力脚作用在力传感器表面的正压力，F_x 与 F_y 表示沿传感器受力

面两个主方向的力，T_x、T_y、T_z 是沿 x、y、z 方向的作用力矩。观测试验结果发现，当压力脚接触传感器表面时，压力脚前端面沿与传感器的接触面发生了侧向滑动，此时作用有正压力 F_z，故产生摩擦力 F_x 和 F_y。当压力脚完全推出，系统达到平衡状态后，传感器获得的 F_x 和 F_y 是压力脚前端面与传感器接触面之间的静摩擦力。值得一提的是，在压力脚施加压紧力之前，机器人会通过安装在末端执行器前部的四个激光位移传感器进行法向找正操作，保证压力脚轴向与传感器受力面的垂直度。所以，施加压紧力后压力脚在传感器 x、y、z 方向产生的扭矩相对较小。通过压力脚施加载荷，存在一个明显的加载阶段，此时机器人正经历弹性变形，待载荷进入稳定状态后方可测量机器人的变形，相应的力传感器在稳定状态时的读数作为机器人当前姿态所受的载荷值。

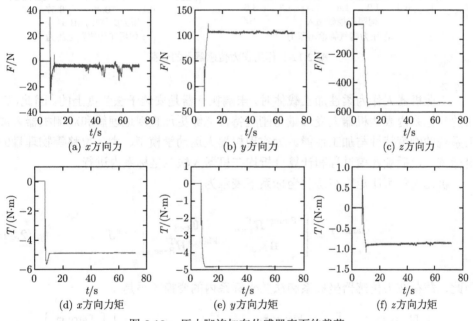

图 2.10　压力脚施加在传感器表面的载荷

压力脚采用气缸驱动，气缸进气量通过模拟输入/输出控制的电磁比例伺服阀进行控制。气缸输出压力如图 2.11(a) 所示，可以看出压力脚气缸的输出压力与伺服阀控制输入呈明显的线性关系。图 2.11(b) 所示是机器人在姿态 $p_1 r_1$ 时压力脚施加 3 个正压力后力传感器的读数值。可以看出 F_z 与气缸输出压力呈线性关系；F_x 与 F_y 与正压力呈明显的线性关系，由此进一步说明 F_x 与 F_y 是由于压力脚与传感器表面发生相对滑动平衡后产生的静摩擦力。在刚度辨识试验中，选取图 2.11(b) 中值分别为 0.17 MPa、0.37 MPa 和 0.57 MPa 的气压控制压力脚对每组姿态下的机器人施加静态载荷，分别记作载荷 1、载荷 2 及载荷 3 三种加载工况。

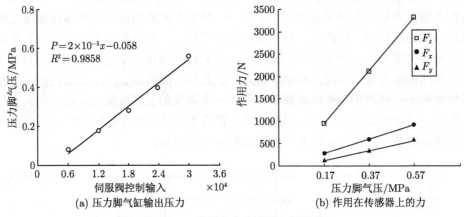

(a) 压力脚气缸输出压力　　　　　　(b) 作用在传感器上的力

图 2.11　作用在力传感器上的载荷

　　工业机器人作为柔性加工载体时，末端执行器是安装于法兰盘上的。因此，在法兰坐标系内表达机器人变形量与刚度特性能够更加直观地理解和观测机器人加工系统的刚度特性与加工性能。为实现机器人运动学模型、力、位移等物理量的坐标统一，后续建模过程和计算分析均在机器人法兰坐标系内进行。

　　机器人雅可比矩阵在法兰坐标系下表示为

$$^{\text{Flange}}\boldsymbol{J} = \begin{bmatrix} ^{\text{Flange}}\boldsymbol{R}_{\text{Base}}^{\text{T}} & \boldsymbol{0}_{3\times3} \\ \boldsymbol{0}_{3\times3} & ^{\text{Flange}}\boldsymbol{R}_{\text{Base}}^{\text{T}} \end{bmatrix} {}^{\text{Base}}\boldsymbol{J} \tag{2.34}$$

因此，载荷在力传感器坐标系和法兰坐标系内的变换关系是

$$\begin{bmatrix} ^{\text{Flange}}\boldsymbol{F} \\ ^{\text{Flange}}\boldsymbol{T} \end{bmatrix} = \begin{bmatrix} ^{\text{Flange}}\boldsymbol{R}_{\text{Force}} & \boldsymbol{0}_{3\times3} \\ ^{\text{Flange}}\tilde{\boldsymbol{p}}_{O_{\text{F}}}{}^{\text{Flange}}\boldsymbol{R}_{\text{Force}} & ^{\text{Flange}}\boldsymbol{R}_{\text{Force}} \end{bmatrix} \begin{bmatrix} ^{\text{Force}}\boldsymbol{F} \\ ^{\text{Force}}\boldsymbol{T} \end{bmatrix}$$

$$= {}^{\text{Flange}}\boldsymbol{D}_{\text{Force}} \begin{bmatrix} ^{\text{Force}}\boldsymbol{F} \\ ^{\text{Force}}\boldsymbol{T} \end{bmatrix} \tag{2.35}$$

式中，$^{\text{Flange}}\boldsymbol{R}_{\text{Force}} = \left({}_{pi}^{\text{World}}\boldsymbol{R}_{\text{Flange}} \right)^{-1}{}^{\text{World}}\boldsymbol{R}_{\text{Force}}$、$_{pi}^{\text{World}}\boldsymbol{R}_{\text{Flange}} = {}_{pi}^{\text{World}}\boldsymbol{R}_{\text{Base}}$ $_{pi}^{\text{Base}}\boldsymbol{R}_{\text{Flange}}$。

　　矩阵 $^{\text{World}}\boldsymbol{R}_{\text{Force}}$、$_{pi}^{\text{World}}\boldsymbol{R}_{\text{Base}}$ 在试验过程中实际测量获得，机器人在每个站位的基坐标系以及力传感器坐标系的结果前面已经给出。矩阵 $_{pi}^{\text{Base}}\boldsymbol{R}_{\text{Flange}}$ 可根据

机器人在站位 p_i 所处的姿态用 D-H 模型求解得到。根据相应的坐标变换关系以及传感器测量的力 $^{\text{Force}}\boldsymbol{f}_{p_i r_j}$，可求得载荷在法兰坐标系的表达 $^{\text{Flange}}\boldsymbol{f}_{p_i r_j}$。

对应于图 2.11(b) 姿态 $p_1 r_1$ 下，传感器坐标系中的力转换到机器人法兰坐标系后的结果如图 2.12 所示。由图 2.12(a)～图 2.12(c) 可得，三向载荷随着压力脚压紧力的增加而增加，并且呈明显的线性关系。值得注意的是，压力脚的中心点与法兰中心之间有一定的距离，对三向载荷的传递起到力臂的作用，在传递过程中三向载荷经力臂的作用后会在法兰上产生较大的力矩，如图 2.12(d)～图 2.12(f) 所示。也就是说，原本在传感器坐标系内的三维载荷，对法兰中心的作用效果是明显的六维载荷 (多了三维力矩)。

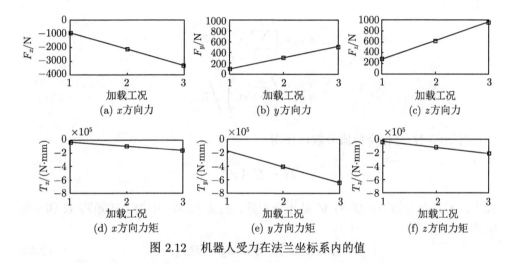

图 2.12　机器人受力在法兰坐标系内的值

在刚度辨识试验过程中与力测量同步进行的是对机器人受力变形量的测量。设机器人空载时测量点 M_1、M_2、M_3 的坐标向量为 $\boldsymbol{p}_i(i=1,\ 2,\ 3)$，机器人受力后三个点的坐标向量是 $\hat{\boldsymbol{p}}_i\ (i=1,\ 2,\ 3)$，两者之间的关系为

$$\hat{\boldsymbol{p}}_i = \boldsymbol{T}\boldsymbol{p}_i \tag{2.36}$$

把变换矩阵 $\boldsymbol{T}$ 的作用分解成旋转变换和平移变换后，式 (2.36) 可写成

$$\hat{\boldsymbol{p}}_i = \boldsymbol{R}\boldsymbol{p}_i + \boldsymbol{t} \tag{2.37}$$

由于测量过程存在误差，变换后两者之间的误差矩阵为

$$\boldsymbol{\xi}_i = \hat{\boldsymbol{p}}_i - (\boldsymbol{R}\boldsymbol{p}_i + \boldsymbol{t}) \tag{2.38}$$

根据基于奇异值分解 (singular value decomposition，SVD) 的最小二乘匹配方法，距离误差的最小化函数是

$$\min\left(\sum_{i=1}^{3}||\hat{\boldsymbol{p}}_i-(\boldsymbol{R}\boldsymbol{p}_i+\boldsymbol{t})||^2\right) \tag{2.39}$$

令

$$\boldsymbol{H}=\sum_{i=1}^{3}(\boldsymbol{p}_i-\boldsymbol{s}_A)(\hat{\boldsymbol{p}}_i-\boldsymbol{s}_B)^{\mathrm{T}}$$

式中

$$\boldsymbol{s}_A=\left(\sum_{i=1}^{3}\boldsymbol{p}_i\right)\Big/3$$

$$\boldsymbol{s}_B=\left(\sum_{i=1}^{3}\hat{\boldsymbol{p}}_i\right)\Big/3$$

对矩阵 $\boldsymbol{H}$ 进行奇异值分解，使得

$$\boldsymbol{H}=\boldsymbol{U}\boldsymbol{\Lambda}\boldsymbol{V}^{\mathrm{T}}$$

式中，$\boldsymbol{\Lambda}$ 是对角矩阵；$\boldsymbol{U}$ 和 $\boldsymbol{V}$ 是正交矩阵，则式 (2.37) 中的旋转矩阵 $\boldsymbol{R}$ 和平移矩阵 $\boldsymbol{t}$ 分别是

$$\boldsymbol{R}=\boldsymbol{V}\boldsymbol{U}^{\mathrm{T}}, \quad \boldsymbol{t}=\boldsymbol{s}_B-\boldsymbol{R}\boldsymbol{s}_A \tag{2.40}$$

根据矩阵 $\boldsymbol{t}$ 可获得加载后机器人末端在世界坐标系内的线位移，通过矩阵 $\boldsymbol{R}$ 可求解出加载后机器人末端在世界坐标系内的角位移。

对于机器人变形测量，每组加载试验进行三次，取结果的平均值作为该姿态下机器人变形量的最终结果。表 2.6 所示为机器人处于姿态 p_1r_1、空载时 M_1、M_2、M_3 三个点的位姿测量结果，表 2.7~ 表 2.9 分别是对机器人末端施加 3 组载荷后 M_1、M_2、M_3 三个点的位姿测量结果。

表 2.6   机器人空载时位姿测量结果

序号	M_1			M_2			M_3		
	x	y	z	x	y	z	x	y	z
1	405.1445	1681.4103	2462.8594	399.9826	1745.7817	2477.1715	433.0851	1831.4038	2464.0491
2	405.1226	1681.4085	2462.8413	399.9938	1745.7789	2477.1685	433.0851	1831.4038	2464.0491
3	405.1541	1681.3991	2462.8327	399.9906	1745.7604	2477.1675	433.0915	1831.3885	2464.0479

表 2.7　机器人在载荷 1 时位姿测量结果

序号	M_1			M_2			M_3		
	x	y	z	x	y	z	x	y	z
1	405.5890	1681.9826	2462.8803	400.4139	1746.3499	2477.2208	433.4914	1831.9819	2464.1536
2	405.5969	1681.9622	2462.8668	400.4139	1746.3474	2477.2170	433.4966	1831.9858	2464.1370
3	405.5909	1681.9460	2462.8853	400.4155	1746.3206	2477.2234	433.4852	1831.9762	2464.1695

表 2.8　机器人在载荷 2 时位姿测量结果

序号	M_1			M_2			M_3		
	x	y	z	x	y	z	x	y	z
1	405.9569	1682.5379	2463.0157	400.7586	1746.8943	2477.4034	433.8229	1832.5325	2464.3582
2	405.9532	1682.5603	2463.0154	400.7616	1746.8974	2477.3907	433.8164	1832.5359	2464.3702
3	405.9567	1682.4916	2463.0277	400.7600	1746.8881	2477.3999	433.8221	1832.5306	2464.3602

表 2.9　机器人在载荷 3 时位姿测量结果

序号	M_1			M_2			M_3		
	x	y	z	x	y	z	x	y	z
1	406.2818	1683.0859	2463.1711	401.0803	1747.4152	2477.5679	434.1092	1833.0973	2464.5790
2	406.2784	1683.0545	2463.1814	401.0848	1747.4193	2477.5493	434.1072	1833.0990	2464.5770
3	406.2936	1683.0310	2463.1456	401.0770	1747.4147	2477.5671	434.1210	1833.1010	2464.5422

　　根据式 (2.40) 求得三组载荷作用下机器人处于姿态 p_1r_1 时世界坐标系内表示的末端变形量，结果如图 2.13 所示。从图中可以发现，机器人末端在 x、y、z 三个方向上的线位移和角位移整体上随载荷的增加而增大，并且呈明显的线性关系。

　　与机器人所受载荷类似，机器人变形量同样需要进行坐标变换。图 2.14 所示是图 2.13 中世界坐标系中的变形量变换到法兰坐标系内的结果，各变形量在法兰坐标系内同样呈现线性关系，整体上随载荷的增加而增加。

　　当获取机器人所受载荷以及对应的变形量后，式 (2.31) 中除关节柔度系数矩阵 C_θ 外，观测矩阵 B 与变形矢量矩阵 C 均为已知量。为获得良好的辨识效果，希望机器人具有较大的变形量，计算时采用机器人每组姿态作用最大载荷时的力和变形进行关节柔度矩阵的计算，其余状态用来验证关节柔度系数矩阵的辨识结果。此时，参与刚度辨识的机器人姿态共有 30 组，观测矩阵 $B = [A_1 \ \cdots \ A_i \ \cdots \ A_n]^{\mathrm{T}}$ 是 180×6 的矩阵，变形矢量矩阵 $C = [P_1 \ \cdots \ P_i \ \cdots \ P_n]^{\mathrm{T}}$ 是 180×1 的矩阵。用式 (2.33) 可求解出转角关节柔度矩阵 C_θ，图 2.15 所示为进行第 30 次试验后的 K_θ 结果。从图中可以发现，前 5 次试验的关节刚度系数值随试验次数的增加有较大范围的波动，随着试验次数的增加每个转动关节的刚度系数值逐渐趋于稳定，大约进行 10 次试验后，关节刚度系数矩阵的值趋于稳定。最终把第 30 次辨识试验后得到的 K_θ 值作为机器人加工系统所用 KUKA KR500 型机器人的关节刚度矩阵，即

$$K_\theta = \text{diag}(5.86 \times 10^9 \quad 9.85 \times 10^9 \quad 1.11 \times 10^{10} \quad 5.32 \times 10^8$$

$$5.52 \times 10^8 \quad 8.82 \times 10^8) \text{N} \cdot \text{mm/rad} \tag{2.41}$$

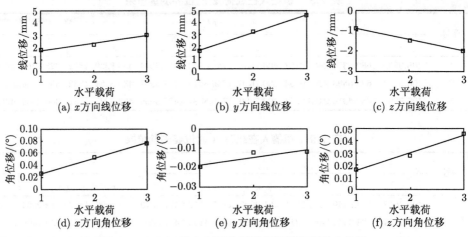

图 2.13　$p_1 r_1$ 姿态末端位移量在世界坐标系中的值

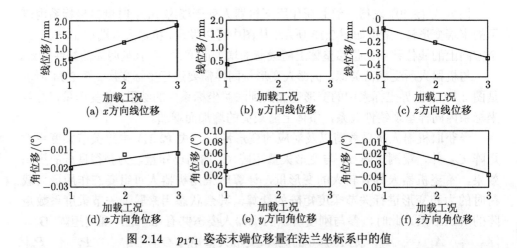

图 2.14　$p_1 r_1$ 姿态末端位移量在法兰坐标系中的值

根据式 (2.28)，已知机器人末端受力与关节刚度矩阵 K_θ 的情况下，末端变形量 $dX = J K_\theta^{-1} J^T F$，代入机器人末端受力 F 与 K_θ 可计算得到相应的末

端变形量。根据图 2.5 中所定义的机器人法兰坐标系，机器人沿 x、y、z 三个坐标轴方向的线位移变形量与这三个方向的静刚度具有密切关系。法兰绕 y、z 轴的转动变形在刀具 TCP 的作用效果是产生俯仰和偏摆角度，会影响机器人钻孔加工时的法向精度。而绕 x 轴的转动变形则不会影响钻孔质量，实际计算后绕 x 轴的角位移量远小于其他变形量，因此，对机器人末端加载后关于变形量试验数据和理论计算结果的讨论只关注 x、y、z 三个坐标轴方向的线位移和绕 y、z 轴的转动的角位移。

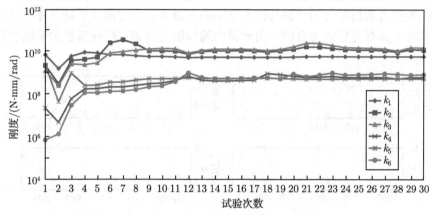

图 2.15　关节刚度系数辨识结果

设 $\mathrm{d}\boldsymbol{P} = [\mathrm{d}x\ \ \mathrm{d}y\ \ \mathrm{d}z\ \ \mathrm{d}B\ \ \mathrm{d}C]^\mathrm{T}$ 表示机器人受力后末端的变形量，$\mathrm{d}x$、$\mathrm{d}y$、$\mathrm{d}z$ 分别表示法兰坐标系原点沿 x、y、z 三个方向的线位移，$\mathrm{d}B$、$\mathrm{d}C$ 分别表示机器人末端绕 y、z 两个方向的角位移。图 2.16 所示为当机器人处于站位 p_1 时，载荷

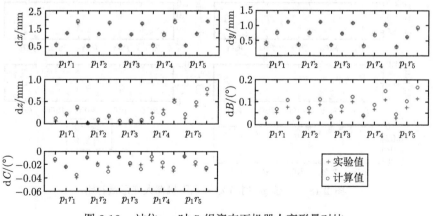

图 2.16　站位 p_1 时 5 组姿态下机器人变形量对比

作用在机器人末端引起的变形量。图中圆圈表示利用机器人关节刚度系数矩阵的辨识结果代入式 $\mathrm{d}\mathbf{P} = \mathbf{J}\,\mathbf{K}_\theta^{-1}\,\mathbf{J}^{\mathrm{T}}\mathbf{F}$ 后计算得到的机器人变形量理论计算值,十字符号表示对机器人施加载荷后测量的机器人末端变形量试验值。在站位 p_1 共 5 个不同的机器人姿态下进行加载,每个姿态加载三组载荷,共计 15 次试验。从姿态 $p_1r_1 \sim p_1r_5$,线位移 $\mathrm{d}x$、$\mathrm{d}y$、$\mathrm{d}z$ 与角位移 $\mathrm{d}B$、$\mathrm{d}C$ 整体上随载荷的增加而增加。此外,机器人末端变形量的理论计算值与试验值之间具有较好的吻合性。

图 2.17~ 图 2.21 是机器人在站位 $p_2 \sim p_6$ 时,末端变形量理论计算值与试验值的对比图。与机器人在站位 p_1 时类似,线位移 $\mathrm{d}x$、$\mathrm{d}y$、$\mathrm{d}z$ 与角位移 $\mathrm{d}B$、$\mathrm{d}C$ 整体上随载荷的增加而增加,并且在大范围的机器人姿态空间内末端位移理论计算值与试验值具有良好的吻合性,由此说明通过刚度辨识试验获得的关节刚度系

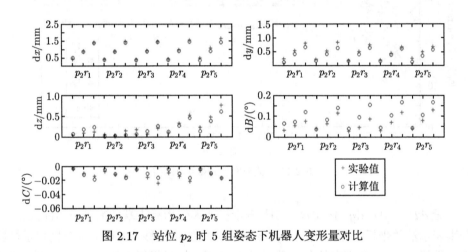

图 2.17　站位 p_2 时 5 组姿态下机器人变形量对比

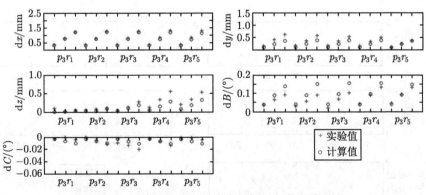

图 2.18　站位 p_3 时 5 组姿态下机器人变形量对比

数矩阵 $\boldsymbol{K}_\theta$ 是准确的。

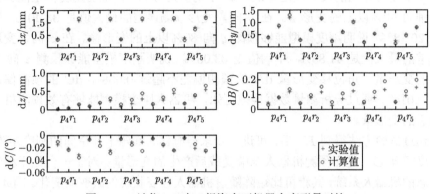

图 2.19 站位 p_4 时 5 组姿态下机器人变形量对比

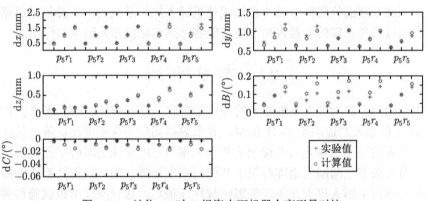

图 2.20 站位 p_5 时 5 组姿态下机器人变形量对比

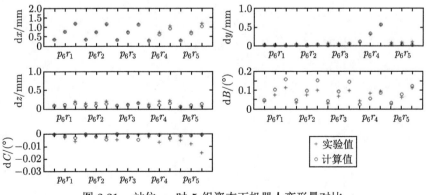

图 2.21 站位 p_6 时 5 组姿态下机器人变形量对比

对图 2.25～图 2.30 中机器人变形的计算和试验值进行误差分析，在 x 向，变形预测误差百分比的最大值是 25.87%，平均值是 6.77%，说明刚度模型能够预测刀具轴向 90% 以上的变形量。在 y 向，变形预测误差的最大值是 33.40%，平均值是 20.22%，说明刚度模型能够预测 y 向 80% 以上的变形量。在 z 向，变形预测误差的最大值是 41.83%，平均值是 33.05%，说明刚度模型能够预测 z 向 70% 以上的变形量。角位移变形量 dB 的预测偏差不超过 $0.068°$，dC 的预测偏差不超过 $0.014°$。通过分析测量数据误差可知，机器人刚度模型能够有效预测机器人受力后的变形量。

通过试验方法得到 K_θ 后，可进一步求得机器人在笛卡儿空间的刚度矩阵 K 或柔度矩阵 C，进而预测机器人末端受载后产生的变形量。对于一台处于稳定工作状态的机器人系统，其雅可比矩阵随着机器人位姿状态的改变而变化。因此，即便在机器人末端作用相同方向和大小的外力，不同的机器人姿态下产生的作用效果也会不同，这一特点增加了机器人加工系统刚度特性分析的难度。相反，机器人笛卡儿刚度矩阵的位姿耦合特性也为优化机器人加工系统的刚度提供了思路，也就是说通过选择合理的机器人加工姿态能够起到优化机器人刚度的作用。

2.5　本 章 小 结

本章围绕六自由度工业机器人的经典刚度建模展开研究。首先，建立了 KUKA KR500 型机器人的运动学 D-H 模型，并求解得到运动学雅可比矩阵。其次，基于虚功原理构建了机器人关节输出力矩与末端 TCP 受载之间的平衡关系，并推导出机器人关节空间刚度矩阵与笛卡儿空间刚度矩阵之间的映射关系，分析了补充刚度矩阵对机器人笛卡儿矩阵的影响规律。最后，通过刚度辨识试验得到机器人各关节的刚度系数矩阵，机器人受力变形的试验数据与理论计算结果验证了关节刚度系数矩阵试验辨识的有效性。

第 3 章　机器人空间相似性变刚度建模

3.1　引　　言

工作环境下机器人笛卡儿刚度主要受关节刚度与加工姿态的影响。因此，精确的关节刚度模型是研究机器人工作空间的刚度分布规律及实现变形误差预测与补偿的前提。

第 2 章基于经典刚度模型将机器人的关节刚度视为恒定值进行研究，然而不同转角处的关节驱动与传动结构刚度值并非固定不变的，加之机器人不同的采样姿态使得末端加工刚度以及结构重心都是时变的，恒定关节刚度的假设会降低机器人关节刚度建模的精度，从而影响机器人加工刚度优化效果。

为了解决这一问题，本章对机器人关节刚度的空间相似性进行理论和试验分析。基于空间网格化的采样点规划策略，提出了一种机器人变刚度辨识与建模方法，通过修改对应加工空间的关节刚度系数，克服了机器人恒定关节刚度对加工空间和姿态适应性差的缺陷，实现机器人刚度特性的精确表征。

3.2　关节刚度的空间相似性分析

直观来看，机器人关节传动结构会随着机器人位姿的变化而变化，机器人结构重心的变化对各关节刚度的识别结果也会产生影响。一种有效的解决方法是，认为机器人任一关节的刚度值在机器人不同位姿下或不同关节转角下是连续时变的，即当末端在笛卡儿空间的位置相近时，各关节的刚度值会表现出一定的相似性。

3.2.1　理论分析

机器人关节刚度是构成机器人关节传动结构的所有零部件的综合刚度体现，主要包括驱动电机、减速器、转轴以及同步带的扭转刚度[96]。目前应用于工业机器人领域的减速器主要包括两大类：谐波减速器与 RV 减速器。其中，谐波减速器由于柔轮周期性变形在小负载机器人上使用较多。对于中等负载的机器人，一般将谐波减速器放置在小臂、腕部或手部 (六轴标准工业机器人的 A5、A6 关节)，而将 RV 减速器放置在机座、大臂、肩部等重负载的位置 (六轴标准工业机器人的 A1、A2、A3、A4 关节)。对于重载工业机器人，其所有关节一般都使用 RV 减

速器 [97,98]。研究表明，RV 减速器的整体结构随着曲柄轴转角的变化而变化，如图 3.1 所示，这必然会引起机器人关节刚度的变化 [99,100]。

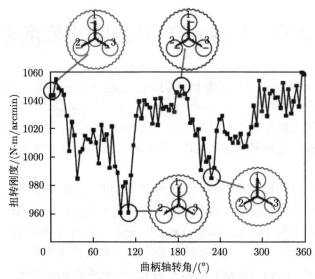

图 3.1　RV 减速器刚度随曲柄轴转角的变化 [99]

随着在不同位姿下机器人本体结构重心的变化，作用在机器人某一关节的扭矩也会发生变化。此外，机器人末端负载对该关节的作用扭矩也随着杆长的变化而变化，如图 3.2 所示。因此，机器人加工位姿的改变会对关节所受扭矩产生影响，进而影响减速器的结构刚度。

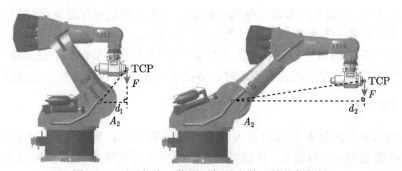

图 3.2　不同位姿下作用于机器人某一关节的扭矩

综上所述，在机器人的关节零部件组成中，减速器的刚度是一个非线性变化量，驱动电机、转轴以及同步带的扭转刚度通常按照经验公式近似计算，可以看作定值。因此，由上述零部件耦合而成的关节结构的总体刚度可看作连续变化的量。在相同末端载荷作用下，两个相近的机器人姿态对应的各关节转角以及各关节所受扭矩也都是相近的，即机器人在相近加工空间各关节刚度表现出空间相似性，如图 3.3 所示。

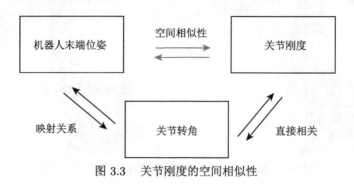

图 3.3 关节刚度的空间相似性

3.2.2 试验分析

本节利用 KUKA KR500-3 型机器人平台开展关节刚度空间相似性的试验验证。为计算任一关节在不同转角处对应的刚度值，首先选定一个机器人关节，在其他关节锁死的情况下单独驱动该关节运动，此时认为载荷引起的末端变形主要由选定关节的扭转变形所致；其次通过激光跟踪仪分别记录末端施加载荷前后不同转角位置下的靶球位置，从而获取不同关节转角位置下的末端变形量；最后结合六维力传感器测量得到的不同位置下的载荷信息，识别该关节在不同转角下的扭转刚度值。

试验中在末端安装 50 kg 重物，分别驱动机器人 A2、A3 关节从初始位置以 5° 为步长运动并记录试验载荷和末端靶球的位置信息。采样位姿如图 3.4 所示，其中 A2 关节的转角范围为 $-100° \sim -60°$，A3 关节的转角范围为 $90° \sim 120°$。

在规划的关节转角范围内，不同转角位置处对应的刚度值辨识结果如图 3.5 与图 3.6 所示。必须指出，本小节的不同转角位置下关节扭转刚度的试验方法是一种较为粗糙的关节刚度辨识方法，但基本可以满足关节刚度时变特性的分析需求。

图 3.5 和图 3.6 直观地说明了 A2 与 A3 关节刚度在不同关节转角位置下的连续变化情况。一方面，刚度辨识结果证明了机器人关节刚度并非定值，而是随着关节转角的变化而变化；另一方面，当机器人关节转角变化较小时，机器人的关节刚度表现出较高的相似度，关节转角值变化较大时，关节刚度变化幅值增大。

综上所述，通过理论分析与试验验证，可以认为机器人的关节刚度与关节转角位置之间是存在空间相似性的。

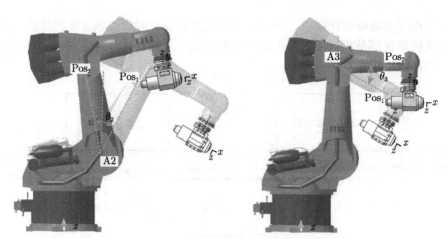

图 3.4　A2 与 A3 关节刚度空间相似性验证试验姿态

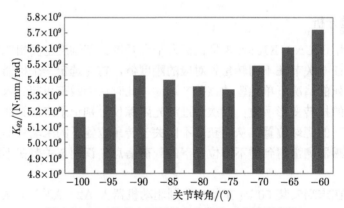

图 3.5　A2 关节在不同转角位置处对应的刚度值

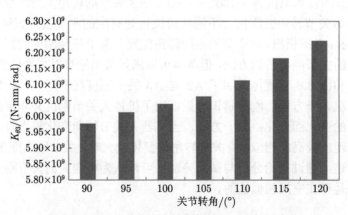

图 3.6　A3 关节在不同转角位置处对应的刚度值

3.3 变刚度辨识与建模方法

通过 3.2 节的分析可知，机器人的关节刚度值并非固定不变的，同时还呈现出一定的空间相似性，这种相似性可以为关节刚度的精确辨识提供有力的理论支撑。本节将基于刚度参数空间相似性原理及空间网格化采样规则，提出一种机器人变关节刚度辨识方法，实现机器人刚度模型的精确表征。

3.3.1 空间网格化原理与采样位姿规划

机器人关节刚度辨识，本质上是通过有限的位姿误差采样试验，建立位姿误差与关节转角刚度之间的映射模型。然而，无论在空载还是负载状态下，不同的机器人采样姿态都会导致不同的末端位姿误差。一方面，不同的关节构型会导致机器人结构重心和连杆变形的不同，进而影响关节刚度的辨识结果；另一方面，由于复杂的传动结构，各关节的实际刚度与关节转角直接关联。因此，所选采样点的数量和分布与机器人关节构型直接相关，进而影响辨识结果的准确性，全加工空间的采样拟合结果显然不能精确反映机器人在不同子空间的实际刚度性能。综上所述，建立变刚度模型以适应不同加工区间关节刚度变化对刚度表征准确性的影响至关重要。

当机器人各关节转角确定时，对应的关节刚度也就确定。定义 $\boldsymbol{K}_{\theta1}$ 为给定关节转角处的刚度值，同时定义 $\boldsymbol{K}_{\theta2}$ 为与之相近的关节转角处的刚度值，则有

$$E = \|\boldsymbol{K}_{\theta1} - \boldsymbol{K}_{\theta2}\| < \xi, \quad \Delta\theta \to 0 \tag{3.1}$$

式中，E 为 $\boldsymbol{K}_{\theta1}$ 和 $\boldsymbol{K}_{\theta2}$ 的差值的二范数，随着 $\Delta\theta$ 趋近于 0，总存在一个接近于 0 的正数 ξ 满足 $E < \xi$。

在确定姿态条件下将式 (3.1) 从关节空间转换到笛卡儿空间，则有

$$E = \|\boldsymbol{K}_{\theta1} - \boldsymbol{K}_{\theta2}\| < \xi, \quad (\Delta x, \Delta y, \Delta z) \to 0 \tag{3.2}$$

即在忽略末端姿态变化的情况下，当机器人末端位置变化量 Δx、Δy、Δz 趋近于 0 时，机器人的关节刚度值均近似相等。

在以上推导的基础上，本章提出了机器人加工空间网格化刚度辨识的思路。单个网格空间内机器人对应的关节转角相近，关节刚度均高度近似。因此在牺牲一定精度的前提下，可以在小范围空间内忽略因机器人关节传动结构和本体重心等因素造成的刚度辨识误差，即将机器人关节刚度在该空间内近似看作定值来处理。同时，由于采用规则的形状可以大幅提高算法的效率，本章以立方体网格为单位来划分机器人有效加工空间，如图 3.7(a) 所示。

　　以图 3.7(b) 中的任一空间网格为例，为准确计算该空间所对应的关节刚度，要求采样点均匀分布于整个子空间。因此，选择作为几何边缘点的 8 个顶点来实现网格空间的包络，同时又引入了空间网格的中心点，以确保该空间内关节刚度更逼近于真实值。综上，对于给定的网格空间一共有 9 个采样点用于机器人关节刚度的辨识，如图 3.7(b) 中的 Tag 1~Tag 9 所示。定义机器人在 HOME 位姿时末端执行器的姿态为初始姿态，根据加工任务类型选择绕工具坐标系的任一轴线旋转一定角度，从而产生新的采样姿态，如图 3.8 所示。

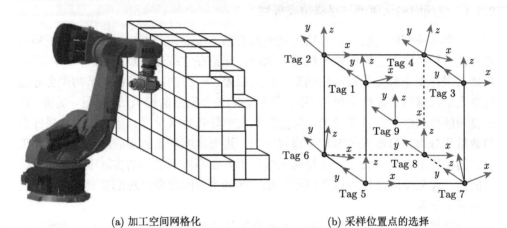

(a) 加工空间网格化　　　　　　　(b) 采样位置点的选择

图 3.7　机器人加工空间网格化与采样点选择

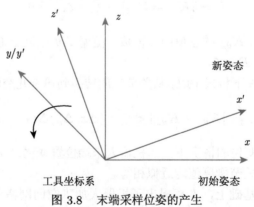

图 3.8　末端采样位姿的产生

　　由于划分的网格空间尺寸可大可小，如图 3.9 所示。将单个网格空间内任一关节刚度最大差值的范数用 ξ 来表示，三个不同大小的空间分别对应 ξ_1、ξ_2、ξ_3，显然有 $\xi_1 \geqslant \xi_2 \geqslant \xi_3$。辨识得到的关节刚度误差越小，则机器人刚度建模的精度越高。

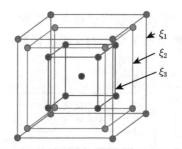

图 3.9 不同尺寸的网格及其对应采样点

3.3.2 基于空间相似性的变刚度辨识与精确建模方法

结合空间网格化采样点规划及关节刚度辨识方法，将各网格空间的关节刚度分别看作定值，提出一种基于空间相似性的变刚度辨识与精确建模方法。不同网格空间内的关节刚度可表示为

$$\boldsymbol{K}_\theta(j) = \mathrm{diag}[k_{\theta 1}(j), \cdots, k_{\theta 6}(j)] \tag{3.3}$$

式中，j 表示对应网格空间的序列号。

结合式 (2.17) 与式 (3.3)，得到

$$\boldsymbol{K}(j) = \boldsymbol{J}^{-\mathrm{T}}(\boldsymbol{\theta})\boldsymbol{K}_\theta(j)\boldsymbol{J}^{-1}(\boldsymbol{\theta}) \tag{3.4}$$

该式即为机器人变刚度模型。变刚度辨识与建模流程如图 3.10 所示，具体步骤如下：

(1) 建立运动学模型并确定机器人有效加工空间，按照给定尺寸将加工空间划分为一系列立方体网格子空间作为刚度辨识单元；

(2) 根据网格划分结果确定各空间网格的九个采样点位置，定义各采样点处的机器人末端初始姿态，求解对应机器人各关节转角；

(3) 在任一末端初始位姿处根据不同加工任务特点，令机器人末端绕工具坐标系坐标轴旋转，得到新的采样姿态及对应各关节转角，为保证计算的准确性，每个采样位置的目标姿态应不少于 3 组；

(4) 将规划的机器人采样位姿数控程序输入机器人控制器，在末端无负载状态下驱动机器人运动到各采样位姿，利用激光跟踪仪测量机器人空载状态下的末端实际运动位姿；

(5) 在机器人末端执行器上增加重物以模拟机器人加工受载，在负载状态下控制机器人运动到各采样位姿，利用激光跟踪仪测量机器人负载状态下的末端实际运动位姿，与空载下的末端运动位姿相比较，并结合力传感器在各采样位姿的测量数据，辨识机器人在该网格空间所对应的关节刚度；

(6) 重复步骤 (4) 和步骤 (5)，获得机器人在不同网格空间对应的关节刚度值；

(7) 根据辨识结果构建全加工空间的变刚度模型，实现机器人刚度特性的精确表征。

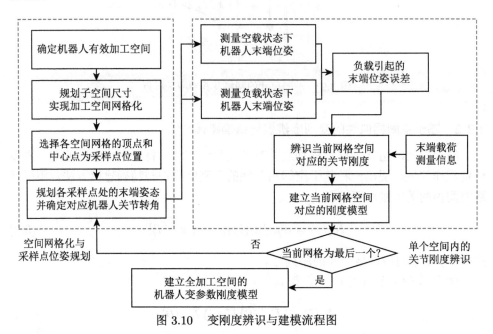

图 3.10　变刚度辨识与建模流程图

值得一提的是，本节所描述的机器人变刚度辨识方法是在经典刚度辨识方法基础上的创新拓展，因此虽然以 KUKA KR500-3 型机器人为例开展论述，但是该方法适用于市场上所有品牌型号的工业机器人。

3.4　机器人变刚度试验

区别于第 2 章将关节刚度视为恒定值的机器人经典刚度模型，3.3 节将机器人关节刚度视作可变值，提出了一种基于空间相似性的网格化变刚度辨识与精确建模方法。同 2.4 节一样，本节利用力传感器测量施加在末端执行器上的载荷，利用激光跟踪仪测量机器人末端变形，开展基于网格化的机器人变刚度辨识试验研究。

3.4.1　试验平台

试验平台的组成如图 3.11 所示，图中，{Tool} 为工具坐标系，{Force} 为力传感器坐标系，{Flange} 为机器人法兰坐标系，{Base} 为机器人基坐标系。硬件主要包括如下。

(1) 工业机器人：以 KUKA KR500-3 型机器人为试验对象，同时也是末端执行器运动的载体，其安装位置为地面固定位置。

(2) 六维力传感器：在机器人法兰盘上安装一台 ATI IP60 Omega160 六维力传感器 (单向最大负载为 6250 N，最大扭矩为 400 N·m，分辨率为 0.25 N)，用以测量末端执行器所受的外部载荷。

(3) 末端执行器：与六维力传感器固连，作为外部载荷施加的载体通过吊装 50 kg 重物以模拟加工载荷，同时为激光跟踪仪的靶球提供安装位置。

(4) 激光跟踪仪：选用一台 API Radian 激光跟踪仪作为测量设备 (线性测量范围为 50 m，绝对测距精度为 ±10 μm)，用于测量施加载荷后末端执行器变形误差。

图 3.11　机器人变刚度试验平台总体布局图

3.4.2　结果与分析

选取 1200 mm × 600 mm × 600 mm 的加工区间作为变刚度辨识试验的机器人标定空间。分别选择 600 mm、300 mm、200 mm 以及 150 mm 作为立方体网格边长来研究网格大小对机器人刚度辨识结果的影响。因此，整个标定空间可以分别划分为 2 个网格、16 个网格、54 个网格以及 128 个网格。

在此基础上，按照 3.3 节提出的刚度辨识方法规划每个采样位姿的理论坐标和初始姿态。将机器人末端沿着工具坐标系的 y 轴分别旋转 ±10° 得到另外两组机器人采样姿态，因此对于任一网格空间均有 27 个采样点位姿满足关节刚度辨识。根据本章方法辨识得到机器人在不同网格空间对应的关节刚度结果有如下几点。

1. 全加工空间的关节刚度辨识

为方便后期对机器人变刚度辨识与建模方法的实际效果进行验证，首先以全加工空间为采样空间，选取长方体标定空间的 8 个顶点和中心点处规划的采样位姿，利用负载前后的末端位姿信息以及力传感器的采集数据，辨识得到机器人在全加工空间下的关节刚度为

$$\boldsymbol{K}_\theta = \mathrm{diag}(1.58 \times 10^{10}, 6.12 \times 10^{9}, 5.28 \times 10^{9},\, 4.66 \times 10^{8},$$
$$2.19 \times 10^{8}, 4.49 \times 10^{8})\mathrm{N} \cdot \mathrm{mm/rad} \tag{3.5}$$

2. 基于 600 mm×600 mm×600 mm 网格的刚度辨识

当选择 600 mm 作为立方体网格空间的边长时，整个标定空间被分割为两个对称的立方体网格 Grid 1 与 Grid 2，如图 3.12 所示。

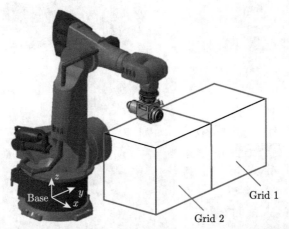

图 3.12　基于 600 mm × 600 mm × 600 mm 网格的空间划分

在这两个网格空间分别辨识对应的关节刚度 $\boldsymbol{K}_{\theta G1}$ 以及 $\boldsymbol{K}_{\theta G2}$，结果为

$$\boldsymbol{K}_{\theta G1} = \mathrm{diag}(1.48 \times 10^{10}, 5.58 \times 10^{9}, 6.80 \times 10^{9},\, 3.38 \times 10^{8},$$
$$1.20 \times 10^{8}, 2.17 \times 10^{8})\mathrm{N} \cdot \mathrm{mm/rad} \tag{3.6}$$

$$\boldsymbol{K}_{\theta G2} = \mathrm{diag}(1.49 \times 10^{10}, 6.81 \times 10^{9}, 4.81 \times 10^{9}, 2.29 \times 10^{8},$$
$$3.99 \times 10^{8}, 1.61 \times 10^{8})\,\mathrm{N} \cdot \mathrm{mm/rad} \tag{3.7}$$

观察式 (3.5) ~ 式 (3.7) 可以看出，两个网格对应的关节刚度与全加工空间的辨识结果有所不同，辨识结果的不同必然对机器人刚度性能表征的准确性有所影响。由此可见，不同空间对应的关节刚度确实是不一样的，全局的拟合结果必然会降低表征准确性。

3. 基于 $300\ \text{mm} \times 300\ \text{mm} \times 300\ \text{mm}$ 网格的刚度辨识

当选择 $300\ \text{mm}$ 作为立方体网格空间的边长时，整个标定空间被划分为 16 个立方体网格作为辨识单元，如图 3.13 所示。为方便网格空间的排序，将标定空间划分为四个长方体区间，即 Cuboid 1 ~ Cuboid 4，长方体的长边与机器人基坐标系的 y 轴平行，各长方体空间内又按照 y 轴的负方向定义各立方体网格的序号，如 Cuboid 1 包括 Grid 1.1 ~ Grid 1.4 四个网格空间。各网格空间的关节刚度辨识结果如表 3.1 所示。为了更好地观察关节刚度的变化趋势，图 3.14 给出了不同网格空间中各关节的刚度值结果。

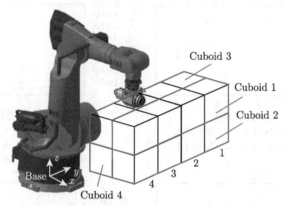

图 3.13　基于 $300\ \text{mm} \times 300\ \text{mm} \times 300\ \text{mm}$ 网格的空间划分

表 3.1　基于 $\mathbf{300\ mm \times 300\ mm \times 300\ mm}$ 网格的关节刚度辨识结果 (单位：N·mm/rad)

$k_{\theta i}$	$k_{\theta 1}$	$k_{\theta 2}$	$k_{\theta 3}$	$k_{\theta 4}$	$k_{\theta 5}$	$k_{\theta 6}$
Grid 1.1	1.06×10^{10}	5.56×10^{9}	6.40×10^{9}	3.24×10^{8}	1.31×10^{8}	2.04×10^{8}
Grid 1.2	6.85×10^{9}	5.59×10^{9}	6.29×10^{9}	1.88×10^{8}	9.23×10^{7}	1.26×10^{8}
Grid 1.3	8.24×10^{9}	5.88×10^{9}	6.04×10^{9}	1.68×10^{8}	7.30×10^{7}	1.20×10^{8}
Grid 1.4	1.01×10^{10}	7.51×10^{9}	4.29×10^{9}	1.83×10^{8}	2.88×10^{8}	1.83×10^{8}
Grid 2.1	1.82×10^{9}	5.36×10^{9}	6.80×10^{9}	6.27×10^{7}	1.17×10^{8}	6.27×10^{7}
Grid 2.2	2.05×10^{9}	5.39×10^{9}	8.57×10^{9}	5.76×10^{7}	7.28×10^{7}	5.76×10^{7}
Grid 2.3	2.51×10^{9}	5.48×10^{9}	9.24×10^{9}	5.64×10^{7}	5.07×10^{7}	5.64×10^{7}
Grid 2.4	2.64×10^{9}	6.85×10^{9}	4.88×10^{9}	5.20×10^{7}	2.05×10^{8}	5.20×10^{7}
Grid 3.1	6.95×10^{10}	5.04×10^{9}	6.36×10^{9}	7.06×10^{8}	1.42×10^{8}	4.74×10^{8}
Grid 3.2	8.29×10^{9}	4.95×10^{9}	6.13×10^{9}	2.60×10^{8}	9.46×10^{7}	1.80×10^{8}
Grid 3.3	1.06×10^{10}	5.42×10^{9}	5.46×10^{9}	2.34×10^{8}	1.10×10^{8}	2.07×10^{8}
Grid 3.4	4.37×10^{9}	7.32×10^{9}	4.27×10^{9}	1.17×10^{8}	1.16×10^{9}	1.13×10^{8}
Grid 4.1	2.70×10^{9}	4.50×10^{9}	7.49×10^{9}	1.22×10^{8}	1.28×10^{8}	7.33×10^{7}
Grid 4.2	2.83×10^{9}	4.70×10^{9}	8.53×10^{9}	1.01×10^{8}	8.12×10^{7}	4.56×10^{7}
Grid 4.3	2.64×10^{9}	5.13×10^{9}	7.38×10^{9}	7.62×10^{7}	8.11×10^{7}	3.60×10^{7}
Grid 4.4	2.24×10^{9}	6.72×10^{9}	4.39×10^{9}	5.62×10^{7}	2.30×10^{8}	2.49×10^{7}

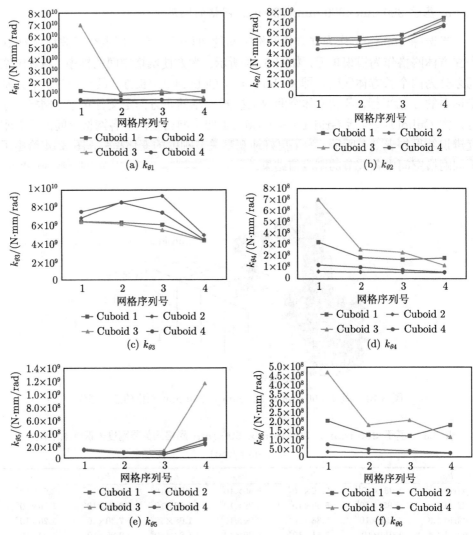

图 3.14　关节刚度在 300 mm × 300 mm × 300 mm 网格空间中的分布

从图 3.14(b) 可以看出，机器人 A2 关节的刚度在不同长方体网格空间内都保持了非常一致且稳定的变化趋势：沿着机器人基坐标系的 y 轴的负方向逐步增长。关节刚度的增幅在每个长方体空间的最后一个网格空间 (如 Grid 1.4) 有较明显的增长。此外，Cuboid 1 内各子空间对应的 A2 关节刚度，始终是所有相同序号子空间的对应刚度值中最高的；与之相反，Cuboid 4 内的各子空间对应的 A2 关节刚度始终最低。

由图 3.14(c) 可知，机器人 A3 关节的刚度在不同长方体网格空间内整体呈现出沿着机器人基坐标系的 y 轴的负方向逐步下降的趋势,但是在 Cuboid 2 和 Cuboid 4 的中间两个网格呈现明显上升趋势。可见在这四个立方体网格所构成的区间内,对应的 A3 关节刚度较高。此外,Cuboid 3 内各子空间对应的 A3 关节刚度在所有相同序号子空间中数值最低。

机器人 A5 关节的刚度值的空间分布情况如图 3.14(e) 所示,可以看出,A5 的关节刚度值在任一长方体区间内的前三个立方体网格空间中总体保持稳定并有小幅下降,而在最后一个立方体网格空间中都明显上升,且在 Grid 3.4 网格升幅最高。

从图 3.14(a)、图 3.14(d)、图 3.14(f) 可以发现,机器人 A1、A4、A6 三个关节刚度值的变化趋势在不考虑数值的情况下表现出高度的相似性。具体来说,三个关节的刚度值在 Cuboid 2 和 Cuboid 4 区间均表现出稳定小幅下降的趋势;对于 Cuboid 1 区间三个关节的刚度值在第二、第三网格保持稳定,第一、第四网格对应的刚度值较高;三个关节的刚度值在 Grid 3.1 处达到最高,在 Grid 3.2 处有明显减弱,并最终在 Grid 3.4 降到低于 Grid 1.3 对应的刚度值以下。整体上来说,Cuboid 1 和 Cuboid 3 区间内三个关节的刚度值明显高于 Cuboid 2 和 Cuboid 4 对应的刚度值。A2、A3 和 A5 三个关节的旋转轴相互平行,同时与机器人基坐标系的 y 轴平行;而 A1、A4 和 A6 三个关节的旋转轴均与所在连杆的杆长方向一致,且与机器人基坐标系的 y 轴垂直。关节轴线的方向与刚度空间分布特性表现出了相关性。

4. 基于 200 mm × 200 mm × 200 mm 网格的刚度辨识

当选择 200 mm × 200 mm × 200 mm 立方体网格空间作为辨识单元时,整个标定空间被划分为 54 个网格,如图 3.15 所示。

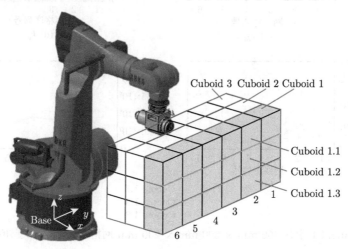

图 3.15　基于 200 mm × 200 mm × 200 mm 网格的空间划分

为方便网格空间的排序，将标定空间分割为 3 个一级长方体网格 (Cuboid 1 ~ Cuboid 3)，三个一级网格又可以划分为 3 个二级长方体网格 (如 Cuboid 1.1 ~ Cuboid 1.3)。每个二级空间分别由 6 个立方体网格构成，按照 y 轴的负方向定义各立方体网格的序号，如 Cuboid 1.1 由 Grid 1.1.1 ~ Grid 1.1.6 构成。各网格空间内对应的关节刚度辨识结果及其变化情况如图 3.16~图 3.18 所示。

在不同二级长方体网格空间内，机器人 A2 关节的刚度整体上保持稳定的变化趋势，沿着机器人基坐标系的 y 轴的负方向，各二级长方体网格区间的前五个立方体网格 (如 Grid 1.1.1 ~ Grid 1.1.5) 总体保持稳定并有小幅提升，而在最后一个网格空间表现出明显的关节刚度提升。

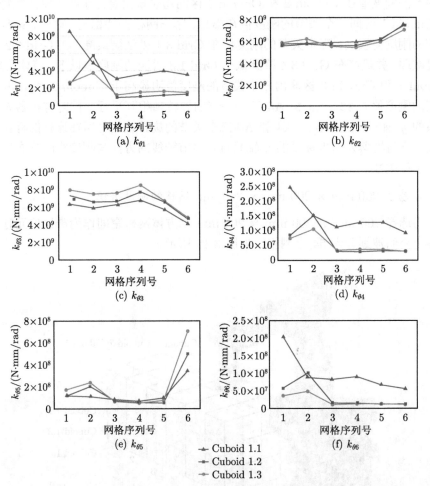

图 3.16   Cuboid 1 中各 200 mm × 200 mm × 200 mm 网格空间对应各关节刚度值的分布

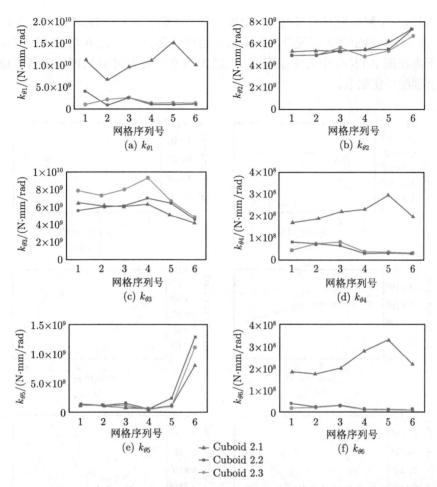

图 3.17　Cuboid 2 中各 200 mm × 200 mm × 200 mm 网格空间对应各关节刚度值的分布

机器人 A3 关节的刚度在不同二级长方体网格空间总体上表现出沿着机器人基坐标系的 y 轴的负方向刚度下降的趋势,与划分为 16 个网格时一致。但是较小的网格表现出更多的刚度变化细节:除 Cuboid 2.2 与 Cuboid 3.3 以外的各二级长方体网格区间中,A3 的关节刚度在第二个立方体网格呈现下降趋势,而在第三个到第四个区间刚度稳定提升并在第四个网格处达到刚度变化的峰值。此外,机器人 A3 关节在 Cuboid 1.3、Cuboid 2.3 与 Cuboid 3.3 对应的刚度值高于其余空间,即在较低位置对应的 A3 关节刚度较低。

机器人 A5 关节的刚度在不同二级长方体网格空间内同样保持了相近的变化趋势。在 Cuboid1 与 Cuboid 2 内各二级长方体网格的前五个网格空间内,A5 关节的刚度基本保持稳定,在最后一个网格会有大幅的提升;类似地,在 Cuboid 3 内各二级长方体网格的前四个网格空间内 A5 关节的刚度基本保持稳定,在 Cuboid

3.1 的最后两个网格空间关节刚度稳定提升，而关节刚度在 Cuboid 3.2 与 Cuboid 3.3 的第五个网格空间大幅提升并在第六个网格回落。Grid 3.2.6 与 Grid 3.3.6 的刚度下降在图 3.14(e) 中无法观察到，因此较小的网格尺寸显然可以更精确地表征关节刚度变化细节。

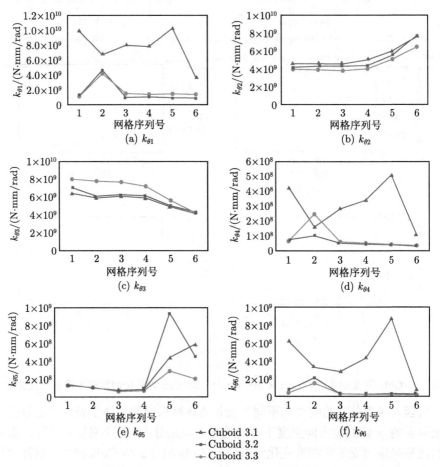

图 3.18　Cuboid 3 中各 200 mm × 200 mm × 200 mm 网格空间对应各关节刚度值的分布

　　与标定空间划分为 16 个立方体网格时类似，采用 200 mm × 200 mm × 200 mm 网格作为辨识单元时，机器人的 A1、A4、A5 关节刚度在不同二级长方体网格空间内都表现出相近的变化趋势。其中，Cuboid 1.1 的前两个网格空间内对应的关节刚度呈下降趋势，而在 Cuboid 1.2 与 Cuboid 1.3 的第二个立方体网格刚度达到最高值，在其余网格空间内三个关节的刚度值较为稳定。在 Cuboid 2.2 与 Cuboid 2.3 中，A1、A4、A5 关节刚度在前三个网格空间中表现出一定的波动，并在最后三个网格空间中保持稳定，而在 Cuboid 2.1 中，前五个网格空间的关节刚度总体上保持了增长的趋势并在第五个网格处达到最高值。在 Cuboid 3.2 与 Cuboid 3.3 中，三个关节的刚度表现出与 Cuboid 1.2 与 Cuboid 1.3 相近的变化趋势，而在 Cuboid 3.1 中，关节刚度在 Grid 3.1.1 与 Grid 3.1.5 达到两个刚度峰值，表现出较大的波动情况。总体上讲，A1、A4、A5 关节刚度在各一级长方体网格所包含的后两个二级长方体网格中总体保持稳定，只在 Cuboid 1.2 与 Cuboid 1.3 的前两个网格有较大波动。但在各一级长方体网格所包含的第一个二级长方体网格中，三个关节的刚度波动较大，且整体表现出的刚度较高。综上，关节刚度的大小与稳定性表现出与末端位置的相关性。

5. 基于 150 mm × 150 mm × 150 mm 网格的刚度辨识

当选择 150 mm × 150 mm × 150 mm 立方体网格空间作为辨识单元时，整个标定空间被划分为 128 个网格，如图 3.19 所示。

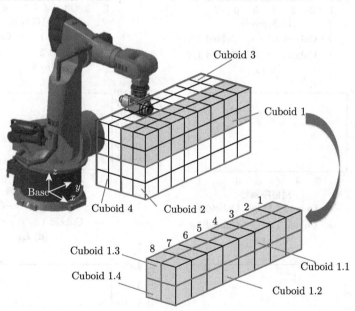

图 3.19　基于 150 mm × 150 mm × 150 mm 网格的空间划分

为方便网格空间的排序，将一级长方体网格空间 (Cuboid 1 ∼ Cuboid 4) 进一步划分为二级长方体网格空间 (如 Cuboid 1.1 ∼ Cuboid 1.4)，将标定空间划分为 16 个由 8 个立方体网格构成的长方体区间。各长方体区间内又按照 y 轴的负方向定义各立方体网格的序号，如 Cuboid 1.1 包括 Grid 1.1.1 ∼ Grid 1.1.8 网格空间。各网格空间的关节刚度辨识结果如图 3.20∼图 3.23 所示。

150 mm × 150 mm × 150 mm 空间网格可以看作在 300 mm × 300 mm × 300 mm 网格基础上将网格边长等分后获得的空间网格，因此将 150 mm × 150 mm × 150 mm 空间网格下的刚度辨识结果与 300 mm × 300 mm × 300 mm 网格下的辨识结果对比，便于比较相同区间在不同尺寸网格划分情况下的刚度变化情况。

根据图 3.20~图 3.23，机器人 A2 关节的刚度在 Cuboid 1~Cuboid 4 的子区间内都表现出一致的变化趋势。在各二级长方体区间内，前六个立方体网格子空间的关节刚度总体上保持稳定，只在 Cuboid 2 和 Cuboid 4 对应的立方体网格子空间内有一定幅度的波动，这个变化在以 300 mm 为采样网格边长时没有体现。

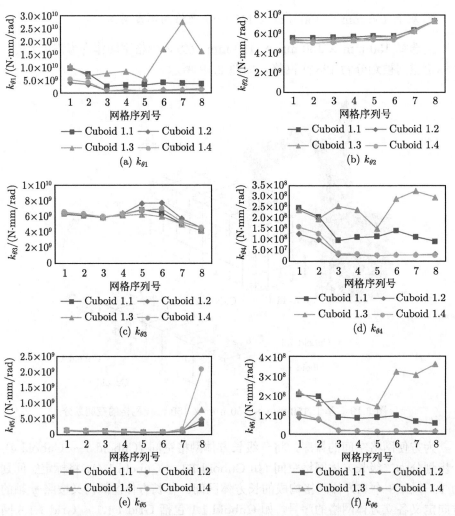

图 3.20   Cuboid 1 中各 150 mm × 150 mm × 150 mm 网格空间对应各关节刚度值的分布

此外，各二级长方体区间的最后两个立方体网格空间中，A2 关节的刚度有明显的上升。总体上讲，机器人标定空间划分为 128 个立方体网格后，A2 关节刚度的辨识结果与划分为 16 个立方体网格的时候是一致的。

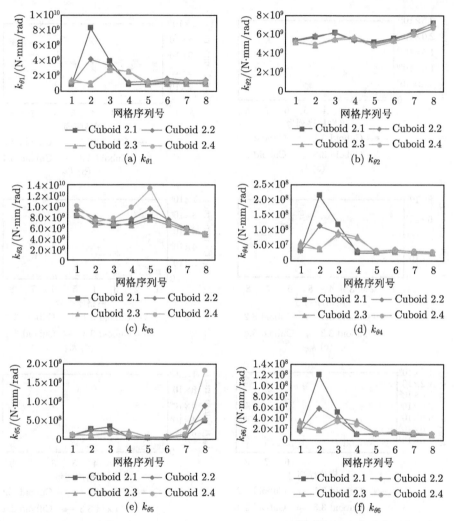

图 3.21 Cuboid 2 中各 150 mm × 150 mm × 150 mm 网格空间对应各关节刚度值的分布

机器人 A3 关节的刚度在 Cuboid 1~Cuboid 4 的子区间内总体上表现出沿机器人基坐标系的 y 轴负方向逐步下降的趋势，这与划分为 16 个网格时是一致的。在所有二级长方体网格区间的第三到第五网格 (如 Grid 1.1.3 到 Grid 1.1.5)，A3 的关节刚度呈现明显的提升并在第五或第六个网格处达到最高值。这与图 3.14(c) 中 Cuboid 2 长方体区间的第三个立方格网格 (即 Grid 2.3) 处刚度最高的特征相吻合，但是，对于 Cuboid 1、Cuboid 3 以及 Cuboid 4 表现出的刚度波动情况并不完全一致。由此可见，细分的网格会表现出更多刚度变化的细节，即表现出更高的辨识精度。

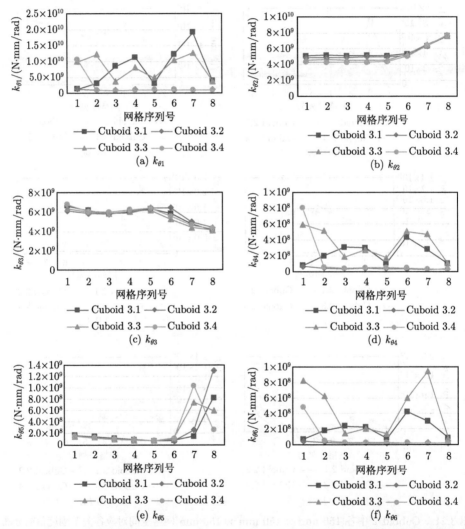

图 3.22　Cuboid 3 中各 150 mm × 150 mm × 150 mm 网格空间对应各关节刚度值的分布

当标定空间划分为 128 个立方体网格子空间时，关节 A5 的刚度值在 Cuboid 1、Cuboid 2 长方体区间的前 7 个网格以及 Cuboid 3、Cuboid 4 长方体区间的前 6 个网格均非常稳定，只有在 Cuboid 2 区间的 Grid 2.1.2、Grid 2.1.3、Grid 2.2.2、Grid 2.2.3 四个网格内以及 Cuboid 4 区间的 Grid 4.1.3、Grid 4.1.4、Grid

4.2.3、Grid 4.2.4 这四个网格表现出小幅波动上升；关节 A5 的刚度值在 Cuboid 1、Cuboid 2 长方体区间的第 8 个网格以及 Cuboid 3、Cuboid 4 长方体区间的第 7 个网格整体有大幅的提升，但是在 Grid 3.3.8、Grid 3.4.8、Grid 4.3.8、Grid 4.4.8 这四个网格，相较前一个网格空间刚度都有明显下降。由此可以分析得到，正是由于各二级长方体区间在最后一个或者两个辨识空间 A5 刚度的显著提升，表现出图 3.14(e) 中各一级长方体区间在最后一个辨识空间 A5 刚度的大幅提升，而 Cuboid 3.4 空间刚度提升最大正是其包含的所有 150 mm ×150 mm × 150 mm 网格内 A5 刚度整体提升最高的拟合结果。

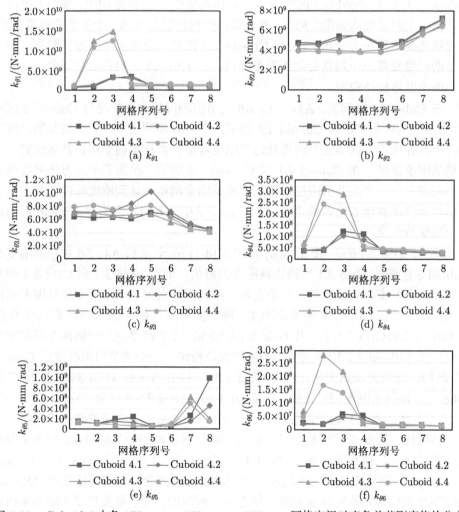

图 3.23 Cuboid 4 中各 150 mm × 150 mm × 150 mm 网格空间对应各关节刚度值的分布

对比机器人 A1、A4 以及 A6 关节的刚度在不同网格空间的变化趋势，可以发现，在任何一个二级长方体区间内，三个关节的刚度值同样表现出相似的变化趋势，但是与各二级长方体网格刚度的变化趋势并不一致。

具体来讲，在图 3.14(a)、图 3.14(c) 及图 3.14(f) 中，Cuboid 1、Cuboid 2、Cuboid 4 长方体区间内 A1、A4 以及 A6 关节的刚度整体波动趋势较为平缓。其中 A1、A4、A6 关节的刚度在 Cuboid 1.1、Cuboid 1.2、Cuboid 1.4 的前三网格小幅下降，其余空间保持稳定，这与 Cuboid 1 的整体趋势是一致的，但在 Cuboid 1.3 关节刚度整体呈现上升趋势并在 Grid 1.3.6 和 Grid 1.3.7 发生明显跃升，刚度的这一突然提升并没有在图 3.14(a)、图 3.14(d) 及图 3.14(f) 中体现。此外，在 Cuboid 2.1 和 Cuboid 2.2 的前四个立方体网格中，三个关节的刚度先大幅提升并在第二个网格处达到刚度峰值，并在第四个网格回落到第一个网格的刚度量级。同样的情况出现在 Cuboid 2.3 和 Cuboid 2.4 的第二至第五个立方体网格，三个关节的刚度在第三个网格处达到刚度峰值。在 Cuboid 2 的剩余空间中，这三个关节的刚度值保持稳定。

在 Cuboid 4 区间里，A1、A4、A6 关节的刚度的波动情况与 Cuboid 2 区间类似。在 Cuboid 4.3 和 Cuboid 4.4 的前四个立方体网格中，三个关节的刚度先大幅提升并在第二或第三个网格处达到刚度峰值，并在第四个网格回落到第一个网格的刚度量级。在 Cuboid 4.1 和 Cuboid 4.2 的第二至第五个立方体网格也出现小幅提升，三个关节的刚度在第三个或第四个网格处达到刚度峰值，并在第五个网格处回落到增长之前的量级。A1、A4、A6 关节的刚度值在 Cuboid 4 的剩余空间保持稳定。

此外，如图 3.14(a)、图 3.14(d) 及图 3.14(f) 所示，A1、A4、A6 关节的刚度在 Cuboid 3 区间的 Grid 3.1 网格出现刚度的峰值，而在 Grid 3.2 到 Grid 3.4 刚度值明显下降且变化幅度较低。但是在各二级长方体区间关节刚度变化呈现不同的趋势：在 Cuboid 3.1 中各关节的刚度与网格的空间分布呈现出 "M" 形波动关系，在 Grid 3.1.3/Grid 3.1.4 以及 Grid 3.1.6/Grid 3.1.7 网格空间达到两个局部刚度峰值；在 Cuboid 3.2 中各关节的刚度均保持稳定；三个关节的刚度值在 Cuboid 3.3 区间内呈现无规则变化，但在 Grid 3.3.3、Grid 3.3.4、Grid 3.3.5 以及 Grid 3.3.8 立方体网格刚度相对较低，在 Grid 3.3.1、Grid 3.3.2 以及 Grid 3.3.6、Grid 3.3.7 立方体网格达到两个刚度峰值；在 Cuboid 3.4 中各关节的刚度均在第一个立方体网格空间最高，在第二个网格空间刚度大幅降低到 Cuboid 3.2 中各关节刚度值的量级并保持稳定。在 Cuboid 1.1、Cuboid 1.3 以及 Cuboid 3.1、Cuboid 3.3 这四个二级长方体区间中均表现出刚度较强的波动，可能是这四个网格构成的空间处在机器人基坐标系下沿 y 轴正方向较高的位置，导致机器人姿态采样运动过程中的姿态变化幅度较大、运动平稳性较差，使得采样信息不准确、关节刚度波动较大。

综上所述，将机器人标定空间划分为更小的立方体网格空间时，A2、A3、A5 关节刚度的变化趋势基本与 300 mm × 300 mm × 300 mm 网格单元条件下相同，但是较小的网格可以更清楚地表现出关节刚度的变化细节；另外，A1、A4、A6 关节刚度在 150 mm × 150 mm × 150 mm 网格单元下的变化趋势与较大网格单元条件下表现出明显的不同，说明较大网格的拟合结果对这三个关节刚度的表示准确度影响较大，进而降低机器人刚度建模的精度。此外，A2、A3、A5 关节的关节轴向平行于机器人基坐标系 y 轴方向，表现出全加工空间的稳定刚度变化趋势；轴向垂直于基坐标系 y 轴方向的关节，即 A1、A4、A6 关节，在不同尺寸的网格划分下都表现出刚度变化趋势的相似性，由此可以认为机器人关节的轴向与关节刚度分布特性直接相关。这一发现也可以为机器人结构设计及机器人刚度优化提供借鉴。

3.4.3 基于刚度模型的误差补偿

1. 验证方案设计

根据前面机器人刚度建模的描述，通过机器人给定姿态下末端所受载荷与关节刚度矩阵 $\boldsymbol{K}_\theta$，可利用 $\boldsymbol{X} = \boldsymbol{J}(\boldsymbol{\theta})\boldsymbol{K}_\theta^{-1}\boldsymbol{J}^{\mathrm{T}}(\boldsymbol{\theta})\boldsymbol{F}$ 计算得到相应的末端位姿变形量。为验证变刚度辨识方法的有效性，开展机器人定位误差补偿试验，通过负载引起的误差的预测精度来反映刚度辨识结果的准确性。定位误差补偿方法的步骤如下所示。

(1) 在每个 150 mm × 150mm × 150 mm 空间网格中分别随机选择一个验证点，即一共生成 128 个验证点，定义第 i 个目标点的位置坐标为

$$\boldsymbol{P}(i) = [P_x(i) \quad P_y(i) \quad P_z(i)]^{\mathrm{T}} \tag{3.8}$$

(2) 规划机器人在各采样点处的姿态，并形成机器人运动控制指令。

(3) 在机器人末端分别安装 50 kg 及 100 kg 重物来模拟加工载荷，运行机器人运动指令控制机器人运动到各采样位姿，通过力传感器测量各采样位姿下的负载状态，定义第 i 个目标点处的测量载荷为

$$\boldsymbol{F}(i) = [F_x(i) \quad F_y(i) \quad F_z(i) \quad M_x(i) \quad M_y(i) \quad M_z(i)]^{\mathrm{T}} \tag{3.9}$$

(4) 根据所测载荷以及目标点所在采样空间对应的关节刚度，计算载荷引起的定位误差：

$$\Delta\boldsymbol{P}(i) = [\Delta P_x(i) \quad \Delta P_y(i) \quad \Delta P_z(i)]^{\mathrm{T}} = \boldsymbol{E}[\boldsymbol{J}(\boldsymbol{\theta})\boldsymbol{K}_\theta^{-1}(i)\boldsymbol{J}^{\mathrm{T}}(\boldsymbol{\theta})]\boldsymbol{F}(i) \tag{3.10}$$

式中，$\Delta P_x(i)$、$\Delta P_y(i)$ 与 $\Delta P_z(i)$ 表示计算得到的第 i 个目标点的三维位置误差；$\boldsymbol{K}_\theta^{-1}(i)$ 为对应目标点的柔度矩阵；$\boldsymbol{J}(i)$ 表示真实运动学参数修正的第 i 个目标点处的雅可比矩阵；$\boldsymbol{E}$ 为目标矩阵前三行构成的矩阵。

(5) 通过修正机器人目标点的坐标位置实现机器人运动指令修正：

$$\boldsymbol{P}'(i) = \boldsymbol{P}(i) - \Delta \boldsymbol{P}(i) \tag{3.11}$$

(6) 通过运行修正前后的控制指令，可以测量机器人目标点补偿前后的实际位置误差。绝对定位误差计算方程如下：

$$E(i) = \sqrt{E_x^2(i) + E_y^2(i) + E_z^2(i)} \tag{3.12}$$

式中，$E(i)$ 表示第 i 个目标位置的绝对定位精度；$E_x(i)$、$E_y(i)$、$E_z(i)$ 分别表示目标点沿 x、y、z 方向的测量定位误差。通过测量补偿前后的定位精度以验证建模的准确性。

值得注意的是，在步骤 (4) 中网格空间包络范围内的测试点对应的关节刚度较为明确，但是当目标点恰好位于如图 3.24 所示的一些特殊位置时，关节刚度的选择是一个需要明确的问题。当目标位置位于仅属于唯一网格的顶点、边界或平面时，可以使用该网格空间中的关节刚度。此外，一个目标位置还可能出现在以下几种特殊位置：① 位于两个、四个或八个网格的公共顶点上；② 位于两个或者四个网格空间的公共边线上；③ 位于两个网格空间的接触面上。当网格尺寸足够小时，相邻网格的节点刚度相似。因此，上述三种情况可以通过计算所有包含目标点的网格空间中的关节刚度的均值来处理。

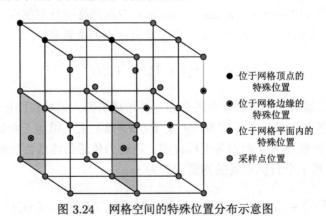

图 3.24　网格空间的特殊位置分布示意图

2. 验证试验与结果分析

机器人刚度辨识结果的验证试验中，按照空间未网格化和空间划分为 2 个子空间、16 个子空间、54 个子空间、128 个子空间建立对应的机器人刚度模型，匹配在不同条件下 128 个测试点对应的关节刚度以计算外部载荷引起的误差。

负重 50 kg 的情况下, 不同网格划分条件下对外部载荷引起误差的补偿效果如图 3.25 与图 3.26 所示。可以看出外部荷载引起的绝对定位误差的平均值为 0.2868 mm, 最大误差为 0.3587 mm。在标定空间未网格化的前提下, 即关节刚度视为固定值, 补偿后的绝对定位误差的平均值减小到 0.1201 mm, 最大误差为 0.1610 mm。通过划分为边长 600 mm 的网格, 补偿后的绝对定位误差的平均值降低到 0.1080 mm, 最大误差降为 0.1488 mm。将工作空间划分为 16 个网格, 可以进一步提高绝对定位精度。补偿后的绝对定位误差的平均值减小到 0.0823 mm, 最大误差为 0.1238 mm, 定位误差基本达到 0.1 mm 以内。将工作空间划分为边长 200 mm 的网格, 补偿后的绝对定位误差的平均值降低到 0.0720 mm, 最大误差降为 0.1242 mm。最后将空间划分为 128 个网格, 补偿后的绝对定位误差的平均值降低到 0.0570 mm, 最大误差为 0.1134 mm。综上所述, 网格空间的尺寸越小, 补偿效果越准确。与关节刚度恒定的传统补偿方法相比, 128 个网格的补偿效果提高了近 52.54‰。

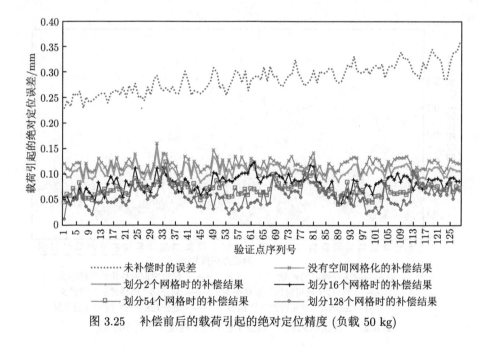

图 3.25 补偿前后的载荷引起的绝对定位精度 (负载 50 kg)

针对外部载荷为 100 kg 的情况, 不同网格划分条件下对外部载荷引起误差的补偿效果如图 3.27 与图 3.28 所示。载荷引起的绝对定位误差的平均值为 0.5537 mm, 最大误差为 0.7004 mm。随着网格数量由 1 个逐渐增加到 128 个, 补偿后载荷引起的绝对定位误差的平均值从 0.2109 mm 下降到 0.1085 mm, 最大误差也从 0.2857 mm 下降到 0.2061 mm，与关节刚度恒定的传统补偿方法相比，128 个网格的补偿效果提高了近 48.55‰。

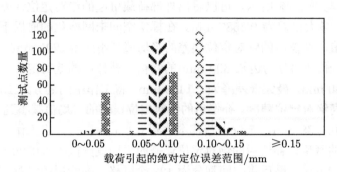

　　没有空间网格化的补偿结果　　　划分2个网格时的补偿结果
　　划分16个网格时的补偿结果　　　划分54个网格时的补偿结果
　　划分128个网格时的补偿结果

图 3.26　补偿效果分布与网格划分数量的关系 (负载 50 kg)

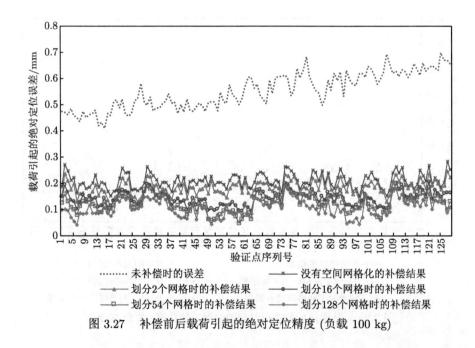

·········· 未补偿时的误差　　　　　　—×— 没有空间网格化的补偿结果
—▲— 划分2个网格时的补偿结果　　　—●— 划分16个网格时的补偿结果
—□— 划分54个网格时的补偿结果　　　—— 划分128个网格时的补偿结果

图 3.27　补偿前后载荷引起的绝对定位精度 (负载 100 kg)

　　根据图 3.25 与图 3.27 的补偿效果，可以确认网格划分尺寸越小，补偿效果越好，说明刚度表征的准确性越高。同时可以证明关节刚度值在不同区间内是变化的，恒定的关节刚度模型无法适应不同加工区间的刚度表征精度需求，制约了机器人加工位姿精度的进一步提升。因此，变刚度辨识与建模方法对机器人加工误差控制技术的研究提供了可靠的新思路。

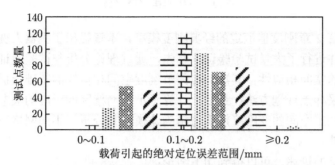

图 3.28 补偿效果分布与网格划分数量的关系 (负载 100 kg)

如图 3.29 所示为负载引起的绝对定位误差补偿效果增速与网格空间划分数量的关系。虽然补偿效果随网格数量的增加而提高，但补偿效果提升的效果将逐渐下降。因此，在保证补偿效果的前提下考虑补偿效率，是降低实际应用中的工作量的必要手段。当载荷为 50 kg 时，采用边长 300 mm 的网格即可将载荷引起的误差整体上降低到 0.1 mm 以内；当载荷达到 100 kg 时，如需将载荷引起的误差降低到 0.1 mm 左右，则至少需采用边长 150 mm 的网格。针对不同型号的机器人或不同精度要求的加工任务，网格规划的尺寸及数量可利用查表方式获取。由于刚度模型修正的只是载荷引起的定位误差，因此在实际工程应用中应结合加工任务的精度指标综合考虑。

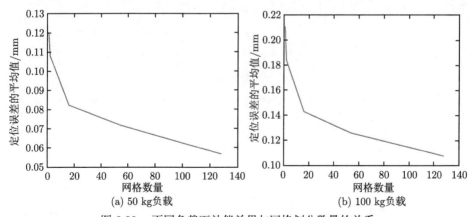

图 3.29 不同负载下补偿效果与网格划分数量的关系

3.5   本 章 小 结

不同于第 2 章刚度值恒定的经典刚度模型，本章提出了机器人变刚度建模与辨识方法，并进行了大量试验验证。首先，通过理论分析与试验验证探究了机器人关节刚度的空间相似性；其次，在关节刚度空间相似性的基础上提出了一种空间网格化的采样点规划方法；最后，计算了不同网格区间对应的关节刚度，实现了机器人全加工空间的变刚度辨识与精确建模，并分析了不同网格下关节刚度的空间分布特性。

综合本章的论述，可以得到如下结论：

(1) 机器人的关节刚度在不同加工区间并不是恒定的，与机器人的加工区间分布具有相关性，相近关节空间对应的关节刚度可近似看作定值；

(2) 通过空间网格化采样点规划方法分别辨识不同区间对应的关节刚度，发现了机器人关节刚度的空间分布规律与关节轴向密切相关；

(3) 变刚度辨识与建模方法有效提升了机器人刚度表征的准确性，空间网格划分尺寸越小，表征精度越高，可以用于加工状态下的机器人精度控制，具有较高的工程应用价值。

第 4 章　机器人加工系统刚度性能分析

4.1　引　　言

前面章节通过试验方法辨识得到机器人关节空间刚度矩阵，利用关节空间与笛卡儿空间刚度之间的映射关系求解出机器人笛卡儿刚度矩阵，实现了机器人受力后末端变形量的预测。然而，刚度矩阵是机器人刚度特性的张量判据，不能直观反映在特定姿态下机器人刚度的大小。本章旨在建立一种机器人刚度特性的标量判据模型，定量描述机器人在特定姿态下的刚度。结合机器人加工时的受力特点，提出一种基于加工任务的机器人定向刚度表征方法，实现机器人在某个特定方向上的刚度值的解析计算，并定义机器人切削性能评价指标，定量评价机器人对工作载荷的耐受能力与切削性能。以机器人定向刚度表征方法为基础，分析机器人在典型工作位姿区域内的刚度特性分布规律，作为机器人工作区域选取与加工姿态优化的理论依据。明确机器人本体的刚度特性后，以机器人钻孔加工为例，分析机器人刚度特性对钻削过程的作用机理，揭示轴向刚度对钻孔精度的影响，指出了提升机器人切削平面刚度和轴向刚度的方法。

4.2　机器人加工系统定向刚度表征模型

4.2.1　机器人柔度椭球

由式 (2.17) 可知，机器人笛卡儿刚度矩阵为 $\boldsymbol{K} = \boldsymbol{J}^{-\mathrm{T}} \boldsymbol{K}_\theta \boldsymbol{J}^{-1}$，相应的柔度矩阵为 $\boldsymbol{C} = \boldsymbol{J} \boldsymbol{K}_\theta^{-1} \boldsymbol{J}^{\mathrm{T}}$。假设向量 $\Delta \boldsymbol{P} = [\Delta x \ \ \Delta y \ \ \Delta z \ \ \Delta \omega_x \ \ \Delta \omega_y \ \ \Delta \omega_z]^{\mathrm{T}}$ 与 $\boldsymbol{F} = [f_x \ \ f_y \ \ f_z \ \ T_x \ \ T_y \ \ T_z]^{\mathrm{T}}$ 分别表示机器人末端变形和所受载荷向量，则 $\boldsymbol{F}$ 与 $\Delta \boldsymbol{P}$ 间的关系可写成

$$\Delta \boldsymbol{P} = \boldsymbol{C} \boldsymbol{F} \tag{4.1}$$

使用柔度矩阵传递机器人受力和末端变形量之间的关系可避免对雅可比矩阵 $\boldsymbol{J}$ 求逆，进而简化计算过程。尤其是当机器人姿态在奇异点附近时，雅可比矩阵接近于零，对其求逆难以实现。与刚度矩阵 $\boldsymbol{K}$ 相同，柔度矩阵 $\boldsymbol{C}$ 也是一个 6×6 的矩阵，把柔度矩阵 $\boldsymbol{C}$ 分解成四个子矩阵，则

$$\Delta P = \begin{bmatrix} P_{\text{dis}} \\ \omega_{\text{dis}} \end{bmatrix} = CF = \begin{bmatrix} C_{\text{FD}} & C_{\text{MD}} \\ C_{\text{MD}}^{\text{T}} & C_{\text{M}\omega} \end{bmatrix} \begin{bmatrix} F_{\text{EE}} \\ M_{\text{EE}} \end{bmatrix} \tag{4.2}$$

式中，向量 $P_{\text{dis}} = [\Delta x\ \ \Delta y\ \ \Delta z]^{\text{T}}$ 表示机器人末端受力后沿 x、y、z 方向的线位移；$\omega_{\text{dis}} = [\Delta\omega_x\ \ \Delta\omega_y\ \ \Delta\omega_z]^{\text{T}}$ 表示机器人末端受力后绕 x、y、z 轴的角位移；$F_{\text{EE}} = [f_x\ \ f_y\ \ f_z]^{\text{T}}$ 表示机器人末端受到的力；$M_{\text{EE}} = [T_x\ \ T_y\ \ T_z]^{\text{T}}$ 表示机器人末端受到的力矩。子矩阵 C_{FD}、C_{MD}、$C_{\text{M}\omega}$ 均为 3×3 的矩阵，C_{FD} 是力-线位移柔度矩阵，$C_{\text{M}\omega}$ 是力矩-角位移柔度矩阵，C_{MD} 是耦合柔度矩阵。分析子矩阵各元素的量纲发现，柔度矩阵 C 内部各元素的单位不同，并且难以统一，增加了机器人刚度特性分析的难度。机器人线位移 P_{dis} 和角位移 ω_{dis} 用子矩阵可表示为

$$P_{\text{dis}} = C_{\text{FD}}F_{\text{EE}} + C_{\text{MD}}M_{\text{EE}} \tag{4.3}$$

$$\omega_{\text{dis}} = C_{\text{MD}}^{\text{T}}F_{\text{EE}} + C_{\text{M}\omega}M_{\text{EE}} \tag{4.4}$$

机器人在进行切削加工时，由于切削载荷作用引起的末端角位移变形很小，通常情况下可以忽略其作用。影响加工质量的主要因素是切削载荷作用下的机器人末端线位移变形。因此，为简化模型计算，扭矩的作用效果通常不予考虑。那么，式 (4.3) 中的线位移可简化为

$$P_{\text{dis}} = C_{\text{FD}}F_{\text{EE}} \tag{4.5}$$

为进一步说明式 (4.5) 中简化过程的可行性，分别选取加工区域边界处的 6 个机器人姿态进行受力分析。假设每个机器人姿态下在刀具 TCP 处沿刀具轴线方向作用 1 kN 的载荷，经过末端执行器的传递后，以集中力和力矩的形式作用在机器人法兰中心。分别计算考虑与不考虑矩阵 C_{MD} 时的机器人末端线位移变形，结果如图 4.1 所示。可以发现，是否考虑矩阵 C_{MD} 对于机器人线位移变形影响很小，两者之间的最大差距不足 0.1 mm，所以加工过程中产生的扭矩对机器人线位移变形量只产生轻微的影响，式 (4.5) 所做的简化不会影响机器人刚度特性的分析结果。

图 4.2 所示为上述 6 个姿态下载荷引起的法向偏差，从结果可以看出，法向偏差的最大值不足 0.04°，远小于机器人要求的法向偏差 ±0.5°。因此，通过计算可以说明加工力造成的机器人姿态误差对加工精度的影响很小，远小于精度公差要求。

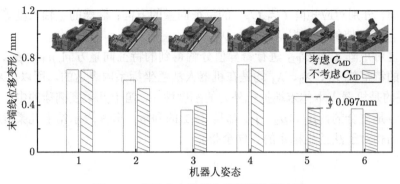

图 4.1　机器人末端线位移变形计算结果

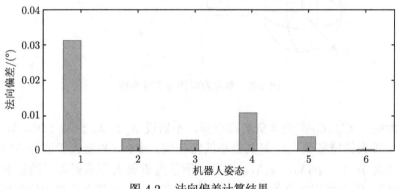

图 4.2　法向偏差计算结果

对比图 4.1 与图 4.2 的计算结果可知，当作用轴向切削力后，机器人末端产生的线位移变形量远大于角位移变形量，说明机器人具有较好的抗角位移变形刚度；相反，抗线位移变形刚度则较低。由此可知，力矩-角位移柔度矩阵 $\boldsymbol{C}_{\mathrm{M}\omega}$ 和耦合柔度矩阵 $\boldsymbol{C}_{\mathrm{MD}}$ 较力-线位移柔度矩阵 $\boldsymbol{C}_{\mathrm{FD}}$ 具有较小的数量级，扭矩和机器人角位移对加工质量的影响相比于力和线位移很小，可以忽略，在后续的分析中重点讨论加工力和机器人线位移刚度对加工质量的影响。

在式 (4.5) 中，倘若线位移 $\boldsymbol{P}_{\mathrm{dis}}$ 是一个单位向量，那么

$$\boldsymbol{P}_{\mathrm{dis}}^{\mathrm{T}}\boldsymbol{P}_{\mathrm{dis}} \leqslant 1 \Rightarrow \boldsymbol{F}_{\mathrm{EE}}^{\mathrm{T}}\boldsymbol{C}_{\mathrm{FD}}^{\mathrm{T}}\boldsymbol{C}_{\mathrm{FD}}\boldsymbol{F}_{\mathrm{EE}} \leqslant 1 \tag{4.6}$$

因此，作用在机器人末端使得机器人产生线位移 $\boldsymbol{P}_{\mathrm{dis}}$ 的所有 $\boldsymbol{F}_{\mathrm{EE}}$ 满足 $\|\boldsymbol{P}_{\mathrm{dis}}\| \leqslant 1$，其包络范围在三维欧几里得空间构成一个椭球。如图 4.3 所示，所有方向的单位力向量 $\boldsymbol{F}_{\mathrm{EE}} = [f_x \quad f_y \quad f_z]^{\mathrm{T}}$ 构成一单位力球体，经过柔度矩阵 $\boldsymbol{C}_{\mathrm{FD}}$ 的映射后变为一椭球体，该椭球称为机器人的柔度椭球。$\boldsymbol{\mu}_1$、$\boldsymbol{\mu}_2$、$\boldsymbol{\mu}_3$ 分别是柔度椭球的三

个主方向，分别对应矩阵 $C_{\mathrm{FD}}^{\mathrm{T}}C_{\mathrm{FD}}$ 的特征向量的方向；椭球的主轴长度等于矩阵 $C_{\mathrm{FD}}^{\mathrm{T}}C_{\mathrm{FD}}$ 特征值的平方根 λ_1、λ_2、λ_3。

通过对矩阵 $C_{\mathrm{FD}}^{\mathrm{T}}C_{\mathrm{FD}}$ 进行奇异值分解得到的特征向量方向 μ_1、μ_2、μ_3 以及对应的特征值 λ_1、λ_2、λ_3 均是在机器人法兰坐标系内表达的。所以，λ_1、λ_2、λ_3 反映的是机器人本体末端抵抗外力的刚度性能。笛卡儿柔度椭球的中心点与法兰中心点是重合的，μ_1、μ_2、μ_3 都是 3×1 的向量，分别表示笛卡儿柔度椭球三个主方向相对于法兰坐标系的方向余弦。

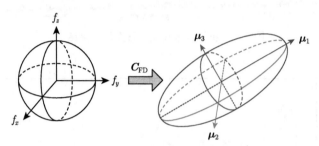

图 4.3　单位力球体与柔度椭球

因为矩阵 $C_{\mathrm{FD}}^{\mathrm{T}}C_{\mathrm{FD}}$ 是非负对称矩阵，不妨设 $\lambda_1 > \lambda_2 > \lambda_3 > 0$。$\lambda_1$ 是矩阵 $C_{\mathrm{FD}}^{\mathrm{T}}C_{\mathrm{FD}}$ 最大的特征值，λ_3 是其最小的特征值。那么，机器人柔度椭球的三个主方向分别是 $\mu_1\lambda_1$、$\mu_2\lambda_2$、$\mu_3\lambda_3$。图 4.4 所示为机器人在该姿态下的笛卡儿柔度椭球[60,75]。作用相同大小的载荷时，机器人在 μ_1 方向将产生最大的变形量，在 μ_3 方向的变形量最小，μ_2 方向的变形量居中。

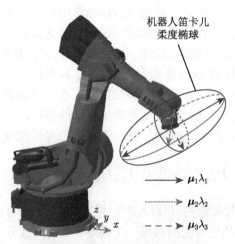

图 4.4　机器人柔度椭球示意图

机器人在柔度椭球的三个主方向 μ_1、μ_2、μ_3 上的柔度系数分别是

$$
\begin{cases}
C_1 = \lambda_1 \\
C_2 = \lambda_2 \\
C_3 = \lambda_3
\end{cases}
\tag{4.7}
$$

对应的刚度系数分别是

$$
\begin{cases}
K_1 = \dfrac{1}{C_1} = \dfrac{1}{\lambda_1} \\[2mm]
K_2 = \dfrac{1}{C_2} = \dfrac{1}{\lambda_2} \\[2mm]
K_3 = \dfrac{1}{C_3} = \dfrac{1}{\lambda_3}
\end{cases}
\tag{4.8}
$$

笛卡儿柔度椭球描述了机器人基本的静力学刚度特性，机器人在 μ_3 方向上具有最好的刚度，即在该方向上对外部载荷的耐受能力最强；在 μ_1 方向上，机器人的刚度最差，作用同等大小的载荷引起的变形最大；在 μ_2 方向的刚度介于 μ_1 和 μ_3 之间。机器人柔度椭球是进行机器人定向刚度计算的基础。

4.2.2 基于加工任务的机器人定向刚度表征

机器人笛卡儿柔度椭球反映了机器人在某一位姿时末端各个方向的刚度性能。显然，当前位姿下的机器人整体刚度和椭球的体积成正比。因此，柔度椭球的体积

$$
V = 4\pi\lambda_1\lambda_2\lambda_3/3 = 4\pi \det(\boldsymbol{C}_{\mathrm{FD}}^{\mathrm{T}}\boldsymbol{C}_{\mathrm{FD}})/3
$$

普遍被用作机器人刚度性能的标量判据，即机器人在特定姿态下的全局刚度系数为

$$
K_S = \frac{1}{\sqrt[3]{\det(\boldsymbol{C}_{\mathrm{FD}}^{\mathrm{T}}\boldsymbol{C}_{\mathrm{FD}})}}
\tag{4.9}
$$

在实际加工过程中，切削力在机器人末端的作用方向通常与机器人柔度椭球的主轴方向是不相同的，很难用柔度椭球主轴方向的刚度值来度量机器人在特定方向上的刚度特性。此外，在不同的机器人姿态下，即使柔度椭球的体积相同，其主轴方向与长度值也不尽相同。因此，利用柔度椭球的体积度量机器人的全局刚度，虽然一定程度上能够反映机器人在当前姿态的刚度特性，但是针对特定方向上的载荷耐受能力的表征，这种方法仍然存在不足。

在进行钻削加工时，作用在机器人末端执行器 TCP 的切削力示意图如图 4.5 所示，F_z 是沿刀具轴线方向的切削力，F_x、F_y 是沿刀具切削平面方向的切削力。机器人末端所受的切削载荷方向与柔度椭球的主方向显然不同。另外，在机器人

切削加工中，切削平面内的变形主要影响点位切削任务的定位精度 (钻孔、镗孔等) 与成形质量 (制孔圆度、孔径精度等)，以及切削轨迹的精度 (铣削、磨削等)；刀具轴向的变形主要影响切削表面质量 (孔壁粗糙度、铣削平面度、表面粗糙度)。所以，在定义机器人刚度性能指标时应以机器人任务目标为依据。

图 4.5　机器人所受钻削力示意图

如图 4.6 所示，描述了机器人在自身法兰坐标系内和加工刀具 TCP 坐标系内的柔度椭球。根据 4.2.1 节的分析，法兰坐标系内的柔度椭球反映的是机器人本体的静力学刚度性能，通过计算柔度椭球的主方向和主轴长度，能够判定机器人刚度最优的方向。刀具 TCP 坐标系内的柔度椭球反映的是机器人沿切削力作用方向上的刚度特性，直接反映了机器人对切削载荷的耐受能力。λ_1、λ_2、λ_3 分别表示机器人柔度椭球主方向上的柔度值，ε_1、ε_2、ε_3 分别表示刀具 TCP 处沿刀具轴线方向和切削平面方向的柔度系数。从图中可以看出，机器人柔度椭球与 TCP 柔度椭球不仅所处的坐标系不同，其形状也不同，所以单用机器人法兰坐标系内的柔度椭球不能全面表达机器人针对特定加工任务的刚度性能。机器人执行一项加工任务，通常希望机器人沿切削载荷的作用方向上具有较大的刚度；也就是说，机器人柔度椭球在切削载荷作用方向上的分量越小越好。

机器人法兰坐标系与 TCP 坐标系之间的位姿关系可用位姿矩阵 $^{\text{Flange}}\boldsymbol{T}_{\text{TCP}}$ 表示。机器人柔度椭球在法兰坐标系内的位姿矩阵是 $^{\text{Flange}}\boldsymbol{T}_{\text{Elli}}$，用柔度椭球的特征向量可表示为

$$^{\text{Flange}}\boldsymbol{T}_{\text{Elli}} = \begin{bmatrix} \boldsymbol{\mu}_1 & \boldsymbol{\mu}_2 & \boldsymbol{\mu}_3 & \mathbf{0}_{3\times1} \\ 0 & 0 & 0 & 1 \end{bmatrix} \tag{4.10}$$

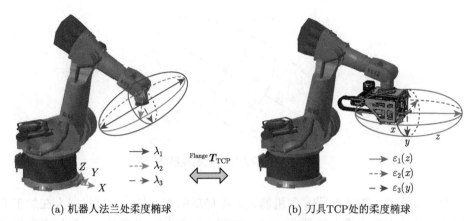

(a) 机器人法兰处柔度椭球　　　　　　(b) 刀具TCP处的柔度椭球

图 4.6　加工机器人柔度椭球

TCP 处的柔度椭球表达的是机器人加工时的刚度性能，ε_1、ε_2、ε_3 又是其主轴方向，那么机器人柔度椭球在法兰坐标系与 TCP 之间的关系是 $^{\text{Flange}}\boldsymbol{T}_{\text{TCP}}$。机器人 TCP 处柔度椭球在柔度椭球坐标系内可表示成

$$^{\text{Elli}}\boldsymbol{T}_{\text{TCP}} = {}^{\text{Flange}}\boldsymbol{T}_{\text{Elli}}^{-1}{}^{\text{Flange}}\boldsymbol{T}_{\text{TCP}} = \begin{bmatrix} t_x & r_x & e_x & p_x \\ t_y & r_y & e_y & p_y \\ t_z & r_z & e_z & p_z \\ 0 & 0 & 0 & 1 \end{bmatrix} \quad (4.11)$$

末端执行器在机器人法兰实际安装时都会有固定的安装姿态，故矩阵 $^{\text{Flange}}\boldsymbol{T}_{\text{TCP}}$ 是已知量，记为

$$^{\text{Flange}}\boldsymbol{T}_{\text{TCP}} = \begin{bmatrix} q_x & v_x & m_x & X \\ q_y & v_y & m_y & Y \\ q_z & v_z & m_z & Z \\ 0 & 0 & 0 & 1 \end{bmatrix} \quad (4.12)$$

末端执行器 TCP 柔度椭球的主方向在机器人笛卡儿柔度椭球内的表示如图 4.7 所示。λ_1、λ_2、λ_3 是机器人柔度椭球的主轴，刀具 TCP 的三个主方向分别是 $^{\text{TCP}}(^{\text{Elli}}\boldsymbol{x}, {}^{\text{Elli}}\boldsymbol{y}, {}^{\text{Elli}}\boldsymbol{z})$，$^{\text{Elli}}\boldsymbol{x}$、$^{\text{Elli}}\boldsymbol{y}$、$^{\text{Elli}}\boldsymbol{z}$ 都是单位向量。$^{\text{Elli}}\boldsymbol{z}$ 是加工时刀具的进给方向，$(^{\text{Elli}}\boldsymbol{x}, {}^{\text{Elli}}\boldsymbol{y})$ 是切削平面内的坐标方向。加工载荷的作用方向在机器人柔度椭球坐标系内的表达式为

$$\begin{cases} ^{\text{Elli}}\boldsymbol{x} = {}^{\text{Elli}}\boldsymbol{R}_{\text{TCP}}{}^{\text{TCP}}\boldsymbol{x} \\ ^{\text{Elli}}\boldsymbol{y} = {}^{\text{Elli}}\boldsymbol{R}_{\text{TCP}}{}^{\text{TCP}}\boldsymbol{y} \\ ^{\text{Elli}}\boldsymbol{z} = {}^{\text{Elli}}\boldsymbol{R}_{\text{TCP}}{}^{\text{TCP}}\boldsymbol{z} \end{cases} \quad (4.13)$$

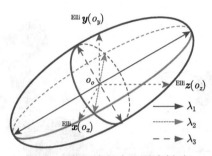

图 4.7   机器人笛卡儿柔度椭球

在图 4.7 中，若向量 $^{\text{Elli}}\boldsymbol{z}$ 与机器人柔度椭球的交点是 o_z，则机器人在加工刀具轴向进给方向的柔度系数是 $\|o_o o_z\|$。同理，机器人在切削平面内坐标方向的柔度系数分别是 $\|o_o o_x\|$ 和 $\|o_o o_y\|$。所以，机器人在切削载荷方向上的柔度系数是

$$\begin{cases} C_x = \|o_o o_x\| \\ C_y = \|o_o o_y\| \\ C_z = \|o_o o_z\| \end{cases} \tag{4.14}$$

柔度系数的倒数则是对应切削力方向上的刚度系数：

$$\begin{cases} K_x = \dfrac{1}{C_x} \\[2mm] K_y = \dfrac{1}{C_y} \\[2mm] K_z = \dfrac{1}{C_z} \end{cases} \tag{4.15}$$

柔度系数 $\|o_o o_z\|$、$\|o_o o_x\|$、$\|o_o o_y\|$ 的计算过程如下。$^{\text{Elli}}\boldsymbol{x}$、$^{\text{Elli}}\boldsymbol{y}$、$^{\text{Elli}}\boldsymbol{z}$ 是刀具 TCP 坐标系内的单位向量，所以变换到机器人笛卡儿柔度椭球坐标系内仍然是单位向量。以 $\|o_o o_z\|$ 的计算为例，由式 (4.11) 知，向量 $^{\text{TCP}}\boldsymbol{z} = [0 \ \ 0 \ \ 1]^{\text{T}}$ 在笛卡儿柔度椭球内的表示是 $^{\text{Elli}}\boldsymbol{z} = [e_x \ \ e_y \ \ e_z]^{\text{T}}$。根据空间直线的参数方程，单位向量 $^{\text{Elli}}\boldsymbol{z}$ 所在的直线在笛卡儿柔度椭球坐标系内用参数方程的形式可表达为

$$\frac{x - x_0}{e_x} = \frac{y - y_0}{e_y} = \frac{z - z_0}{e_z} = t \tag{4.16}$$

又因为向量 $^{\text{Elli}}\boldsymbol{z}$ 经过笛卡儿柔度椭球的原点，则式 (4.16) 化简为

$$\frac{x}{e_x} = \frac{y}{e_y} = \frac{z}{e_z} = t \Rightarrow \begin{cases} x = t \cdot e_x \\ y = t \cdot e_y \\ z = t \cdot e_z \end{cases} \tag{4.17}$$

笛卡儿柔度椭球在自身坐标系内的方程是

$$\frac{x^2}{\lambda_1^2} + \frac{y^2}{\lambda_2^2} + \frac{z^2}{\lambda_3^2} = 1 \tag{4.18}$$

把式 (4.17) 代入式 (4.18)，得

$$\begin{cases} x^2 = \dfrac{e_x^2}{\dfrac{e_x^2}{\lambda_1^2} + \dfrac{e_y^2}{\lambda_2^2} + \dfrac{e_z^2}{\lambda_3^2}} \\[4mm] y^2 = \dfrac{e_y^2}{\dfrac{e_x^2}{\lambda_1^2} + \dfrac{e_y^2}{\lambda_2^2} + \dfrac{e_z^2}{\lambda_3^2}} \\[4mm] z^2 = \dfrac{e_z^2}{\dfrac{e_x^2}{\lambda_1^2} + \dfrac{e_y^2}{\lambda_2^2} + \dfrac{e_z^2}{\lambda_3^2}} \end{cases} \tag{4.19}$$

所以，加工刀具轴向柔度系数是

$$C_z = \|o_o o_z\| = \sqrt{\frac{1}{\dfrac{e_x^2}{\lambda_1^2} + \dfrac{e_y^2}{\lambda_2^2} + \dfrac{e_z^2}{\lambda_3^2}}} \tag{4.20}$$

同理，切削平面柔度系数分别是

$$\begin{cases} C_x = \|o_o o_x\| = \sqrt{\dfrac{1}{\dfrac{t_x^2}{\lambda_1^2} + \dfrac{t_y^2}{\lambda_2^2} + \dfrac{t_z^2}{\lambda_3^2}}} \\[6mm] C_y = \|o_o o_y\| = \sqrt{\dfrac{1}{\dfrac{r_x^2}{\lambda_1^2} + \dfrac{r_y^2}{\lambda_2^2} + \dfrac{r_z^2}{\lambda_3^2}}} \end{cases} \tag{4.21}$$

由此，机器人工具坐标系的三向刚度都可以准确计算，至此获得了加工任务导向的机器人刚度表征模型。椭球 $o_o o_x o_y o_z$ 是刀具 TCP 柔度椭球在笛卡儿柔度椭球坐标系内的表达，其主轴分别是 $o_o o_x$、$o_o o_y$ 和 $o_o o_z$，描述了机器人加工系统在刀具 TCP 处的刚度特性，可直接衡量 TCP 承受切削载荷的能力。

根据机器人刚度建模时的假设，认为末端执行器是刚性的，受力后不发生变形，切削载荷通过末端执行器传递到法兰中心，以集中力和力矩的形式作用在法兰中心。所以，加工轴向力的作用方向反映到机器人末端的变形是机器人法兰 x 方向的变形；相应的切削平面内的变形是法兰在 y、z 方向的变形。加工过程中，当

刀具处于稳定切削状态时，载荷主要是沿刀具轴线方向的轴向力；切削平面内的横向载荷远小于轴向载荷，切削平面内机器人受力主要是绕刀具轴线的扭矩，而前面内容已经分析出机器人具有良好的抗角位移刚度。因此，机器人在加工时主要承受刀具轴线方向的切削载荷。

为验证式 (4.20) 关于刀具轴向柔度系统计算的可行性，分别选定 5 个不同的机器人姿态进行加载，依次是 $\boldsymbol{\theta}_1 = [-35.56°, -44.04°, 59.49°, -21.90°, 61.45°, -27.32°]$、$\boldsymbol{\theta}_2 = [-26.74°, -44.23°, 83.25°, -17.40°, 45.35°, -15.24°]$、$\boldsymbol{\theta}_3 = [-24.33°, -54.99°, 80.27°, -26.16°, 56.70°, -11.49°]$、$\boldsymbol{\theta}_4 = [-11.40°, -59.48°, 91.74°, -40.71°, 57.09°, 10.97°]$、$\boldsymbol{\theta}_5 = [-9.08°, -58.21°, 94.09°, -53.23°, 58.86°, 21.59°]$。试验中沿刀具轴线进行加载并测量轴向位移变形，对应的力和位移变形均变换到法兰坐标系内进行计算。

此处，对机器人的加载方式与 2.4 节刚度辨识试验相同，也是通过压力脚在刀具轴线方向施加 5 个压紧力，控制压力脚气缸的输出压力从 0.17 MPa 增加到 0.57 MPa，每 0.1 MPa 为一个增量，5 种气缸加压工况分别记为 p_1、p_2、p_3、p_4、p_5，如图 4.8(a) 所示。从图中可以发现，机器人轴向变形量和载荷呈明显的线性

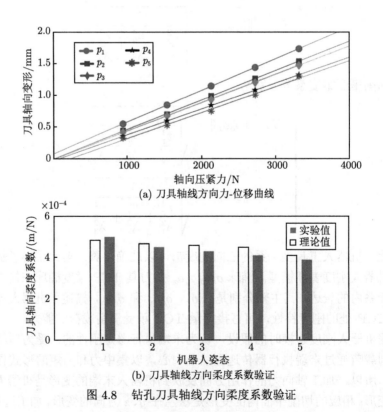

(a) 刀具轴线方向力-位移曲线

(b) 刀具轴线方向柔度系数验证

图 4.8　钻孔刀具轴线方向柔度系数验证

关系，随着载荷的增加，轴向变形逐渐递增。图 4.8(a) 中每条力-位移曲线的斜率即为对应机器人姿态下轴向柔度系数。图 4.8(b) 给出了轴向柔度系数的理论计算值和试验值，从图中可以发现理论计算结果和试验结果具有很好的吻合性，误差的最大值是 8.165%，说明式 (4.20) 中对机器人轴向刚度的建模方法是可行的。

4.2.3 机器人加工系统切削性能分析

根据图 4.5 描述的机器人钻孔时的受力情况，定义机器人沿刀具轴线方向 (或刀具进给方向) 的刚度为轴向刚度，定义待加工孔所在平面内的刚度为切削平面刚度。如图 4.9(a) 所示，轴向刚度体现了机器人对钻孔轴向力和压紧力的承受能力。若机器人具有较大的轴向刚度，说明机器人具备较好的承受钻孔轴向载荷的性能，则大进给量、大压紧力可作为工艺参数的选取方案，以提高加工效率和稳定性。反之，若机器人轴向刚度偏小，则只能采用小进给量进行保守切削。为描述方便，将待加工孔所在的平面定义为切削平面，图 4.9(b) 描述了切削平面内的刚度性能。在描述切削平面刚度时，进一步定义以下变量：

$$
\begin{cases}
\mu = \dfrac{\min(K_x,\ K_y)}{\max(K_x,\ K_y)} \\[2mm]
R = \dfrac{K_x + K_y}{2}
\end{cases}
\tag{4.22}
$$

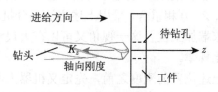

(a) 进给方向刚度性能指标定义

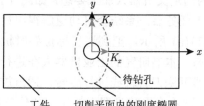

(b) 切削平面内刚度性能指标定义

图 4.9 机器人切削性能指标定义

式中，K_x 和 K_y 分别是沿 x 和 y 方向的刚度，通常 K_x 和 K_y 是不相等的；μ 称

为各向同性系数，μ 越接近于 1，说明在切削平面内刚度椭圆越趋近于圆，此时，在切削平面内，机器人抵抗各个方向外力扰动的性能相同；R 表示切削平面内的平均刚度值，R 越大，说明在切削平面内机器人能够抵抗的扰动力越大。

实际钻孔过程中，切削载荷主要由沿刀具轴线方向的钻孔轴向力和切削平面内横向切削力组成。在稳定切削的情况下，与钻孔轴向力相比，横向切削力在数值上远小于轴向力，所以机器人沿刀具轴线方向的刚度就主要用于承受钻孔轴向力，其大小直接决定机器人对切削载荷以及压紧力的承受能力；在切削平面内，由于作用的切削载荷很小，所以对机器人的扰动很小。

4.3　机器人加工空间内的刚度特性分析

工业机器人具有串联结构特点，其在三维空间具有很大的运动范围，所以在全空间范围内计算并评价机器人的刚度特性工作量巨大。本节在分析机器人工作空间内的刚度特性时，以机器人基坐标系作为参考坐标系，分别在 x、y、z 三个坐标方向上选取位置节点计算刚度值。图 4.10 所示为一个常见的机器人加工姿态，刀具 TCP 在 X_2 点的位置坐标是 (0, −2600 mm, 500 mm)，以该点作为基准在 x、y、z 方向上分别规划若干参考点。x 轴方向上均布 4 个位置节点，节点之间的距离是 600 mm，此时机器人在 x 轴方向的加工范围是 [−600 mm, 1200 mm]；同理，沿 y 轴和 z 轴方向各均布 3 个位置节点，节点相距都是 600 mm，y 轴方向和 z 轴方向覆盖的加工范围分别是 [−3200 mm, −2000 mm] 和 [−100 mm, 1100 mm]，点 X_2、Y_2、Z_2 互相重合。采用上述方法划分机器人的工作空间后，不失一般性，既能够从末端加工位置这一视角又可以在大尺寸空间范围内评估机器人加工系统的刚度变化规律。

在计算机器人在上述位置的刚度之前，先定义机器人刚度曲线和初始加工姿态。在定义和规划机器人加工任务时，通常需借助离线编程软件。本节以 Dassualt 公司的 DELMIA 软件为例定义机器人加工姿态，如图 4.11 所示。在软件环境中，当定义完成样件上的加工任务后，系统会自动逆解得出机器人到达加工点所要达到的关节姿态。如图 4.11(a) 所示，把到达目标位姿时机器人控制器中的默认姿态定义为机器人初始姿态。本书研究的工业机器人在进行加工时具有功能冗余特性，也就是说末端执行器可绕刀具轴线进行旋转，通过旋转不同的角度起到改变机器人加工姿态的效果，而不会影响机器人加工点的位置和法向姿态。图 4.11(b) 和图 4.11(c) 分别所示为末端执行器绕刀具轴线旋转 90°、−90° 后得到的机器人姿态，通过旋转角度改变了机器人姿态，所以机器人在受力方向上的刚度也随之改变。随着旋转角度的增加，机器人每个关节转角也在发生变化，图 4.11(d) 是机器人转动到关节极限位置时的姿态。

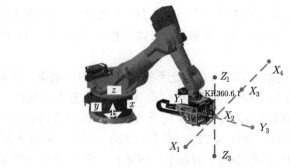

(a) 机器人典型加工姿态

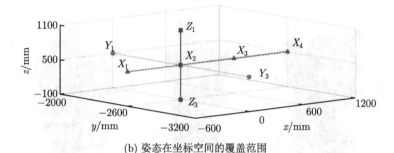

(b) 姿态在坐标空间的覆盖范围

图 4.10 用于评估机器人加工刚度的姿态及对应参考点

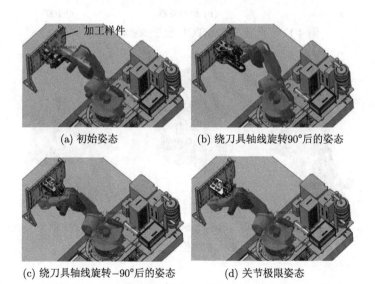

(a) 初始姿态 (b) 绕刀具轴线旋转90°后的姿态

(c) 绕刀具轴线旋转−90°后的姿态 (d) 关节极限姿态

图 4.11 在离线编程软件中定义的几种机器人姿态

在机器人关节转角允许的范围内，针对单个加工任务，将通过改变旋转角度 θ 获得的所有姿态命名为机器人针对该加工任务的可用姿态，所有可用姿态下计算得到的机器人刚度值构成的曲线称为机器人加工刚度曲线，简称刚度曲线。为突出机器人旋转调姿在加工过程中的意义，转动角度 θ 是在刀具 TCP 坐标系内进行表达的。

图 4.12(b) 所示为机器人末端 TCP 处于参考点 X_2 时的姿态，在姿态调整过程中 θ 角的旋转范围是 $[-100°, 100°]$。在位置 X_2 处，机器人末端在 x 方向移动的距离是零，所以从运动学的角度而言 θ 向正方向旋转或负方向旋转到达的机器人姿态是关于 y 轴对称的。如图 4.12(a) 和图 4.12(c) 所示，机器人在 θ 分别达到极限角 $-100°$ 和 $100°$ 时的姿态是对称的。图 4.13~图 4.15 分别所示为机器人末端 TCP 位于 X_1、X_3、X_4 时的姿态。

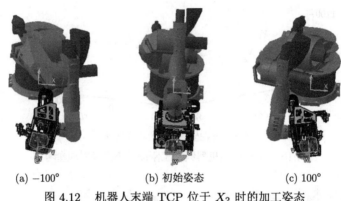

(a) $-100°$　　　　　　(b) 初始姿态　　　　　　(c) $100°$

图 4.12　机器人末端 TCP 位于 X_2 时的加工姿态

(a) $-100°$　　　　　　(b) 初始姿态　　　　　　(c) $100°$

图 4.13　机器人末端位于 X_1 时的加工姿态

当机器人末端在 x 方向没有偏移时，姿态对称的特点反映到机器人刚度曲线上即为曲线是关于 $\theta = 0$ 对称的。如图 4.16(b) 所示为机器人末端位于 X_2 处刀具轴向刚度 K_z 的变化规律，可以看出 K_z 曲线关于直线 $\theta = 0$ 对称分布，随变量 θ 的增加单调递增，且在 $\theta = 0$ 处取得极小值。如图 4.17(b) 所示为 X_2 处机器人加工平面刚度 K_x 的变化规律，K_x 刚度曲线的特点与轴向刚度 K_z 相同。图 4.18(b) 描绘的是 X_2 处机器人加工平面刚度 K_y 的变化规律，与 K_z 和 K_x 相反，K_y 的极大值出现在 $\theta = 0$ 处，随 θ 的增加曲线单调递减，且在 $\theta = 80°$ 处出现极小值点。此后曲线出现小幅度递增，总体上 K_y 是随 θ 值的增加而减小的。

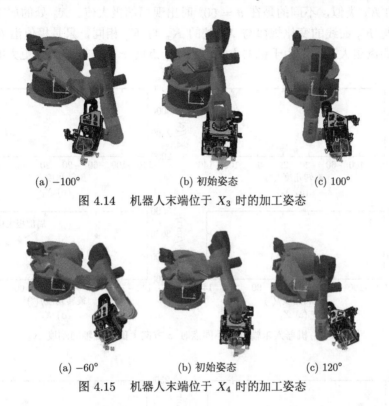

(a) $-100°$ (b) 初始姿态   (c) $100°$

图 4.14　机器人末端位于 X_3 时的加工姿态

(a) $-60°$ (b) 初始姿态   (c) $120°$

图 4.15　机器人末端位于 X_4 时的加工姿态

X_1 点相对于 X_2 点向 x 负方向移动了 600 mm，如图 4.13(b) 所示。此时，机器人在旋转过程中姿态不再对称，反映到刚度曲线上表现为曲线不再关于 $\theta = 0$ 对称。如图 4.16(a) 所示是 X_1 处的轴向刚度 K_z 的变化规律，曲线的极小值依然出现在 $\theta = 0$ 处，随 θ 的增加单调递增，只是增速在 θ 旋转的正方向高于负方向。图 4.17(a) 和图 4.18(a) 分别表示 X_1 处的加工平面刚度 K_x 和 K_y，两条曲线均出现极值向 θ 负方向移动的情况，并且也不再关于 $\theta = 0$ 对称。在极值偏移过程中，K_y 在 θ 负方向上的极小值点消失，在 θ 正方向上的极小值点左移，造成曲线的单增区域变大。

X_3 点相对于 X_2 点向 x 正方向移动了 600 mm，如图 4.14(b) 所示。通过对 X_3 处机器人姿态的分析，发现旋转过程中机器人姿态是关于 X_1 点反对称的，反映到刚度曲线上即为 K_z、K_x、K_y 与 X_1 处的曲线是关于 $\theta = 0$ 对称的。如

图 4.16(c)~图 4.18(c) 所示，分别描述了机器人在 X_3 处的加工轴向刚度 K_z 和加工平面刚度 K_x、K_y 的变化规律。

　　X_4 点相对于 X_2 点向 x 正方向移动了 1200 mm，与 X_3 相比偏移距离更大，如图 4.15(b) 所示。机器人 TCP 在 X_4 处的加工轴向刚度 K_z 曲线的分布与在 X_3 处的 K_z 类似，不同的是在 $\theta = 60°$ 时出现局部极大值。X_4 处的加工平面刚度 K_x 与 K_y 曲线的变化规律与 X_3 处的 K_x 与 K_y 相同，只是极值沿 θ 正方向偏移的距离更大，这是由于机器人相对于 X_4 点向 x 正方向移动了更大的距离。

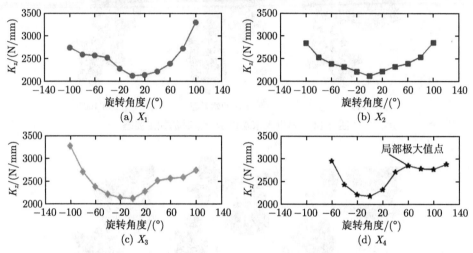

图 4.16　机器人末端处于不同点时 x 方向上的加工轴向刚度 K_z

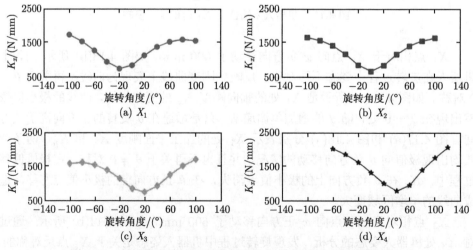

图 4.17　机器人末端处于不同点时 x 方向上的加工平面刚度 K_x

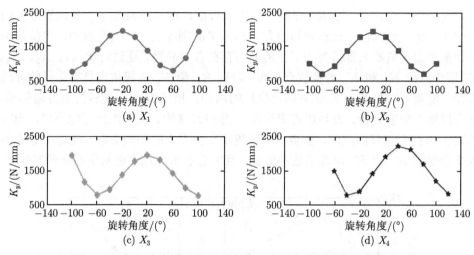

图 4.18   机器人末端处于不同点时 x 方向上的加工平面刚度 K_y

综合比较机器人工作空间沿 x 方向上的轴向刚度，如图 4.19 所示。从图中可以看出，轴向刚度 K_z 的极小值普遍出现在机器人的初始姿态，在所有可用姿态内随旋转角度 θ 的增加 K_z 递增。观察 X_2、X_3、X_4 处的 K_z 曲线，发现随着 x 方向偏移量的增加 K_z 曲线有上移的趋势，说明沿 x 方向的偏移能起到提高机器人加工系统轴向刚度的效果。此外，通过旋转角度 θ 能够显著提升机器人加工系统的轴向刚度。观察 X_1、X_3、X_4 处的 K_z 曲线，发现刚度的提升速率在 θ 的正负方向上是不同的，但是存在一个明显的一致性，就是机器人向远离基座的方向旋转时轴向刚度的提升速率较大，向靠近基座的方向旋转时轴向刚度的提升速率较小。

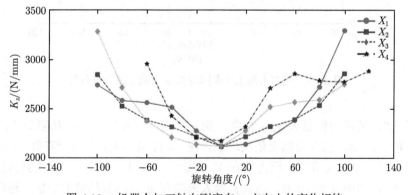

图 4.19   机器人加工轴向刚度在 x 方向上的变化规律

综合比较机器人工作空间沿 x 方向上的加工平面刚度 K_x、K_y，如图 4.20 所示。同一姿态时，K_x 与 K_y 在同一点达到极值，但相反的是 K_x 到达极小值的同时 K_y 达到极大值，这就使得机器人加工平面刚度具有较大的波动，也就是说在切削平面内机器人抵抗外力干扰的能力存在各向异性。通过对比 X_1、X_2、X_3、X_4 四个点处 K_x 和 K_y 的极值点分布，发现 K_x 和 K_y 的极值点具有明显的移动规律。随着末端位置在 x 正方向上坐标的增加，极值点向 θ 旋转的正方向移动。结合机器人姿态分析，发现尽管末端在 x 方向偏移的方向和距离可能不同，当末端在 x 方向有偏移距离时，极值点的位置不在机器人的初始姿态，旋转角度 θ 的改变会导致 K_x 和 K_y 出现极值的情况，且极值点出现在靠近基座的旋转方向上。

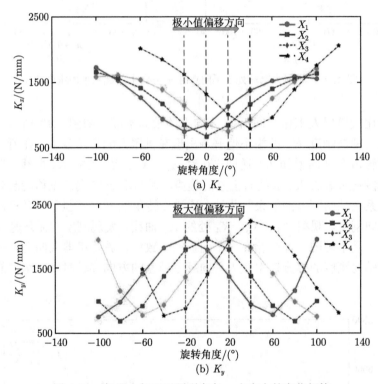

图 4.20   机器人加工平面刚度在 x 方向上的变化规律

图 4.21 所示为机器人在 y 方向上的三个姿态。可以看出，从姿态 Y_1 到 Y_3 关节转角 A2、A3 的摆动幅度依次增加，在 Y_3 处机器人接近于 "直臂" 状态；加工轴向载荷在 A3 关节的作用力臂在 Y_1 处最大，在 Y_3 处最小。反映到机器人轴向刚度 K_z，如图 4.22 所示，随着机器人末端在 y 方向偏移量的增加，轴向刚度 K_z 逐渐增加，Y_3 处的 K_z 曲线相比于 Y_1 处有明显的上移，说明机器人轴向刚度随 y 向偏移量的增加而提高。也就是机器人越接近于 "直臂" 状态，轴向刚度

越好。对于每个姿态下的 K_z 曲线，极小值点都出现在机器人初始姿态，随着旋转角度 θ 的增加单调递增。刚度曲线关于 $\theta = 0$ 对称，这是因为机器人沿 θ 正方向或负方向旋转时其运动学姿态是对称的。从 y 方向上 K_z 曲线的特点可以发现，合理规划待加工零件与机器人基座在 y 方向上的距离，有利于提升加工轴向刚度。另外，通过改变机器人旋转角度 θ 也是提升轴向刚度的有效手段。

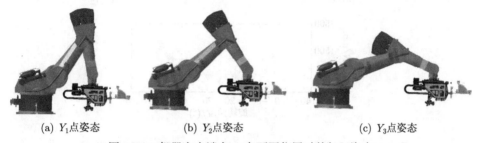

(a) Y_1 点姿态　　　　　　(b) Y_2 点姿态　　　　　　(c) Y_3 点姿态

图 4.21　机器人末端在 y 向不同位置时的加工姿态

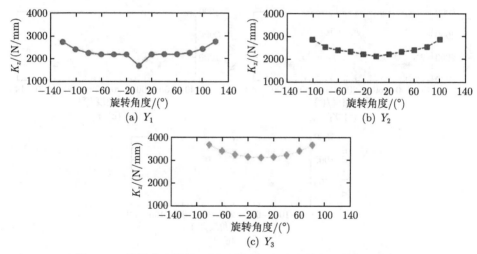

(a) Y_1　　　　　　　　　　(b) Y_2

(c) Y_3

图 4.22　机器人末端处于不同点时 y 方向上的加工轴向刚度 K_z

图 4.23 和图 4.24 是加工平面刚度 K_x、K_y 在 y 方向的变化曲线。每个姿态的 K_x、K_y 曲线都是关于 $\theta = 0$ 对称的，并且极值点都出现在 $\theta = 0$ 处。对于 K_x，在 $\theta = 0$ 时曲线到达极小值，随 θ 值的增加 K_x 单调递增，曲线形状类似 "V" 形。对于 K_y，曲线的变化规律与 K_x 相反，在 $\theta = 0$ 处 K_y 曲线到达极大值，随着 θ 值的增加 K_y 值递减，在 $\theta = 80°$ 处达到极小值，此后会有小范围的递增，曲线形状类似 "W" 形。随 y 方向偏移量的增加，观察图 4.24 可以发现，曲线到达极小值后的递增区域逐渐减小，甚至消失。

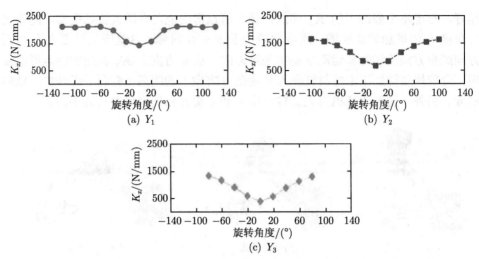

图 4.23　机器人末端处于不同点时 y 方向上的加工平面刚度 K_x

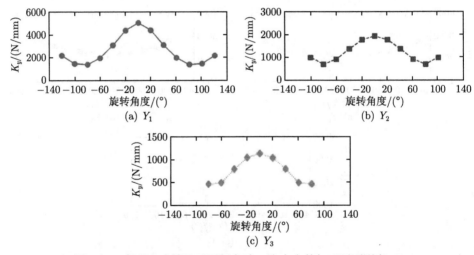

图 4.24　机器人末端处于不同点时 y 方向上的加工平面刚度 K_y

　　切削平面内载荷的作用力臂在 Y_1 处最小，在 Y_3 处最大。所以，K_x 和 K_y 的刚度曲线随 y 向偏移量的增加整体有下移趋势。当在靠近基座的区域工作时机器人容易获得更好的切削平面刚度 K_x 和 K_y。这一规律恰好与前面内容介绍的轴向刚度 K_z 的变化趋势相反。

　　图 4.25 所示为机器人沿 z 方向的三个姿态，从 Z_1 到 Z_3 在 z 向偏移量依次增加。如图 4.26 所示，在三个姿态下 K_z 均关于 $\theta = 0$ 对称，并且在 $\theta = 0$ 处到达极小值，随旋转角度 θ 的增加单调递增。在 Z_3 处，随 θ 的增加 K_z 出现局

部极大值，随后曲线经历短暂的递减，到达局部极小值后再次上升；相比于 $\theta = 0$ 处的极小值，曲线整体上随 θ 的增加而增加。随着 z 向偏移量的增加，刚度曲线 K_z 的整体变化趋势是下降的，说明机器人不宜在 z 轴正方向上位移较大的区域内执行加工任务。

(a) Z_1点姿态   (b) Z_2点姿态   (c) Z_3点姿态

图 4.25　机器人末端在 z 向不同位置时的加工姿态

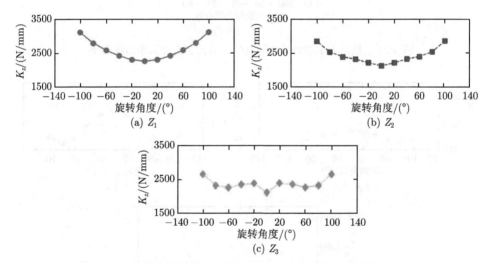

(a) Z_1

(b) Z_2

(c) Z_3

图 4.26　机器人末端处于不同点时 z 方向上的加工轴向刚度 K_z

　　机器人加工平面刚度曲线 K_x、K_y 沿 z 方向的变化规律与 y 方向上的变化规律基本一致，如图 4.27 和图 4.28 所示。每个姿态的 K_x、K_y 曲线都是关于 $\theta = 0$ 对称的，并且极值点都出现在 $\theta = 0$ 处。对于 K_x，在 $\theta = 0$ 时曲线到达极小值，随 θ 值的增加 K_x 值单调递增，曲线形状类似 "V" 形。对于 K_y，曲线的变化规律则与 K_x 相反，在 $\theta = 0$ 处 K_y 到达极大值，随着 θ 值的增加 K_y 值递减，在 $\theta = 80°$ 处到达极小值，此后会有小范围的递增，曲线形状类似 "W" 形。总体上讲，K_x 和 K_y 随着 z 向位移量的增加都是增加的，说明机器人在 z 轴正方向上位移较大的区域内执行加工任务有利于获得较好的加工平面刚度。

通过上述对机器人不同姿态下刚度曲线的分析，对机器人在加工任务空间内的刚度特性作如下总结。

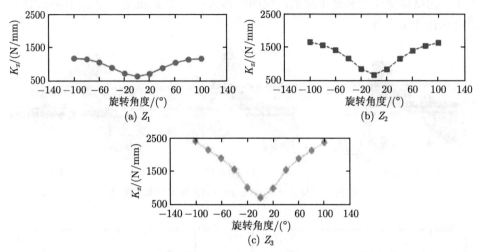

图 4.27   机器人末端处于不同点时 z 方向上的加工平面刚度 K_x

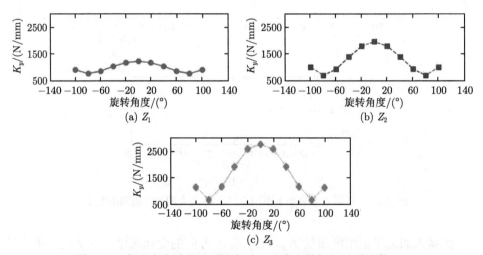

图 4.28   机器人末端处于不同点时 z 方向上的加工平面刚度 K_y

(1) 当机器人末端在 x 方向没有偏移量时，机器人姿态在旋转角度 θ 的正负方向上是对称的，反映到刚度曲线上就是轴向刚度 K_z、加工平面刚度 K_x、K_y 都是关于 $\theta = 0$ 对称的，曲线的极值均出现在 $\theta = 0$ 处。

(2) 当机器人末端在 x 方向上有偏移量时，刚度曲线不再对称，K_z 曲线的极值出现在 $\theta = 0$ 处，随 θ 的增加曲线递增，并且末端向远离基座的方向旋转时，

K_z 的增速较大；对于 K_x 和 K_y，极值点向靠近机器人基座的 θ 旋转方向发生偏移，并且 x 方向上的位移量越大，偏移量也越大。

(3) y 方向上，机器人姿态在旋转角度 θ 的正负方向上是对称的，反映到刚度曲线上就是轴向刚度 K_z、加工平面刚度 K_x、K_y 都是关于 $\theta = 0$ 对称的，曲线的极值均出现在 $\theta = 0$ 处；随着 y 向偏移量的增加，轴向刚度 K_z 提升显著，而加工平面刚度 K_x、K_y 则会大幅下降。

(4) z 方向上，机器人姿态在旋转角度 θ 的正负方向上是对称的，反映到刚度曲线上就是轴向刚度 K_z、加工平面刚度 K_x、K_y 都是关于 $\theta = 0$ 对称的，曲线的极值均出现在 $\theta = 0$ 处；随着 z 向偏移量的增加，轴向刚度 K_z 下降明显，而加工平面刚度 K_x、K_y 则会得到提升。

4.4　机器人刚度对加工精度的影响

4.4.1　刚度对钻削加工的影响机理

假设作用在机器人末端上的力是 $\boldsymbol{F}_{\mathrm{EE}} = [f_x \ f_y \ f_z]^{\mathrm{T}}$，则根据式 (4.5) 可得末端产生的线位移为

$$\begin{bmatrix} \Delta x \\ \Delta y \\ \Delta z \end{bmatrix} = \boldsymbol{C}_{\mathrm{FD}} \begin{bmatrix} f_x \\ f_y \\ f_z \end{bmatrix} = \begin{bmatrix} c_{11} & c_{12} & c_{13} \\ c_{21} & c_{22} & c_{23} \\ c_{31} & c_{32} & c_{33} \end{bmatrix} \begin{bmatrix} f_x \\ f_y \\ f_z \end{bmatrix} \tag{4.23}$$

式中，$\boldsymbol{C}_{\mathrm{FD}}$ 为柔度矩阵。进一步化简，得

$$\begin{cases} \Delta x = c_{11} f_x + (c_{12} f_y + c_{13} f_z) \\ \Delta y = c_{22} f_y + (c_{21} f_x + c_{23} f_z) \\ \Delta z = c_{33} f_z + (c_{31} f_x + c_{32} f_y) \end{cases} \tag{4.24}$$

式 (4.24) 中机器人线位移变形量由两部分组成，以 x 轴方向为例，第一部分是 x 轴方向上的力在 x 方向引起的变形，第二部分是 y、z 两个方向的力在 x 方向上引起的变形。同理，y、z 方向上力作用效果的构成与 x 轴方向相同。力沿自身方向的作用效果反映到力-位移曲线上就是曲线的斜率，正交方向力的作用效果反映到曲线上就是曲线在位移轴（纵轴）上的截距。此处，将机器人的这一特性定义为力的三向耦合作用效果。简言之，就是单一方向的力，不仅会在其自身方向产生位移变形，同时还会在另外两个正交方向上产生位移变形。式 (4.24) 中，当机器人姿态确定，矩阵 $\boldsymbol{C}_{\mathrm{FD}}$ 中的各元素 c_{ij} ($i, j = 1, 2, 3$) 就都已知，三向耦合作用随末端所受作用力的增加而越显突出；反之，作用载荷越小则影响越小。

假设机器人钻孔加工过程是稳定的，即没有颤振发生，则刀具在切削平面内所受的横向切削力远小于钻孔轴向力，这里不予考虑。此时，刀具 TCP 坐标系内的切削力 $^{\text{TCP}}\boldsymbol{F} = [0\ \ 0\ \ F_{\text{T}}]^{\text{T}}$ 变换到法兰坐标系内就是 $^{\text{Flange}}\boldsymbol{F} = [F_{\text{T}}\ \ 0\ \ 0]^{\text{T}}$。此时，切削载荷引起的机器人末端变形为

$$
\begin{bmatrix} \Delta x \\ \Delta y \\ \Delta z \end{bmatrix} = \boldsymbol{C}_{\text{FD}} \begin{bmatrix} F_{\text{T}} \\ 0 \\ 0 \end{bmatrix} = \begin{bmatrix} c_{11} & c_{12} & c_{13} \\ c_{21} & c_{22} & c_{23} \\ c_{31} & c_{32} & c_{33} \end{bmatrix} \begin{bmatrix} F_{\text{T}} \\ 0 \\ 0 \end{bmatrix} = F_{\text{T}} \begin{bmatrix} c_{11} \\ c_{21} \\ c_{31} \end{bmatrix} \tag{4.25}
$$

可以看出，即使是在单向切削载荷的作用下，由于力的三向耦合作用机器人末端仍然会产生三向位移变形，同样刀具 TCP 也会产生三向位移变形，且轴向力越大三向耦合作用效果越明显。当钻孔轴向力在机器人末端引起三向位移变形时，钻头已经切入零件。此时，已加工出的孔壁边缘会抑制刀具偏移，在钻头侧边和孔壁之间产生约束力，由于约束力的作用钻头会沿 x 和 y 方向产生弯曲变形，如图 4.29 所示。在这种加工条件下，孔径精度、孔壁粗糙度、孔出口质量都会变差。如果采用大进给量进行加工，较大的轴向力会引起显著的刀具弯曲变形，当约束力引起的弯曲量达到刀具的强度极限时就会发生断刀的情况。

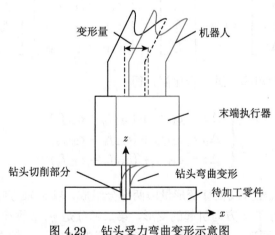

图 4.29　钻头受力弯曲变形示意图

一个完整孔的加工过程如图 4.30 所示，共分为 5 个阶段：在 t_1 时刻，钻头接触工件，钻削开始；t_2 时刻，主切削刃完全进入工件，钻削力达到最大值；$t_2 \sim t_3$ 时间段，主切削刃在工件内进行稳定切削，钻削力维持在恒定状态；t_4 时刻，主切削刃钻穿工件，切削载荷卸载；$t_4 \sim t_5$ 时间段，钻头经过短时间的空进给后开始回退；t_5 时刻，钻头完全离开工件。

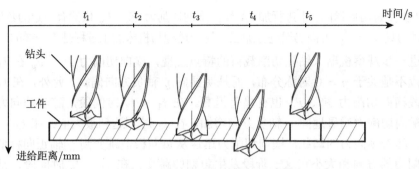

图 4.30 钻头对工件的加工过程

图 4.31 所示为机器人在铝合金板材上加工直径 4.2 mm 孔时的切削力曲线,加工过程中压紧力为零,转速是 4300 r/min,进给量是 0.10 mm/r。图 4.31(c) 所示为钻孔轴向力,图 4.31(a) 和图 4.31(b) 分别是切削平面内的横向载荷。孔加工过程的 5 个阶段已在曲线中做出标识。在 $t_1 \sim t_4$ 时间段,由于刀具处于加工状态,在切削平面内也有切削作用,所以横向切削力 F_x、F_y 也有一定的数值,这一特点与机床钻孔过程的切削力是一致的;在 $t_4 \sim t_5$ 时间段,轴向力 F_z 为零,

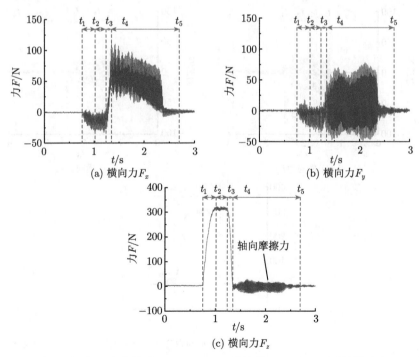

(a) 横向力 F_x

(b) 横向力 F_y

(c) 横向力 F_z

图 4.31 机器人在转速 4300 r/min、进给量 0.10 mm/r 时的钻孔力

说明刀具空进给后退回, 不进行加工, 然而横向切削力 F_x、F_y 依然有一定的数值, 说明此时刀具在 x、y 方向仍然进行加工, 这一过程与机床加工过程是不一样的。

进一步观察机器人钻孔切削载荷的特点发现, 横向切削力 F_x、F_y 在 $t_1 \sim t_3$ 时间段不是关于 $y = 0$ 对称分布, 而是明显向 y 轴负方向偏斜。此外, 在 $t_4 \sim t_5$ 时间段横向切削力 F_x、F_y 也有显著提高。在 $t_1 \sim t_3$ 时间段, 随着轴向力的增加, 横向切削力明显地向 y 轴负方向增加, 在 t_3 时刻达到最大值; 在 $t_3 \sim t_4$ 时间段, 随着轴向力的卸载, 横向切削力迅速从负向极值跳变到 y 轴正向极值, 横向切削力的方向和大小在这一阶段发生急剧的跳变; 在 $t_4 \sim t_5$ 时间段, 钻头已钻穿工件, 但是依然能够看到明显横向切削力, 受横向切削力的影响, 轴向力也出现波动的情况, 此时的轴向力是横向切削力在刀具轴线方向产生的摩擦力, 如图 4.31(c) 所示。

图 4.32 所示为相同的刀具、工艺参数在机床上进行钻孔时的三向钻削力。对比图 4.31 和图 4.32 可以发现, 轴向力 F_z 的幅值相当接近, 说明机器人在整个钻孔过程中始终是稳定的, 在两条曲线中均能够看到明显的稳定切削段。图 4.32 中横向切削力 F_x 和 F_y 都只有小幅度的波动, 并且关于 $y = 0$ 呈对称分布。当

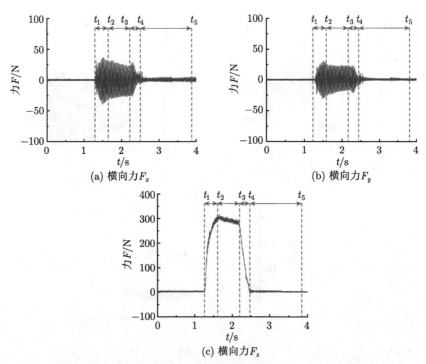

图 4.32   机床在转速 4300 r/min、进给量 0.10 mm/r 时的钻孔力

钻头钻穿工件, 轴向力卸载后, 横向载荷也相应地卸载, 说明钻头不再对工件进行加工。相比之下, 图 4.31 中横向切削力不仅没有关于 $y = 0$ 呈对称分布, 而且在钻穿工件的瞬间钻头会经历从 y 轴负方向极值向 y 轴正方向极值急剧跳变的过程, 这是机器人钻孔力与机床钻孔力的第一处显著不同。此外, 当钻头钻穿工件后, 横向切削力应该卸载, 然而在机器人钻孔力曲线上, 横向切削力不但没有卸载, 反而出现更加剧烈的波动, 说明这段时间内依然有明显的横向切削力, 刀具继续对工件进行加工, 这是机器人钻孔力与机床钻孔力的第二处显著不同。

在 $t_4 \sim t_5$ 时间段, 机器人钻头原本不进行切削加工, 但依旧有横向切削力的作用, 说明在这个阶段钻头的侧刃仍然进行切削加工。下面对这个阶段的加工过程进行详细分析, 如图 4.33 所示。O_1 点是机器人初始定位后拟加工的孔位置, 当刀具接触零件后产生轴向力, 由于式 (4.25) 所描述的力的三向耦合作用效果, 机器人末端会在切削平面内发生位移 Δx、Δy, 造成实际加工孔位置发生微小的偏移变为 O_2。当钻头钻穿零件后, 轴向力卸载, 机器人回弹致使变形量 Δx、Δy 消失, 机器人恢复到初始位姿 O_1 点, 而此时图中的阴影部分的零件材料依旧存在, 所以刀具的侧边会对这部分材料继续加工, 这就解释了在 t_2、t_4 出现横向切削载荷的原因。这种情况是钻孔工艺不允许的, 加工出的孔质量与精度无法保证。

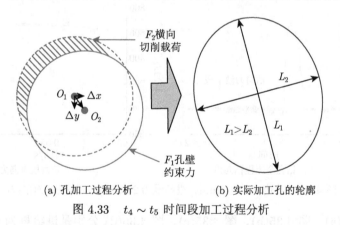

(a) 孔加工过程分析　　　(b) 实际加工孔的轮廓

图 4.33　$t_4 \sim t_5$ 时间段加工过程分析

在 t_3 时刻, 横向切削力在 y 轴负方向的极值越大, 说明轴向力在切削平面内引起的机器人变形量越大, 进而造成孔壁对钻头作用的约束力更大。因此, 横向切削力在 y 轴负方向的极值反映的是孔壁对钻头的约束力大小。在 t_4 时刻, 横向切削力经过急剧跳变后到达 y 轴正方向上的极值, 这是因为在 t_4 时刻轴向力卸载引起的机器人变形消失, 机器人发生回弹, 图 4.33 中阴影部分的孔壁对机器人回弹产生了抑制力, 由于刀具此时仍然是旋转的, 所以钻头侧刃会继续切削这部分材料, 反映到测力结果中就是这一阶段的横向切削力。因此, 横向切削力在 y 轴正方向的极值反映的是轴向力卸载后机器人回弹导致的钻头侧刃对孔壁的二次加工。机器人受轴向力发生变形与轴向力卸载后的回弹过程是相反的, 所以孔壁约束力的方向和钻头侧刃对孔壁二次加工切削力的方向相反 (图 4.33), 横向切削力从 y 轴负方向极值向正方极值跳变的现象也反映了这一过程。

　　根据以上分析结果, 轴向力越大机器人在切削平面内的变形越大, 进而导致孔壁对钻头的约束力越大, 则横向切削力曲线在 y 轴负方向具有更大的极值; 轴向力越大, 机器人变形越大, 则图 4.33 中阴影部分的面积越大, 机器人回弹后钻头侧刃对孔壁二次切削的材料厚度也越大, 则切削力相应地也大, 在 y 轴正方向的极值也更大。为进一步验证上述分析结果, 调整钻孔转速取优化后的值 4300 r/min, 分别采用不同大小的进给量: 0.10 mm/r、0.15 mm/r、0.20 mm/r、0.25 mm/r 进行试验。如图 4.34(a) 所示是采用 0.25 mm/r 进给量时的切削力曲线, 由于进给速度较快、工件厚度小, 所以图中不能看出明显的稳定加工段。局部放大图如图 4.34(b) 所示, 可以看出轴向力经历短暂的稳定切削段。其余三组进给量下轴向力的变化规律与图 4.34 是相同的, 只是轴向力的幅值依次减小。由此说明, 在不施加压紧力的情况下, 钻孔过程是稳定的。在图中会看到钻头钻穿工件后, 轴向力有小范围的波动段, 这是因为钻头侧刃对孔壁二次切削时在轴向产生了摩擦力。

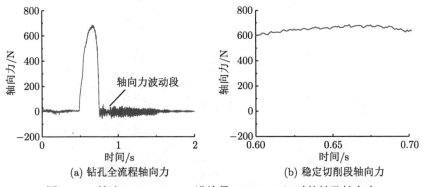

图 4.34　转速 4300 r/min、进给量 0.25 mm/r 时的钻孔轴向力

　　图 4.35(a)、图 4.35(b)、图 4.35(c)、图 4.35(d) 分别是进给量为 0.10 mm/r、0.15 mm/r、0.20 mm/r、0.25 mm/r 时对应的横向切削力 F_x。从图中可以看出, 当进给量是 0.10 mm/r 时, 由于钻孔轴向力较小, 切削力在 y 轴负方向的极值是最小的; 当进给量是 0.25 mm/r 时, 切削力在 y 轴负方向上的极值是最大的。总体上, 随着进给量的增加切削力在 y 轴负方向的极值呈现递增的趋势, 说明随着轴向力的增加机器人在切削平面内的变形量是递增的, 导致孔壁对钻头的约束力变大。当进给量是 0.10 mm/r 时, 切削力在 y 轴正方向上的极值是最小的; 当进给量达到 0.25 mm/r 时, 切削力在 y 轴正方向上的极值达到最大。总体上, 随进给量的增加, 横向切削力在 y 轴正方向上的极值逐渐递增, 说明随轴向力的增

加，机器人变形增大，轴向力卸载后钻头侧刃对孔壁的二次加工现象逐渐加剧。图 4.36 所示为四个水平进给量下横向切削力 F_y 的变化曲线，其基本规律与 F_x 相同，只是钻头侧刃在 y 方向产生的切削力要明显弱于 x 方向。

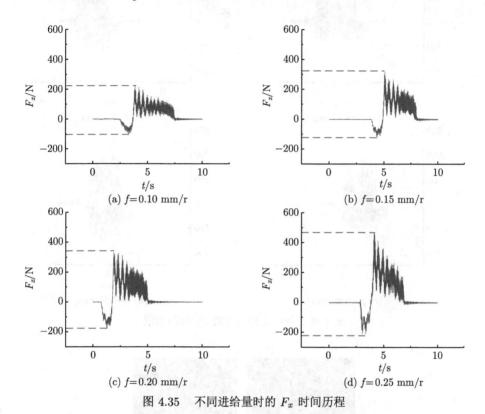

图 4.35　不同进给量时的 F_x 时间历程

　　钻穿工件后轴向力卸载，钻头原本应该空进给，但是钻头侧刃却对孔壁进行二次加工，这是由机器人受力后变形的三向耦合作用效果引起的，这一现象统称为由机器人刚度特性引起的钻头侧刃的附加切削效应，后面简称附加切削效应。由于附加切削效应，机器人无法加工出高尺寸精度的孔，实际加工孔的轮廓是如图 4.33(b) 所示的近似 "8" 字形的椭圆孔。实际加工孔的形貌如图 4.37 所示，从外形能够看出加工孔呈明显 "椭圆状"，并且下半部分的孔径要略大于上半部分，进给量越大孔加工质量越差，这一现象与图 4.33 分析的结论是一致的。

　　如图 4.38 所示是锪窝表面的加工质量，加工面非常光滑，质量很好，说明钻削过程是稳定的，没有颤振现象发生。从图中可以看出，椭圆孔非常明显，并且受机器人刚度特性的影响，锪窝加工面的面积非常不均匀，这也是由轴向力作用下机器人发生变形，钻头在孔周向不均匀切削造成的。

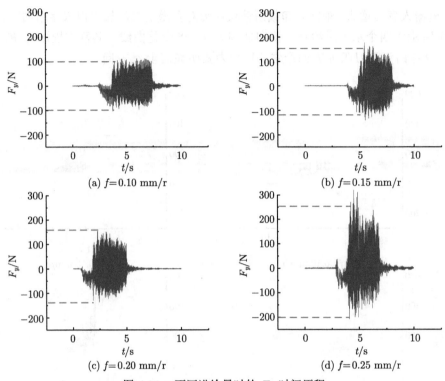

(a) $f=0.10$ mm/r

(b) $f=0.15$ mm/r

(c) $f=0.20$ mm/r

(d) $f=0.25$ mm/r

图 4.36　不同进给量时的 F_y 时间历程

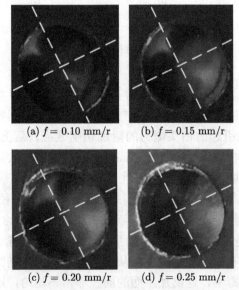

(a) $f=0.10$ mm/r

(b) $f=0.15$ mm/r

(c) $f=0.20$ mm/r

(d) $f=0.25$ mm/r

图 4.37　无压紧力时不同进给量下机器人加工的孔形貌

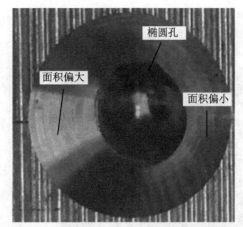

图 4.38　无压紧力时机器人锪窝表面加工质量

　　通过前面的分析可知，机器人刚度对钻削加工的作用机理就是，轴向力作用下刀具进给轨迹发生偏移，引起了钻头侧刃对孔壁的二次切削。加工出的孔外观形貌如图 4.39(a) 所示，孔轮廓呈明显的 "8" 字形椭圆状。受机器人刚度特性的影响，孔壁边缘有明显的受挤压区域。孔的上半部分半径 r_1 明显小于下半部分半径 r_2，L_1 方向的孔径也明显大于 L_2 方向的孔径。

　　这里用比值 L_1/L_2 表示加工孔的不均匀程度，间接衡量附加切削效应对孔尺寸的影响程度。试验中采用两点接触式内径千分尺 (见图 4.39(b)) 测量 L_1、L_2 方向的孔径，测量结果如图 4.40 所示。从测量结果可以发现，随进给量的增加孔不均匀性越来越严重，这与前面内容分析的结论吻合，即大进给量对应的大轴向力使得附加切削效应更加显著。钻孔孔径和圆度的测量结果如图 4.41 和图 4.42 所示。可以看出，孔径误差和圆度误差均随进给量的增加而增大，且尺寸一致性变差。随着进给量的增加，钻孔轴向力增大，进而在钻头侧刃引起更加显著的附加切削效应，使得孔径和圆度误差都增加。由此，进一步证明了由机器人的刚度特性导致的附加切削效应是确实存在的。

　　由于机器人受力后的三向耦合作用效应，钻头会发生位置的微量偏移，造成主切削刃钻穿零件后钻头侧刃仍有附加切削效应，导致孔加工全过程中都有较大的横向切削力，严重影响钻孔质量和精度。如果在钻孔过程中能够施加一个与机器人横向偏移量相反的力，通过调整反向力的大小实现对机器人横向位移的抑制，那么钻头将不会出现图 4.33 所示的附加切削效应，就可保证孔加工质量和精度。然而对于飞机部件装配工况环境下的机器人钻孔系统，增加外部装置施加反向约束力抑制其变形是不可能的，所以需要寻求一种特殊的机器人钻孔工艺来解决上述问题。

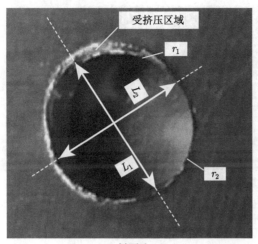

(a) 椭圆孔　　　　　　　　　　(b) 内径千分尺

图 4.39　椭圆孔示意图

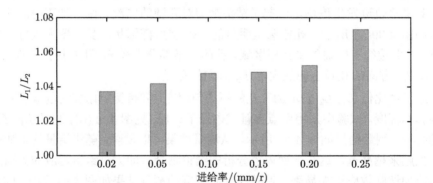

图 4.40　不同进给率下孔不均匀性测量结果

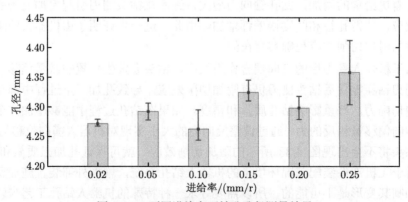

图 4.41　不同进给率下钻孔孔径测量结果

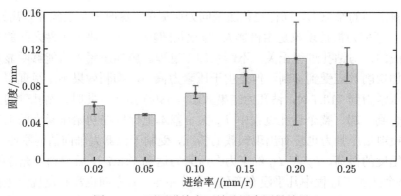

图 4.42　不同进给率下钻孔圆度测量结果

　　在工程应用中，机器人钻孔系统普遍采用单侧压紧的方式进行钻孔加工。几乎所有的机器人钻孔末端执行器前端均安装压力脚机构，在进行钻孔加工前先推出压力脚以某一恒定的压力压紧在待加工产品表面，随后刀具进给进行切削加工。国内外学者在研究单侧压紧力的作用效果时，全部集中在如何对叠层材料层间毛刺、叠层孔尺寸等缺陷进行抑制，评价压紧力的作用效果也是以对层间毛刺、叠层孔尺寸缺陷的抑制效果为依据，进而建立了基于层间毛刺、叠层孔尺寸缺陷抑制的压紧力优化与预测模型。实际工程应用中，即使是加工单层板料，单侧压紧也是机器人钻孔系统必不可少的工艺步骤，究其实质正是为了抑制前面内容分析的机器人受力后的三向耦合作用效果引起的附加切削效应。

　　图 4.43 所示为施加不同压紧力后的切削力曲线。为使试验效果更加明显，希望钻孔时具有较大的轴向力，故选用大进给量 0.25 mm/r 进行试验。图 4.43(a) 所示为无压紧力时的三向钻孔力结果。随着钻头接触板料并切入材料，轴向力 F_z 逐渐增加，与此同时，受机器人刚度特性的影响，孔壁抑制了机器人末端在切削平面内的滑动，F_x 和 F_y 在这一过程中始终呈现沿坐标轴负方向的约束力；当钻头钻穿板料后，轴向力卸载，与此同时 F_x 和 F_y 方向的约束力也卸载；此后，受到附加切削效应的影响，F_x 和 F_y 方向仍有切削力的作用，主轴继续进给/回退，导致 F_x 和 F_y 方向的切削力在 F_z 方向产生摩擦力，且 F_z 有小范围的波动。

　　图 4.43(b) 所示为施加 168.8 N 压紧力后的钻孔力结果，可以看出施加压紧力后轴向力 F_z 的幅值有小范围下降，这是因为传感器测量的轴向力是钻孔力和压紧力的综合作用。F_x 和 F_y 方向受到的孔壁对钻头的约束力 (y 轴负方向极值) 在施加压紧力后都有所减小，但是附加切削效应依然存在。仔细观察轴向力，在钻头钻穿板料的瞬间轴向力卸载为零，这是因为机器人轴向刚度较弱，受到钻孔载荷后会发生反向变形，钻头钻穿板料后切削力瞬间消失，机器人回弹与工件发生二次接触。轴向力 F_z 经过振荡后再次稳定，伴随这一过程 F_x 和 F_y 是压力

脚与板料之间的摩擦力，同样也伴随轴向力而振荡，这时刀具已经完全离开工件。F_x 和 F_y 摩擦力振荡现象是由机器人轴向刚度偏弱，压力脚与工件之间的不稳定接触造成的，与钻孔过程无关，不影响加工过程。施加压紧力后能够明显发现钻头的附加切削效应受到抑制，但是由于压紧力偏小，抑制效果不是很理想。进一步增大压紧力到 713.7 N，钻孔力结果如图 4.43(c) 所示。此时，钻孔轴向力与压紧力耦合到一起，整个钻孔过程中 F_z 大小基本上保持在初始压紧力的水平，钻头钻出板料后压紧力也没有出现卸载的情况，受制于机器人轴向的弱刚性，F_z 仍有一定幅度的振荡。F_x 和 F_y 约束力在压紧力达到 713.7 N 后得到了充分的抑制，F_y 在整个孔加工过程中几乎没有变化，十分稳定；x 方向也没有发现沿坐标轴负方向的约束力，在孔加工阶段原本负值的 F_x 摩擦力经历了小幅度的卸载，这是因为传感器的 x 正方向是与重力方向一致的，而随着主轴进给末端执行器的重心是向前移动的，这就使得 x 方向的静摩擦力发生了变化，整个钻孔过程是稳定的。施加压紧力后，横向切削力在 y 轴负、正两个方向的极值明显减小，说明钻头侧刃的附加切削效应得到了抑制。当压紧力足够大时，机器人刚度特性已不再影响钻孔过程，横向切削力的变化规律与机床加工时类似 (如图 4.43(c) 的 F_y 所示)，只是有轻微的波动。

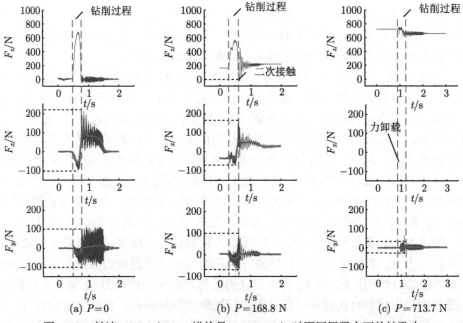

图 4.43　转速 4300 r/min、进给量 0.25 mm/r 时不同压紧力下的钻孔力

施加压紧力后，压力脚端面与零件表面紧密接触，两者之间作用有静摩擦力

F_f。当机器人受到钻孔轴向力发生横向位移变形时,静摩擦力 F_f 的作用会抑制变形的发生,进而使机器人末端始终稳定在初始加工点,有效地避免了由机器人刚度特性引起的附加切削效应,如图 4.29(b) 所示。换言之,通过施加单侧压紧力实际上间接增强了机器人在切削平面内的刚度。

4.4.2 轴向刚度对钻削加工精度的影响

钻孔过程中通常会有出口毛刺过大、孔径精度超差以及孔壁粗糙度不理想等缺陷。在飞机装配过程中,绝大多数孔是用于安装铆钉的连接孔。对于飞机部件产品,外形表面的光顺性是影响其气动性能的重要因素,也是部件装配过程中要保证的重要性能指标。部件外表面光顺性不理想主要是由铆接完成后钉头在蒙皮表面的凹凸不一造成的。如图 4.44(a) 所示,高精度的铆钉孔锪窝深度将保证铆钉表面与蒙皮表面具有较高的齐平度;相反,将导致钉头相对于蒙皮表面向内凹陷或向外突出。图 4.44(b) 所示为铆钉锪窝深度的示意图,结合图 4.44(a) 可以看出,锪窝深度过大将导致铆钉表面低于蒙皮表面,造成铆钉凹陷;相反,将导致铆钉表面高于蒙皮表面,造成铆钉外突。

针对钻孔工艺过程,假设机器人受到钻孔轴向力后的变形均来自机器人本体。在开始钻孔加工前,压力脚预先压紧在产品表面,紧接着主轴进给,刀具开始接触产品进行切削加工。机器人刀具轴向受力等于压紧力和钻孔轴向力的和:

$$F = F_P + F_T \tag{4.26}$$

式中,F 表示轴向受力总和;F_P 表示压紧力;F_T 表示钻孔轴向力。

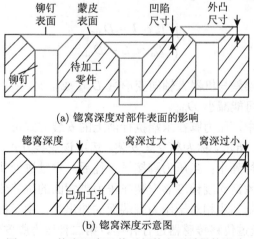

(a) 锪窝深度对部件表面的影响

(b) 锪窝深度示意图

图 4.44　锪窝深度及其对部件表面质量的影响

当钻头接触产品后，在 F_T 的作用下机器人末端会在轴向发生与进给方向相反的让刀位移量 D_dis，如图 4.45 所示。定义机器人钻孔轴向柔度系数为 C_x，则让刀位移为

$$D_\mathrm{dis} = C_x F_\mathrm{T} \tag{4.27}$$

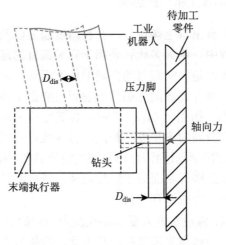

图 4.45　机器人轴向变形示意图

如果机器人具有较大的轴向柔度系数，那么在轴向力的作用下机器人将产生较大的让刀位移 D_dis；反之，若轴向柔度系数较小，那么让刀位移也较小。假设锪窝深度与刀具进给量的理论值分别为 L 和 l，由于让刀位移产生的刀具进给量和锪窝深度的实际值分别为 l_a 和 L_a，则有

$$\begin{cases} l_\mathrm{a} \propto l - D_\mathrm{dis} \\ L_\mathrm{a} \propto L - D_\mathrm{dis} \end{cases} \tag{4.28}$$

可见锪窝深度误差与机器人轴向变形量 D_dis 成正比，所以提高锪窝深度精度的有效方法就是尽可能减小 D_dis。

实际工程应用中，压力脚在末端执行器上的安装方式可分为两种。第一种安装方式如图 4.46(a) 所示，称为独立式安装。运用该安装方式，当压力脚向前推出时主轴和钻头仍保持静止；当压力脚接触工件后，主轴进给使得刀具开始加工工件。这种情况下，锪窝深度精度靠安装在压力脚背面的位移传感器保证。位移传感器能够精确地控制钻头相对于压力脚端面的伸出量，由于机器人弱刚性造成的轴向变形 D_dis 可通过位移传感器进行补偿。第二种压力脚安装方式如图 4.46(b) 所示，称为非独立式安装。此安装方式的主轴和压力脚可视作一个整体结构，压

力脚背面的位移传感器只能够保证刀具的实际进给距离,机器人变形量 D_{dis} 无法得到有效补偿。此时,机器人钻孔轴向刚度直接影响锪窝深度精度,针对图 4.45 所做的分析也适用于压力脚非独立安装的这类情况。对于独立式压力脚,若压力脚推出到位后运动单元抱闸锁紧,则位移传感器不能补偿机器人变形量。对于非独立式安装的压力脚,无论压力脚运动单元是否抱闸锁紧,位移传感器都不能补偿机器人轴向变形。

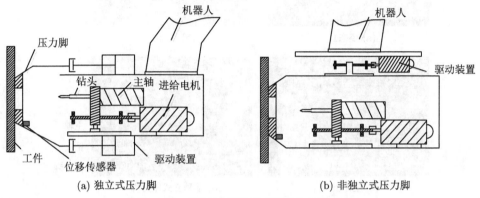

图 4.46 不同形式的压力脚结构示意图

实际上,在飞机部件装配时绝大多数零件属于薄壁弱刚性结构件。因此,必须精确控制压力脚的工作位置和压紧力大小。为满足严格的飞机装配工艺约束条件,机器人钻孔末端执行器上的压力脚结构普遍采用伺服电机进行驱动,压力脚运动到位后运动单元抱闸锁紧,实现对压力脚工作位置和压紧力大小的精确控制,这种情况下机器人轴向刚度对于锪窝深度的影响至关重要。综上所述,机器人轴向刚度对于锪窝深度精度有重要影响,需寻求一种提高机器人轴向刚度的方法保证锪窝深度精度。

为评估机器人轴向刚度对锪窝深度的影响选取三个姿态进行机器人锪窝加工试验。三个姿态下的轴向刚度值分别是 3049.09 N/mm、2208.73 N/mm、1931.84 N/mm,可以看出从姿态 1 到姿态 3 的轴向刚度值依次递减。

三个机器人钻孔姿态如图 4.47 所示,工件到机器人基座的距离 $L_1 > L_2 > L_3$,到 A3 关节轴线的距离 $H_1 < H_2 < H_3$。压力脚在钻孔末端执行器上采用非独立式安装方式,如图 4.47(a) 所示,压紧在工件表面后移动单元抱闸锁紧。

锪窝深度测量结果如图 4.48 所示,每个姿态下窝深随进给量的增加都是减小的,说明随着轴向力的增加机器人轴向变形量 D_{dis} 增大,导致锪窝深度值变小。对比三个姿态的锪窝深度值发现,随着机器人轴向刚度值的减小锪窝深度曲线逐渐变陡,说明轴向刚度好的机器人姿态更容易获得窝深稳定的加工效果,且工艺参数的选取对窝深精度的影响较小。

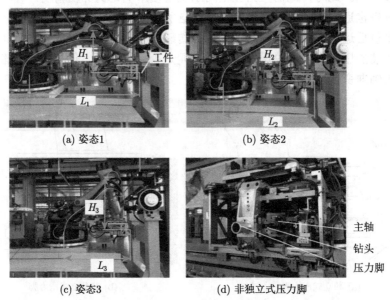

(a) 姿态1   (b) 姿态2

(c) 姿态3   (d) 非独立式压力脚

图 4.47   三组不同的机器人锪窝加工姿态及非独立式压力脚安装实物图

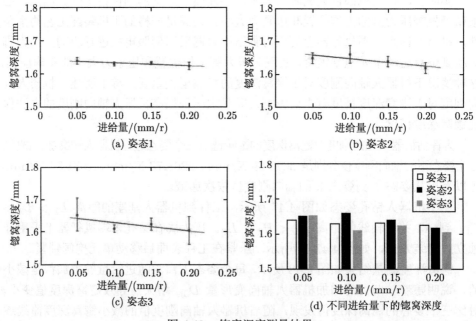

(a) 姿态1   (b) 姿态2

(c) 姿态3   (d) 不同进给量下的锪窝深度

图 4.48   锪窝深度测量结果

通常情况下，采用恒定的工艺参数加工特定材料时钻孔轴向力 F_T 是恒定的；在目前工艺条件下压紧力 F_P 也是恒定的。因此，从机器人本体着手寻求减小轴向变形量 D_{dis} 的办法是提高锪窝深度精度的有效途径。如图 4.47 所示的姿态只是为了说明轴向刚度对窝深精度的影响，实际加工时机器人系统不可能随意调整工件到机器人底座的距离。因此，利用式 (4.20) 计算得到轴向柔度系数，并结合机器人钻孔系统在工况环境下的具体特点，寻求轴向刚度优化方案才具有更加突出的工程意义。

4.5　本 章 小 结

本章重点研究了机器人在特定方向上的定向刚度表征模型，分析了机器人在典型位姿空间内的刚度特性，探究了机器人刚度特性对加工质量的影响。

对机器人笛卡儿柔度矩阵进行分块，分别评估了切削载荷作用下的机器人线位移变形与角位移变形的量级，通过计算说明机器人具有较好的抵抗角位移变形的能力；相反，在载荷作用下机器人会产生较大的线位移。因此，机器人线位移计算可简化为载荷和柔度矩阵的线性关系，从而求解机器人笛卡儿柔度椭球。

针对机器人加工过程中作用在末端的切削载荷分布情况，建立机器人定向刚度表征模型，并求解出机器人在切削载荷作用方向上的刚度系数。定义了机器人在刀具轴向与切削平面内的加工性能指标，分析了机器人在任务空间内不同位姿状态下的刚度特性，得到了机器人末端处于不同位置处的刚度曲线。通过对比不同位姿处的刚度曲线，掌握了机器人处于不同位置处刚度曲线的变化规律，为优化机器人加工刚度提供了理论依据。

分析了机器人刚度特性对加工质量的影响。首先，通过分析机器人受力与末端变形量之间的映射关系，发现力在机器人末端的作用是一种三向耦合作用效果，即便是单向力也会引起机器人末端的三向位移变形，揭示了由力的三向耦合作用效应导致的加工刀具的附加切削效应，由此说明机器人刚度特性对加工质量的影响规律。其次，结合典型工艺装备的结构特点分析机器人加工轴向刚度对锪窝深度的影响，并指出通过优化机器人加工姿态是提高加工轴向刚度、改善机器人对加工轴向力耐受能力的有效途径。

第 5 章　融合运动学与刚度性能的
加工姿态优化方法

5.1　引　　言

优化机器人加工刚度是提升机器人加工精度、改善加工质量与保证加工稳定性的关键途径，相较于改进机器人机械结构和驱动系统，加工姿态优化具有可行性高、任务适应性好的特点，是目前最具有工程价值的刚度优化方法。当前刚度性能驱动的姿态优化方法通常以瑞利商、力椭球、刚度椭球等作为刚度性能指标，一方面没有考虑运动灵巧性和安全性的影响，另一方面，以上指标通常用来描述当前姿态下的综合刚度性能，对特定任务类型的加工性能评估针对性不足。

为解决上述问题，本章首先分析了机器人加工系统的功能冗余自由度，建立了一种融合运动灵巧性与关节极限的机器人系统运动学性能综合评价指标；在此基础上，探索一种机器人加工系统姿态综合优化策略，实现加工过程机器人姿态与附加轴站位的优选；此外，针对大量点位或连续轨迹加工的技术需求，提出一种机器人姿态光顺处理方法，以提升姿态优化的处理效率；最后，试验验证了本章姿态优化方法的正确性和可行性。

5.2　机器人加工系统的冗余自由度

机器人加工系统的冗余自由度是加工姿态优化的理论基础，本节主要阐述机器人冗余自由度的分类与计算方法，为机器人加工系统的冗余自由度的确定提供依据；同时，分析自由度对机器人雅可比矩阵的影响，为后续姿态优化指标的计算提供理论支撑。

5.2.1　冗余自由度的概念

机器人加工系统可以看作是通过 n 个关节将 $n+1$ 个刚体关联成的整体，因此系统的姿态在关节空间的维度为 n。此外，对于可以自由运动的刚体，在操作空间最多拥有 6 个自由度，因此由 n 维关节矢量引起的末端执行器在操作空间的维度 $o \leqslant 6$。最后，定义 t 为机器人加工系统在任务空间的维度，t 的值直接取决于任务属性，不依赖于系统结构，同时有 $t \leqslant 6$。在此基础上，可以引出冗余自由度的几个定义。

1. 固有冗余自由度

当机器人加工系统关节空间的维度 n 大于操作空间的维度 o 时，系统自由度被认为是固有冗余的，且固有冗余自由度表示为

$$r_{\mathrm{I}} = n - o \tag{5.1}$$

2. 功能冗余自由度

当机器人加工系统操作空间的维度 o 大于任务空间的维度 t 时，系统自由度被认为是具有功能冗余的，且功能冗余自由度表示为

$$r_{\mathrm{F}} = o - t \tag{5.2}$$

3. 运动学冗余自由度

当机器人加工系统在关节空间的维度 n 大于任务空间的维度 t 时，系统自由度被认为是具有运动学冗余的，且运动学冗余自由度表示为

$$r_{\mathrm{K}} = n - t \tag{5.3}$$

将式 (5.1) 与式 (5.2) 代入式 (5.3) 可以发现，机器人加工系统的运动学冗余自由度来自固有冗余自由度与功能冗余自由度，即

$$r_{\mathrm{K}} = r_{\mathrm{I}} + r_{\mathrm{F}} \tag{5.4}$$

5.2.2 自由度对雅可比矩阵的影响

2.2.2 小节曾指出雅可比矩阵可以用来表示机器人关节微小位移与末端微小位姿变化的映射关系，即 $\boldsymbol{X} = \boldsymbol{J}(\boldsymbol{\theta})\mathrm{d}\boldsymbol{\theta}$。机器人的自由度直接反映在雅可比矩阵的行数 m 与列数 n 的大小关系上。

1. 当雅可比矩阵为非奇异方阵时

雅可比矩阵的逆可以通过矩阵逆解的通用方法求解，即

$$\mathrm{d}\boldsymbol{\theta} = \boldsymbol{J}^{-1}(\boldsymbol{\theta})\boldsymbol{X} \tag{5.5}$$

2. 当雅可比矩阵的行数 m 大于列数 n 时

即机器人加工系统低于 6 个构成关节或者这些关节不能满足末端执行器 6 个自由度的运动能力。此时，定义机器人关节微小位移与末端微小位姿变化的映射关系为

$$\mathrm{d}\boldsymbol{\theta} = \boldsymbol{J}^*(\boldsymbol{\theta})\boldsymbol{X} \tag{5.6}$$

式中，$\boldsymbol{J}^*(\boldsymbol{\theta})$ 表示雅可比矩阵的左广义逆，利用满秩分解得到其求解公式为

$$\boldsymbol{J}^*(\boldsymbol{\theta}) = (\boldsymbol{J}^{\mathrm{T}}(\boldsymbol{\theta})\boldsymbol{J}(\boldsymbol{\theta}))^{-1}\boldsymbol{J}^{\mathrm{T}}(\boldsymbol{\theta}) \tag{5.7}$$

3. 当雅可比矩阵的列数 n 大于行数 m 时

此时，机器人加工系统是固有冗余甚至运动学冗余的状态，也是机器人加工系统比较常见的一种状态，定义机器人关节微小位移与末端微小位姿变化的映射关系为

$$\mathrm{d}\boldsymbol{\theta} = \boldsymbol{J}^+(\boldsymbol{\theta})\boldsymbol{X} + (\boldsymbol{I} - \boldsymbol{J}^+(\boldsymbol{\theta})\boldsymbol{J}(\boldsymbol{\theta}))\boldsymbol{h} \tag{5.8}$$

式中，$\boldsymbol{h}$ 表示机器人关节空间的任意矢量；$\boldsymbol{J}^+(\boldsymbol{\theta})$ 表示雅可比矩阵的右广义逆，利用满秩分解得到其求解公式为

$$\boldsymbol{J}^+(\boldsymbol{\theta}) = \boldsymbol{J}^{\mathrm{T}}(\boldsymbol{\theta})(\boldsymbol{J}(\boldsymbol{\theta})\boldsymbol{J}^{\mathrm{T}}(\boldsymbol{\theta}))^{-1} \tag{5.9}$$

$\boldsymbol{J}^+(\boldsymbol{\theta})\boldsymbol{X}$ 可以看作 $\boldsymbol{X} = \boldsymbol{J}(\boldsymbol{\theta})\mathrm{d}\boldsymbol{\theta}$ 的最小范数解，而 $(\boldsymbol{I} - \boldsymbol{J}^+(\boldsymbol{\theta})\boldsymbol{J}(\boldsymbol{\theta}))\boldsymbol{h}$ 表示 $\boldsymbol{X} = \boldsymbol{J}(\boldsymbol{\theta})\mathrm{d}\boldsymbol{\theta}$ 的齐次解，当末端微小位姿变化 $\boldsymbol{X} = 0$ 时，对应机器人系统的关节角度仍可发生变化。齐次解可以看作设备的自运动，利用正交投影 $\boldsymbol{I} - \boldsymbol{J}^+(\boldsymbol{\theta})\boldsymbol{J}(\boldsymbol{\theta})$ 将任意向量 $\boldsymbol{h}$ 投影到雅可比矩阵零空间可以实现该齐次解的象征性计算。

在满足机器人任务空间的维度 t 的前提下，冗余自由度带来的自运动特征可用来优化机器人的加工姿态进而改善机器人的运动及动力学性能，例如，提升机器人运动灵活性、回避奇异及关节超限位姿、提高避障能力、优化关节速度等，最终达到提升机器人装备加工效能的目的。自由度冗余的机器人装备在理论上具有无数个运动学逆解，因此选择某一个或者几个性能评估指标作为约束是冗余机器人求解最优目标姿态的关键。

5.3　机器人运动学评估方法

机器人加工系统在实际加工任务中，一方面要重点关注系统加工精度与质量，另一方面也需要考虑加工过程中机器人的运动灵巧性与加工安全性。

5.3.1 机器人运动灵巧性指标

标准工业机器人通常具有 6 个关节自由度，因此其雅可比矩阵为 6×6 方阵。在某些特殊姿态下雅可比矩阵的行列式为 0，即雅可比矩阵的逆不存在，这些姿态即称为奇异位形。在机器人奇异位形处雅可比矩阵不是满秩矩阵，因此机器人末端丧失了一个或者几个方向传递运动或者动力的能力。如图 5.1 所示，机器人奇异位形通常分为两种情况。

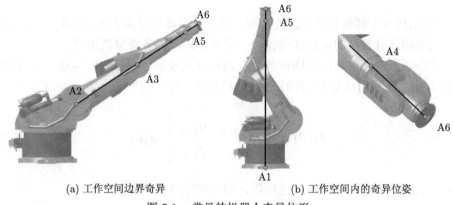

(a) 工作空间边界奇异　　　　　　(b) 工作空间内的奇异位姿

图 5.1　常见的机器人奇异位形

(1) 机器人工作空间边界奇异。当机器人完全伸展或者收回时，其末端执行器到达机器人可达空间的边界，机器人运动受到物理结构限制。

(2) 工作空间内的奇异位姿，两个或多个关节轴线位置重合。此时各关节的运动相互抵消，机器人末端自由度瞬时减少，从而难以执行运动。

机器人雅可比矩阵的奇异性只是定性地描述了机器人的运动学性能，但在机器人的实际运动过程中系统不仅要避开奇异位姿，同时要尽量远离奇异位姿。这是由于机器人接近奇异位姿时，其雅可比矩阵呈病态分布，逆矩阵的精度随之降低，进而引起运动传递关系失真。另外，若机器人处于奇异位形附近，在运动过程中某个关节转角很可能会经历运动方向的突变，极大地增加了机器人运动的安全隐患。因此，在加工过程中要保证机器人远离奇异位形。

机器人的运动灵巧性被定义为在任意方向上机器人末端自由移动的能力，反映了机器人当前姿态距离奇异位姿的远近。用于评估机器人运动灵巧性的度量指标目前主要包括雅可比矩阵条件数、最小奇异值以及可操作度三个指标，并将其用于冗余机器人加工系统的设计和控制[101,102]。

1. 雅可比矩阵条件数

Salibury 和 Craig 提出了利用雅可比矩阵 $J(\theta)$ 的条件数作为评定机器人末

端运动灵巧性的最优化准则。条件数的定义表示为

$$k(\boldsymbol{J}) = \begin{cases} \|\boldsymbol{J}(\boldsymbol{\theta})\|\,\|\boldsymbol{J}^{-1}(\boldsymbol{\theta})\|, & m = n, \text{且非奇异} \\ \|\boldsymbol{J}(\boldsymbol{\theta})\|\,\|\boldsymbol{J}^{+}(\boldsymbol{\theta})\|, & m < n \end{cases} \tag{5.10}$$

式中，$\|\cdot\|$ 代表任意矩阵范数，通常取 Euclid 范数。显然，矩阵的条件数取值范围为

$$1 \leqslant k(\boldsymbol{J}) < \infty \tag{5.11}$$

当 $k(\boldsymbol{J}) = 1$ 即条件数为最小值时，机器人当前的行为表现为各向同性，这时机器人结构具有最佳的运动传递性能，雅可比矩阵的各奇异值相等。

此外，为解决雅可比矩阵内部存在的矩阵元素单位不统一的问题，引入特征长度 L 来实现雅可比矩阵 $\boldsymbol{J}(\boldsymbol{\theta})$ 的规范化处理，即

$$\boldsymbol{J}_{\mathrm{N}}(\boldsymbol{\theta}) = \begin{bmatrix} \dfrac{1}{L}\boldsymbol{I}_{3\times 3} & \boldsymbol{0}_{3\times 3} \\ \boldsymbol{0}_{3\times 3} & \boldsymbol{I}_{3\times 3} \end{bmatrix} \boldsymbol{J}(\boldsymbol{\theta}) \tag{5.12}$$

式中，$\boldsymbol{J}_{\mathrm{N}}(\boldsymbol{\theta})$ 为规范化的雅可比矩阵，对应的矩阵条件数表示为

$$k_F(\boldsymbol{J}_{\mathrm{N}}) = \frac{1}{6}\sqrt{\mathrm{tr}(\boldsymbol{J}_{\mathrm{N}}^{\mathrm{T}}\boldsymbol{J}_{\mathrm{N}})\mathrm{tr}((\boldsymbol{J}_{\mathrm{N}}^{\mathrm{T}}\boldsymbol{J}_{\mathrm{N}})^{-1})} \tag{5.13}$$

同理，规范化雅可比矩阵 $\boldsymbol{J}_{\mathrm{N}}(\boldsymbol{\theta})$ 的条件数取值范围同样满足

$$1 \leqslant k_F(\boldsymbol{J}_{\mathrm{N}}) < \infty \tag{5.14}$$

2. 最小奇异值

雅可比矩阵 $\boldsymbol{J}(\boldsymbol{\theta})$ 的最小奇异值 $\sigma_{\min}$ 可以作为关节速度上限的控制指标，即

$$\|\mathrm{d}\boldsymbol{\theta}\| < \frac{1}{\sigma_{\min}}\|\boldsymbol{X}\| \tag{5.15}$$

在机器人奇异位形附近，$\sigma_{\min}$ 趋近于 0，关节运动速度极大；此外，$\sigma_{\min}$ 越大，机器人末端对关节运动的反应越迅速。

3. 可操作度

Yoshikawa 提出将雅可比矩阵与其转置之积的行列式定义为可操作性的度量指标 [103]，即

$$\omega = \sqrt{\det(\boldsymbol{J}(\boldsymbol{\theta})\boldsymbol{J}^{\mathrm{T}}(\boldsymbol{\theta}))} \tag{5.16}$$

当雅可比矩阵 $\boldsymbol{J}(\boldsymbol{\theta})$ 满足 $m = n$ 时，有 $\omega = |\det[\boldsymbol{J}(\boldsymbol{\theta})]|$。利用雅可比矩阵的奇异值 $(\sigma_1 \sim \sigma_m)$，可以将式 (5.16) 写为

$$\omega = \sigma_1 \sigma_2 \cdots \sigma_m \tag{5.17}$$

可操作度是机器人在某一姿态下各个方向的运动能力的综合度量。可操作度值越大，其运动灵活性越好；当机器人处于奇异形位时，可操作度的值为 0。

以上三个度量指标从不同的角度表示了机器人的运动灵巧性和反解的精确性。可操纵度是全方位移动的综合度量，由于计算量小且对机器人奇异形位有直观的区分能力，是评估机器人灵巧性的常用手段。

5.3.2　机器人关节极限指标

规划机器人运动时应避免任一关节转角处于极限位置附近以保障设备运行安全。因此，机器人关节极限性能可以通过距离关节转角范围中间位置的远近来判定，即距离越近，关节极限位姿的规避性能越好。将任一关节极限位置评估指标 $H(\theta_i)$ 的计算公式写为

$$H(\theta_i) = \left(\frac{\theta_i - \theta_{i\text{mid}}}{\theta_{i\max} - \theta_{i\text{mid}}} \right)^2 + \left(\frac{\theta_i - \theta_{i\text{mid}}}{\theta_{i\min} - \theta_{i\text{mid}}} \right)^2 \tag{5.18}$$

式中

$$\theta_{i\text{mid}} = \frac{1}{2} \left(\theta_{i\max} + \theta_{i\min} \right) \tag{5.19}$$

$\theta_{i\max}$ 与 $\theta_{i\min}$ 分别表示第 i 个机器人关节转角 θ_i 的两个极限位置，$\theta_{i\text{mid}}$ 表示 θ_i 的转角范围的中间值。当所有关节转角在其运动范围中间位置时指标 $H(\theta_i)$ 的值为 0，随着关节转角逐步接近极限位置 $H(\theta_i)$ 的值增加到 2。

因此，为同时满足机器人所有关节极限位置的规避，将机器人关节极限姿态评估指标 $H(\boldsymbol{\theta})$ 定义为

$$H(\boldsymbol{\theta}) = \frac{1}{n} \sum_{i=1}^{n} \left(\left(\frac{\theta_i - \theta_{i\text{mid}}}{\theta_{i\max} - \theta_{i\text{mid}}} \right)^2 + \left(\frac{\theta_i - \theta_{i\text{mid}}}{\theta_{i\min} - \theta_{i\text{mid}}} \right)^2 \right) \tag{5.20}$$

式中，n 表示机器人的关节数，且有 $0 \leqslant H(\boldsymbol{\theta}) \leqslant 2$。通过该关节极限指标的约束，保证各关节转角留有足够的运动余量，有利于机器人加工系统在加工过程中顺利、安全地执行运动轨迹。

5.3.3　运动学综合评估指标

前面内容分别表述了机器人的运动灵巧性指标和关节极限指标。在机器人实

际加工过程中，不仅要远离奇异位形，同时也要规避关节极限位形，才能保证机器人的运动灵活性与安全性。但是，非奇异位形下机器人可操作度指标的值为有限正数，即有 $\omega \geqslant 0$；而关节极限指标 $H(\boldsymbol{\theta})$ 在各关节转角位置都为对应转角范围中点时值为 0，即距离关节极限形位最远时指标值为 0。显然，两个指标是不具备可比性的。

因此，若要将灵巧性指标和关节极限指标融合为一个运动学综合评估指标，以实现奇异位姿和关节极限位姿的同时规避，需要根据以下原则调整两个指标的表述结构：当机器人趋近于奇异位姿或关节极限位姿，新的综合评估指标陡然增大且趋向于正无穷大；当机器人远离奇异位姿和关节极限位姿时，评估指标最小值为一固定正数。

定义运动灵巧性指标 R_{sin} 为机器人可操作度的倒数，即

$$R_{\mathrm{sin}} = \frac{1}{\sqrt{\det(\boldsymbol{J}(\boldsymbol{\theta})\boldsymbol{J}^{\mathrm{T}}(\boldsymbol{\theta}))}} \tag{5.21}$$

当机器人为奇异位形时 R_{sin} 的值为正无穷；当机器人远离奇异位姿时 R_{sin} 为正值。

定义 R_{jnt} 为机器人关节极限位姿评估指标，将式 (5.20) 调整为

$$R_{\mathrm{jnt}} = \frac{1}{n} \sum_{i=1}^{n} \left(\left(\frac{\theta_{i\,\mathrm{max}} - \theta_{i\,\mathrm{min}}}{\theta_i - \theta_{i\,\mathrm{max}}} \right)^2 + \left(\frac{\theta_{i\,\mathrm{max}} - \theta_{i\,\mathrm{min}}}{\theta_i - \theta_{i\,\mathrm{min}}} \right)^2 \right) \tag{5.22}$$

当机器人为关节极限位姿时 R_{jnt} 的值为正无穷，当机器人远离奇异位姿时 R_{jnt} 为正值且各关节转角位置都为对应转角范围中点时值最小，且最小值为 8。

基于以上指标转换，可以将机器人运动性能综合评估指标 R_{com} 写为

$$R_{\mathrm{com}} = k_1 R_{\mathrm{sin}} + k_2 R_{\mathrm{jnt}} \tag{5.23}$$

式中，k_1 与 k_2 为对应权重。将式 (5.21) 与式 (5.22) 代入式 (5.23)，得到

$$R_{\mathrm{com}} = \frac{k_1}{\sqrt{\det(\boldsymbol{J}(\boldsymbol{\theta})\boldsymbol{J}^{\mathrm{T}}(\boldsymbol{\theta}))}} + k_2 \frac{1}{n} \sum_{i=1}^{n} \left(\left(\frac{\theta_{i\,\mathrm{max}} - \theta_{i\,\mathrm{min}}}{\theta_i - \theta_{i\,\mathrm{max}}} \right)^2 + \left(\frac{\theta_{i\,\mathrm{max}} - \theta_{i\,\mathrm{min}}}{\theta_i - \theta_{i\,\mathrm{min}}} \right)^2 \right) \tag{5.24}$$

本章取 $k_1 = 0.6$，$k_2 = 0.4$。当机器人加工位姿接近或者达到奇异位姿或者关节极限位姿时，R_{com} 的值都将趋向无穷大；反之，R_{com} 的值较为稳定或者变化幅度较小时，就可以认为成功规避了奇异位姿以及关节极限位姿。

5.4 耦合运动学与刚度性能的机器人加工姿态综合优化方法

冗余自由度使得机器人加工系统具备较高的任务适应性,因此可以将机器人加工系统的任务根据不同优先级划分为二级子任务:一级子任务控制机器人末端运动到满足加工任务要求的初始位姿;二级子任务则利用冗余自由度执行机器人加工姿态的优选以寻求机器人运动学性能 (如奇异位姿规避、关节极限位姿规避、运动轨迹柔顺性提升等) 以及任务执行能力 (如加工刚度性能) 的大幅提升。

钻孔、镗孔加工等点位加工任务要求机器人装备至少具有 5 个自由度。其中,3 个自由度用于驱使刀具定位到待加工位置,另外 2 个自由度用于保证刀具轴向与待加工孔的轴向方向一致。因此,当拥有 6 个自由度的 6 轴工业机器人执行点位加工任务时,根据 5.2.1 节的描述,当前机器人装备拥有 1 个功能冗余自由度,使得对于同一个待加工位置,机器人理论上具有无数可达位姿。此外,为拓展机器人钻孔加工系统的工作空间,使其满足大型结构部件的装配加工任务,往往会引入机器人移动载台 (又称为机器人的附加轴),使得机器人加工姿态的冗余问题更加复杂。其中,地轨和升降台会增加 1 个固有冗余自由度,AGV 会增加 3 个固有冗余自由度,使得机器人加工系统的运动学冗余自由度达到 2 个以上,如图 5.2 所示。

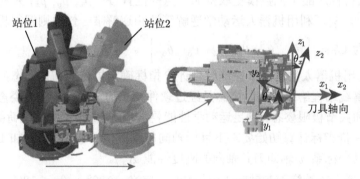

(a) 地轨方向的冗余自由度   (b) 切削轴向的冗余自由度

图 5.2   附加外部轴的机器人加工装备的冗余自由度

对于铣削、磨削等连续轨迹加工任务,根据连续加工轨迹在离线编程软件里的生成原则,同样可以看成一系列连续切削目标点。因此,虽然任务类型不同,切削载荷的分布不同,但是具备的冗余自由度数量和机器人点位加工任务一致。基于以上分析,本章基于运动学性能综合评估指标与定向刚度性能评估模型,利用机器人加工系统的冗余自由度,提出了一种机器人加工姿态综合优化方法,从而在尽量远离关节极限姿态与奇异姿态的前提下,有效提升切削加工特定方向的刚度性能。

5.4.1 未添加外部轴的机器人加工姿态优化方法

未添加外部轴的机器人加工系统仅由工业机器人和加工执行末端构成。机器人在工作目标点的初始位姿由离线编程软件从产品工艺数模提取得到，包括目标点位置矢量 P 与方向矢量 N。当机器人末端执行器到达初始位姿后，可以通过绕工具坐标系的加工轴 (即 x 轴) 方向旋转一定角度获得新的末端姿态。机器人可行位姿是用笛卡儿坐标系中的位姿矩阵来描述的，然而，机器人的运动学性能指标及刚度性能指标均是在笛卡儿空间进行评价的。因此，原则上必须用机器人运动学逆解算法和逆解唯一性原则来求解当前机器人加工姿态所对应的各关节转角。通过评估当前加工位置的一系列待选加工位姿，最终在较优运动学性能约束下获得加工载荷方向刚度性能最优的加工姿态。

需要注意的是，由于机器人在运动学范围内理论上有无数个末端可达姿态，若一一求解筛选，则优化方法存在计算复杂且耗时的问题。因此针对优化过程的自变量，即绕工具坐标系加工轴向的转角值 θ_x，在迭代过程中通过设计变量步长的方法来提高优化效率。

具体机器人加工姿态优化方法步骤如下。

(1) 从目标产品工艺数模提取待加工点的位置 P (p_x, p_y, p_z) 及初始末端姿态 N (α, β, γ)，利用机器人运动学逆解算法和逆解唯一性原则解得机器人当前关节转角为 $C_0 = \begin{bmatrix} \theta_1 & \theta_2 & \theta_3 & \theta_4 & \theta_5 & \theta_6 \end{bmatrix}^{\mathrm{T}}$。

(2) 利用机器人的运动学性能综合评价指标确定机器人初始姿态的安全性与合理性，离线编程给定的初始姿态是经过软件校核的，因此，初始姿态必然远离奇异姿态和关节极限姿态，满足运动学性能要求。于是，根据加工载荷类型，利用定向刚度评价指标计算初始姿态下目标轴向的刚度值 (这里以钻孔加工为例，主要考虑工具坐标系 x 轴即刀具轴向的刚度性能 K_x)。

(3) 机器人末端绕刀具轴向正向旋转 θ_x，定义 $-180° \leqslant \theta_x \leqslant 180°$，选定 θ_x 的变化步长 $\Delta\theta_x = 10°$ 且有

$$\theta_x = \begin{cases} j\Delta\theta_x, & j = 1, 2, \cdots, n; n \leqslant 18 \\ 180° - j\Delta\theta_x, & j = 19, 20, \cdots, n; n \leqslant 36 \end{cases} \tag{5.25}$$

因此，对于第一次末端姿态调整有 $j = 1$ 且 $\theta_x = \Delta\theta_x = 10°$，对于新的机器人姿态，验证其姿态的可达性以及是否会发生结构干涉，如果满足安全可达条件，由逆解算法解得其对应的关节转角 $C' = [\theta_1' \quad \theta_2' \quad \theta_3' \quad \theta_4' \quad \theta_5' \quad \theta_6']^{\mathrm{T}}$，否则继续调整 θ_x 进入下一个末端姿态。

(4) 利用机器人的运动学性能综合评价指标确定机器人初始姿态的安全性与合理性,如果运动学性能不满足,则认为当前姿态到达或超过一个运动学极限,则放弃当前姿态,将机器人末端绕刀具轴向旋转得到新的加工姿态以重新评估,如果运动学性能满足要求,则计算当前姿态下的目标轴向的刚度值 K'_x,比较 K_x 与 K'_x,并用较大值更新 K_x。

(5) 重复执行第 (3) 步和第 (4) 步,分别得到运动学性能允许范围内的所有末端转角及对应的机器人姿态,进而得到了机器人在较优运动学性能条件下的刚度性能最优姿态。

机器人加工姿态优化方法流程如图 5.3 所示。

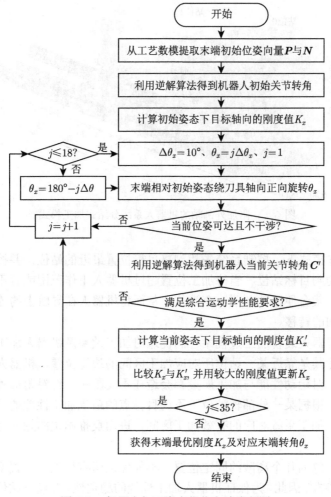

图 5.3 机器人加工姿态优化方法流程图

5.4.2　附加外部轴的机器人加工姿态优化方法

目前市场上的工业机器人控制器一般都预留了一定数量的外部轴控制功能，以地轨为例，外部轴的工作模式主要有两种：① 外部轴与机器人 6 个关节联动的加工模式；② 外部轴分站式加工模式。由于联动模式能耗高、响应慢且对地轨精度要求更高，当前工程应用中优先采用分站式加工模式，在任务规划软件中根据目标产品尺寸和位置，在外部轴上划分有限个区域，并在各个区域确定一个固定的位置点作为机器人在该区域内的站位，如图 5.4 所示，其中，通常定义地轨坐标系的三个轴向与机器人基坐标系各轴互相平行。

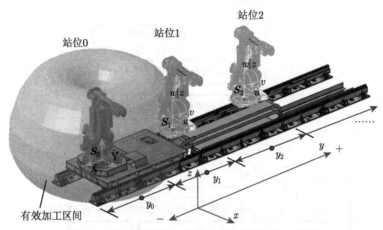

图 5.4　附加外部轴的机器人系统分站式加工模式

这种工作模式下，控制系统先找到离目标位置最近的站位，并控制地轨载台带机器人运动到目标站位。当待加工位置超过机器人工作范围或者不能满足加工性能要求时，载台便移动到下一个站位，从而将机器人在导轨上的连续运动离散成不同站位间的转移。

因此，机器人装备加工过程站位的优选对加工效率及机器人加工性能都有较大的影响，尤其是靠近某一站位所对应加工区间的边缘位置，机器人本体接近边界奇异形位，对运动性能与加工质量都会造成不良影响。针对附加外部轴的机器人加工系统，根据某一外部轴站位下不同目标点的最优加工性能的分布，确定该站位下机器人加工系统对应的有效加工区间，进而反推站位的划分是一个可行的思路。

附加轴站位为几个离散的固定位置，不能保证所有待加工位置都可以匹配刚度最优加工姿态。因此，为保证机器人加工性能的稳定性，在任一站位下机器人各待加工位置的最优刚度不应该比该加工位置的刚度最优姿态的刚度值下降太多。

为此，在给定外部轴站位前提下，引入相近目标位置的最优刚度可达姿态的刚度值波动幅度量化评估指标

$$W = \left| \frac{K_i - \max(K_1, K_2, \cdots, K_n)}{\max(K_1, K_2, \cdots, K_n)} \right| \tag{5.26}$$

式中，K_i 表示当前站位下第 i 个目标点最优姿态刚度值；n 表示给定站位下满足运动学性能要求的可达目标位置数量，在整个加工过程中可以设置适当的阈值 W 以保证整个加工过程中加工刚度性能的稳定性。当目标加工位置数量较大、分布较为规律且加工轴向变化较小时 (常见于小曲率大尺寸结构件，如翼面类和大型筒段部件)，机器人最优姿态具备相似性，因此最优刚度值也是近似相等的；当目标位置分布较散或者轴向姿态变化较大时 (常见于高曲率零部件，如飞机进气道)，相近位置机器人最优姿态变化较大，往往需要不断修改站位以保证可达姿态的运动学性能，甚至对于大尺寸复杂结构有时必须附加轴联动才能满足加工要求。

根据以上分析，提出附加外部轴的机器人加工系统姿态优化方法，优化流程如图 5.5 所示。具体步骤如下。

(1) 在离线编程软件里筛选并采集机器人末端在目标点的初始的位置坐标 $\boldsymbol{P}$ (p_x, p_y, p_z) 及初始末端姿态 $\boldsymbol{N}$ (α, β, γ)，并遵循以下原则定义附加轴的初始位置：机器人基坐标系在地轨坐标系下的 y 轴坐标，与第一个目标位置在世界坐标系下的 y 轴坐标相等。在此基础上，利用机器人逆解算法和唯一性原则可以解得机器人当前姿态 $\boldsymbol{C}_0 = [\theta_1 \quad \theta_2 \quad \theta_3 \quad \theta_4 \quad \theta_5 \quad \theta_6]^{\mathrm{T}}$。

(2) 利用机器人的运动学性能综合评价指标确定初始站位下机器人初始姿态的安全性与合理性，离线编程给定的初始姿态是经过软件校核的，因此，初始姿态必然满足运动学指标要求。于是，利用定向刚度评价指标计算初始姿态下目标轴向的刚度值 K_x。

(3) 机器人末端绕刀具轴向正向旋转 θ_x 得到一个新的机器人姿态，证实当前姿态的可达性及是否会发生干涉，如果满足安全可达条件，则通过机器人逆解算法求得机器人新姿态所对应的关节转角 $\boldsymbol{C}' = [\theta_1' \quad \theta_2' \quad \theta_3' \quad \theta_4' \quad \theta_5' \quad \theta_6']^{\mathrm{T}}$，否则继续调整 θ_x 进入下一个末端姿态。

(4) 验证当前姿态是否满足运动学性能评估指标，如果运动学性能满足要求，则计算当前姿态下的目标轴向的刚度值 K_x'，比较 K_x 与 K_x'，并用较大的刚度值更新 K_x，否则继续调整 θ_x 进入下一个末端姿态。

(5) 重复步骤 (3) 及步骤 (4)，得到运动学性能允许范围内的所有对应的机器人姿态，从而得到了机器人当前外部轴站位下的刚度性能最优姿态及对应的刚度值。

(6) 将机器人的外部轴位置沿地轨坐标系 y 轴正方向调整 d_{R}，可以定义

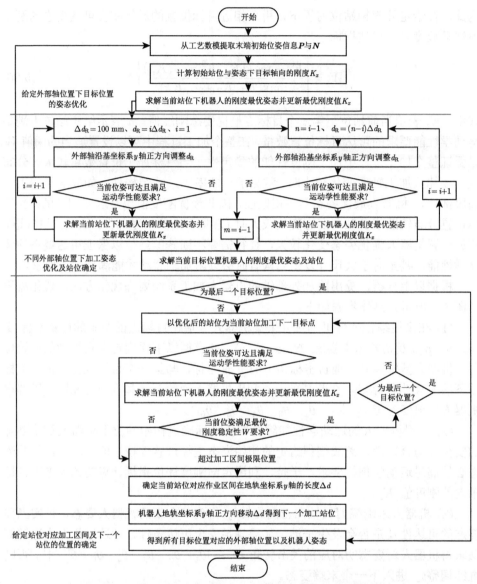

图 5.5　附加外部轴的机器人加工系统姿态优化方法流程图

$\Delta d_{\mathrm{R}} = 100$ mm 为地轨移动位置的变化步长，则有

$$d_{\mathrm{R}} = \begin{cases} i\Delta d_{\mathrm{R}}, & i = 1, 2, \cdots, n \\ (n-i)\Delta d_{\mathrm{R}}, & i = n, n+1, \cdots, m \end{cases} \tag{5.27}$$

式中, $n\Delta d_{\rm R}$ 为导轨正向极限位置; n 与 m 分别由迭代过程确定。因此, 对于第一次外部轴位置调整站位有 $i = 1$ 且 $d_{\rm R} = 100$ mm。在新的站位重复执行步骤 (1) 至步骤 (5), 得到了机器人各外部轴站位下的刚度性能最优姿态及对应的刚度值, 直到机器人在末端初始位姿不能满足综合运动学性能要求或者不可达, 从而得到满足该目标加工位置的机器人外部轴极限位置, 迭代结束, 比较得到当前目标点的最优加工刚度 K_x, 并确认对应的外部轴位置与机器人姿态。

(7) 针对下一个目标加工位置, 以第一个目标点对应最优加工姿态的外部轴位置为当前外部轴位置, 重复执行步骤 (1) 至步骤 (5), 求解机器人在当前地轨位置下的对应刚度最优加工姿态。由于除了第一个目标位置的姿态为最优刚度姿态, 地轨位置不变的情况下其他目标位置的加工姿态不能保证一定是刚度最优解, 设定指标 W 的值以评估站位不变对刚度优化结果的影响。当对应姿态刚度波动指标 W 小于阈值时, 认为相对最优刚度损失较小, 无须调整站位; 当出现以下两种情况的时候, 当前站位不满足要求: ① 当对应姿态刚度波动指标 W 大于阈值时, 对应姿态相对当前目标位置的最优姿态刚度损失较大; ② 目标位置不满足可达性或者运动学指标时需调整站位。当前站位下满足加工要求的两个极限位置在地轨坐标系下 y 轴的坐标差值 Δd 就是当前外部轴站位对应的加工区间, 沿机器人地轨坐标系 y 轴正方向移动 Δd 便得到下一个加工站位。

(8) 重复以上步骤, 得到所有目标位置对应的外部轴位置以及机器人姿态。

5.5 面向大量点位/轨迹加工的机器人姿态光顺处理

在航空制造业中, 据统计, 一架商用客机全机共有超过 130 万个连接孔, 其中的任一零件都有数量庞大的钻孔加工需求, 若在加工任务中对各目标加工位置对应的加工姿态一一优化, 优化处理的工作量非常庞大, 且效率低下。针对以上不足, 本节提出一种高效解决方案: 在数量较大的点位加工任务中, 根据目标产品的几何结构特征或者加工轨迹特征, 选择典型加工位置作为优化目标, 进而利用插值法解得两优化位置之间待加工区域各目标位置的机器人加工姿态。以飞机翼面类部件为例, 目标孔位一般位于蒙皮与梁、肋结构的连接处, 如图 5.6 所示。首先根据梁、肋结构的位置分布将工件划分不同加工区间, 在各区间内选择几何极限位置以实现全加工区间的包络; 其次, 利用姿态优化方法选择各几何极限位置处的刚度最优姿态, 并作为姿态光顺算法的边界条件, 进而对两边界点之间加工位置进行加工姿态光顺调整。

类似地, 机器人在连续轨迹运动过程中实际也是通过插补点位来实现的, 因此可以将上述思路推广到铣削等连续轨迹加工任务中, 即首先优化加工轨迹在各个几何特征点 (如极限位置点、轨迹拐点、圆弧轨迹的约束点, 如图 5.7 所示) 的加工姿态，再通过光顺调整实现加工轨迹中的插补点的姿态优化，解决轨迹加工任务中姿态控制难的问题。

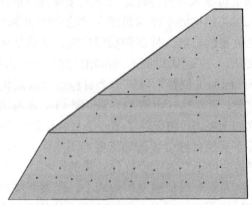

图 5.6　典型飞机翼面类部件的连接孔分布情况

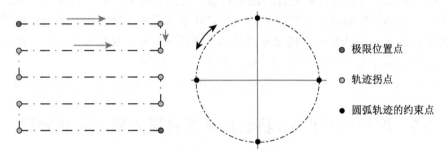

- ● 极限位置点
- ○ 轨迹拐点
- ● 圆弧轨迹的约束点

图 5.7　几种常见轨迹几何特征点

　　根据以上分析，机器人姿态优化是姿态光顺处理开展的前提，姿态光顺算法是姿态优化策略的应用拓展。为了保证姿态光顺处理的有效性，对于大量点位加工，应在机器人基座固定或者各加工站位及其对应加工区间已经确定的前提下开展；对于连续轨迹加工，平滑处理需在加工路径已规划的基础上进行。在此基础上首先筛选几何特征位置并优化对应加工姿态，由于机器人基座固定的情况下，只剩余刀具轴向一个冗余自由度，因此，可以通过始末两个极限位置优化姿态对应的轴向转角 θ_{xs} 与 θ_{xe}，利用插值法对加工路径中间点的姿态做平滑处理。

　　在 DELMIA 软件的仿真环境中，除了工件表面为平面的特殊情况外，各加工位置的末端位姿坐标轴并不能保证在同一个方向或者同一平面内，因此需要将所有目标位置统一到同一参考坐标系，本节选择基坐标系作为参考坐标系。任一机器人末端位姿相对于基坐标系的旋转矩阵 $^{\mathrm{Base}}\boldsymbol{R}_i$ 可以用 RPY 角表示为

$$^{\mathrm{Base}}\boldsymbol{R}_i(\gamma_i,\ \beta_i,\ \alpha_i) = \mathrm{Rot}(z,\ \alpha_i)\mathrm{Rot}(y,\ \beta_i)\mathrm{Rot}(x,\ \gamma_i) \tag{5.28}$$

由于 $^{\mathrm{Base}}\boldsymbol{R}_i$ 为正交矩阵，因此

$$^{\mathrm{Base}}\boldsymbol{R}_i^{-1}(\gamma_i,\ \beta_i,\ \alpha_i) =^{\mathrm{Base}}\boldsymbol{R}_i^{\mathrm{T}}(\gamma_i,\ \beta_i,\ \alpha_i) \tag{5.29}$$

对于 $^{\mathrm{Base}}\boldsymbol{R}_i^{-1}$ 同样可以用 RPY 角表示为

$$^{\mathrm{Base}}\boldsymbol{R}_i^{-1}(\gamma_i,\ \beta_i,\ \alpha_i) = {}^{\mathrm{Base}}\boldsymbol{R}_i(\gamma_i',\ \beta_i',\ \alpha_i') = \mathrm{Rot}(z,\ \alpha_i')\,\mathrm{Rot}(y,\ \beta_i')\,\mathrm{Rot}(x,\ \gamma_i') \tag{5.30}$$

于是可以得到单位矩阵：

$$\boldsymbol{I} = \mathrm{Rot}(z,\ \alpha_i')\,\mathrm{Rot}(y,\ \beta_i')\,\mathrm{Rot}(x,\ \gamma_i')^{\mathrm{Base}}\boldsymbol{R}_i(\gamma_i,\ \beta_i,\ \alpha_i) \tag{5.31}$$

进而可以得到

$$\mathrm{Rot}(x,\ \gamma_i') = (\mathrm{Rot}(z,\ \alpha_i')\,\mathrm{Rot}(y,\ \beta_i'))^{-1}\,{}^{\mathrm{Base}}\boldsymbol{R}_i^{-1}(\gamma_i,\ \beta_i,\ \alpha_i) \tag{5.32}$$

定义旋转矩阵为

$$^{\mathrm{Base}}_x\boldsymbol{R}_i = \mathrm{Rot}^{-1}(x,\ \gamma_i') = {}^{\mathrm{Base}}\boldsymbol{R}_i(\gamma_i,\ \beta_i,\ \alpha_i)\,(\mathrm{Rot}(z,\ \alpha_i')\,\mathrm{Rot}(y,\ \beta_i')) \tag{5.33}$$

$^{\mathrm{Base}}_x\boldsymbol{R}_i$ 可以用来表示机器人基坐标系绕自身的 x 轴方向旋转一定角度得到的坐标系，因此，其对应的 RPY 角可以表示为 $^{\mathrm{Base}}_x\boldsymbol{R}_i(\gamma_i'',\ 0,\ 0)$。通过式 (5.33) 可以实现所有末端位姿的旋转矩阵从 $^{\mathrm{Base}}\boldsymbol{R}_i$ 到 $^{\mathrm{Base}}_x\boldsymbol{R}_i$ 的转换，即实现机器人目标加工位姿到机器人基坐标系的投影变换。图 5.8 所示为一段加工区间始末端点位置的转换关系。其中，$\Delta\varphi_x$ 表示始末端点位置机器人末端姿态绕 x 轴的转角差值，n 表示结束位置的点位序号，因此 $\Delta\varphi_x$ 可以表示为

$$\Delta\varphi_x = \gamma_1'' - \gamma_n'' \tag{5.34}$$

式中，$\Delta\varphi_x$ 表示始末端点位置末端姿态在绕 x 轴旋转的角度差值在机器人基坐标系上的投影。因此，加工区间内目标位置的对应姿态可按照其距离始末位置的距离等比例求解，以达到姿态光顺处理的目的。

针对规则分布的点位加工任务，根据点的位置坐标分布规律选择合适的参考坐标轴 (一般可以选择基坐标系的 y 轴或 z 轴方向，如图 5.9 所示)，在此基础上，任一加工位置对应的旋转矩阵 $^{\mathrm{Base}}_x\boldsymbol{R}_i$ 的理论偏转角 γ_i'' 的表达式为

$$\gamma_i'' = \begin{cases} \gamma_1'' + \dfrac{|y_i - y_1|}{|y_n - y_1|}\Delta\varphi_x, & \text{以 } y \text{ 轴为参数} \\[3mm] \gamma_1'' + \dfrac{|z_i - z_1|}{|z_n - z_1|}\Delta\varphi_x, & \text{以 } z \text{ 轴为参数} \end{cases} \tag{5.35}$$

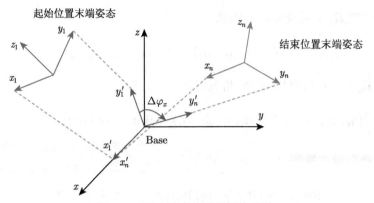

图 5.8　两个端点位置的转换关系

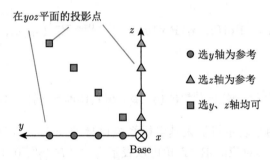

图 5.9　不同点位分布情况的参考坐标轴选择

在轨迹加工任务中，插补点一般是均匀分布的，同理，可以得到轨迹加工中任一插补位置对应的旋转矩阵 $^{\text{Base}}_x\boldsymbol{R}_i$ 的理论偏转角 γ_i'' 的表达如下：

$$\gamma_i'' = \gamma_1'' + \frac{i-1}{n-1}\Delta\varphi_x \tag{5.36}$$

因此，对于任一中间插补位置其目标优化姿态相对初始姿态的偏转角 $\Delta\gamma_i$ 为

$$\Delta\gamma_i = \gamma_i' - \gamma_i'' \tag{5.37}$$

$\Delta\gamma_i$ 同时也是要求的对应中间位置对应末端加工姿态优化的调整角度，于是，优化后的末端姿态 $^{\text{Base}}_{\text{new}}\boldsymbol{R}_i$ 可以表示为

$$^{\text{Base}}_{\text{new}}\boldsymbol{R}_i = {}^{\text{Base}}\boldsymbol{R}_i\,\text{Rot}(x,\,\Delta\gamma_i) \tag{5.38}$$

求解 $^{\text{Base}}_{\text{new}}\boldsymbol{R}_i$ 对应的 RPY 角并更新，完成当前点位对应加工姿态的优化，并以此类推完成所有加工点位的姿态优化，最终通过光顺处理完成所有待加工位置的姿态优化。

通过姿态光顺处理，一方面提升了加工姿态的优化效率，另一方面也保证了加工过程中设备的平稳运动，可以降低机器人运动过程的振动与冲击，具有较高的工程应用价值。

5.6 仿真验证与分析

以运动学综合性能指标为约束，作业轴向的刚度性能为优化目标，分别对机器人点位加工姿态优化、连续轨迹作业的加工姿态优化策略开展仿真验证。

5.6.1 机器人钻孔姿态优化仿真

在工件表面规划一系列待加工点，对 5.4.2 小节提出的附加外部轴的机器人加工系统姿态优化方法在仿真环境下开展应用验证。以第一个加工目标点为例开展详细论述，图 5.10 所示为机器人钻孔系统在三个站位下的初始加工姿态 $P_1(d_{\mathrm{R}} = 0 \text{ mm})$、$P_2(d_{\mathrm{R}} = 300 \text{ mm})$ 及 $P_3(d_{\mathrm{R}} = -300 \text{ mm})$，即选择 300 mm 作为导轨移动步长。

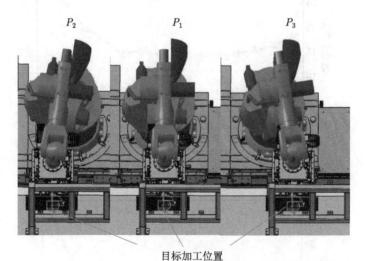

图 5.10   三个站位的机器人初始加工姿态

基于各加工站位机器人的初始加工姿态，选择 $\Delta\theta_x = 10°$ 作为机器人末端姿态绕刀具轴向的旋转角度步长。首先分析机器人的运动学综合评估指标，结果如图 5.11 ∼ 图 5.17 所示。

图 5.11 ∼ 图 5.17 的横坐标表示机器人的末端绕刀具轴向的旋转角度，对应的转角范围通过确保机器人与末端执行器不发生干涉来确定。从运动灵巧性指标、关节极限指标在不同末端姿态下的变化趋势可以发现，机器人远离关节极限位姿

的时候，指标 R_{jnt} 基本保持稳定；当机器人远离奇异位姿时，可操作度的变化也
较为缓慢。随着机器人姿态逐步接近奇异位姿，可操作度的增幅快速提升，而此
时机器人的关节极限指标的增速仍处在较低水平，即仍然距离关节极限位姿较远。
因此机器人运动学综合性能指标 R_{com} 在当前站位下变化趋势与可操作度基本一
致，即受可操作度指标的影响更为明显。根据以上表述，可以得到优化后的末端
转角范围：对于 P_1 站位，机器人末端转角范围为 $-40° \leqslant \theta_x \leqslant 40°$；对于 P_2 站
位，机器人末端转角范围为 $-50° \leqslant \theta_x \leqslant 30°$；对于 P_3 站位，机器人末端转角范
围为 $-30° \leqslant \theta_x \leqslant 50°$，在每个站位所选择的旋转角度范围内，综合运动学指标
值在不超过最小值 10% 的范围内变化。将所得转角范围作为优化加工任务中机器
人定向刚度性能的轴向转角约束，利用定向刚度模型求解得到对应范围内的刚度
性能的变化情况，如图 5.14 ~ 图 5.17 所示。

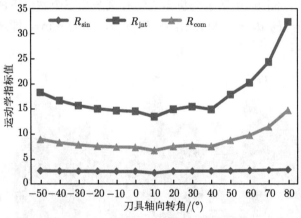

图 5.11　站位 P_1 处的运动学性能指标

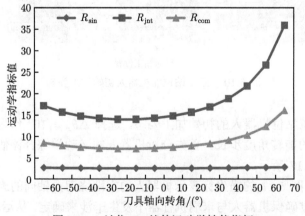

图 5.12　站位 P_2 处的运动学性能指标

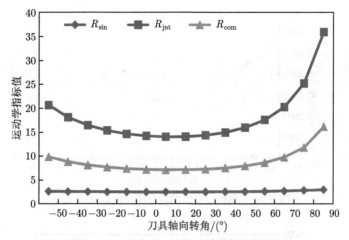

图 5.13 站位 P_3 处的运动学性能指标

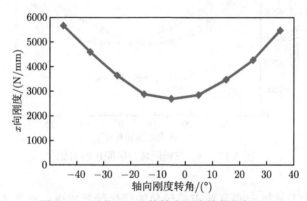

图 5.14 站位 P_1 处的轴向刚度性能指标 k_x

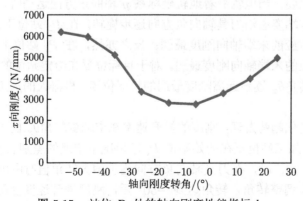

图 5.15 站位 P_2 处的轴向刚度性能指标 k_x

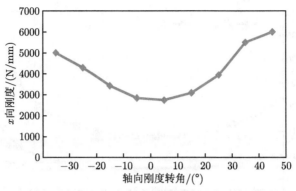

图 5.16　站位 P_3 处的轴向刚度性能指标 k_x

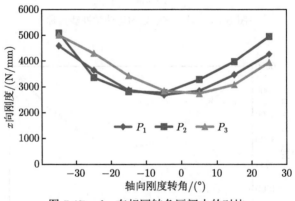

图 5.17　k_x 在相同转角区间内的对比

观察并比较刀具轴向刚度随末端转角的变化趋势发现，机器人在各站位的刚度最小姿态对应的末端转角与站位的分布位置相关：在 P_1 站位下，轴向刚度最小的姿态为初始位姿；当地轨沿着地轨坐标系 y 轴的正方向运动时，机器人最小刚度姿态对应的末端姿态沿刀具轴向负方向逐步旋转，在 P_2 站位下，当 $\theta_x = -10°$ 时机器人姿态对应的末端轴向刚度最弱；反之亦然，在 P_3 站位下，$\theta_x = 10°$ 时机器人姿态对应的末端轴向刚度最弱。对于目标位置在给定站位的所有可用姿态，通过调整轴向转角 θ_x 逐步远离刚度最弱的目标位姿，机器人的加工轴向的刚度逐步提升。

观察刚度变化趋势发现，刚度的提升速率在末端旋转角 θ_x 的调整的正负方向上是不同的，当加工站位不在初始站位 P_1 的情况下增速的差别表现更加明显：当机器人处在 P_2 站位时，在刀具轴向负方向逐步增大转角值时刚度提升速度明显快于沿轴向正向调整转角，转角达到 $-50°$ 后，刚度提升速度会明显下降；然而当机器人处在 P_3 站位时，在刀具轴向正方向逐步增大转角值时刚度提升速度明显快于沿轴向负向调整转角，转角达到 $-50°$ 后，刚度提升速度会明显下降；机器人在 P_1 站位时，轴向刚度随机器人刀具轴向转角的变化趋势基本沿着$\theta_x = 0°$对称。因此，在一定转角范围内，可以认为末端执行器沿着刀具轴向向远离机器人基座的方向旋转时轴向刚度的提升速率较大，向靠近基座方向旋转时轴向刚度的提升速率较小，而有效转角范围与机器人站位位置相关。

在各个站位对应的末端转角范围内，可以得到机器人最优刚度姿态对应的末端扭转角：其中，站位 P_1 处在运动学性能约束下的机器人末端刚度最优姿态对应的末端转角为 $-40°$，站位 P_2 处最优姿态对应的末端转角为 $-50°$，站位 P_3 处最优姿态对应的末端转角为 $50°$，如图 5.18 所示，三个站位下姿态优化前后的各关节转角及轴向刚度值如表 5.1 所示。

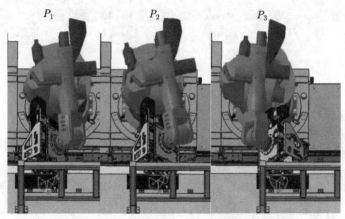

图 5.18　三个站位优化后的机器人加工姿态

表 5.1　三个位置姿态优化前后对应的关节转角

姿态	优化前			优化后		
	P_1	P_2	P_3	P_1	P_2	P_3
d_R/mm	0	300	-300	0	300	-300
θ_1/(°)	-1.033	7.55	-6.858	-12.995	-6.868	7.774
θ_2/(°)	-73.413	-72.581	-72.692	-69.876	-70.019	-70.071
θ_3/(°)	85.926	85.716	85.984	89.707	95.538	94.813
θ_4/(°)	-0.018	0.134	-0.122	38.847	50.572	-50.173
θ_5/(°)	78.486	77.857	77.702	83.591	79.387	80.515
θ_6/(°)	-1.03	7.521	-6.831	-21.846	-23.21	23.134
θ_{Tool}/(°)	0	0	0	-40	-50	50
k_x/(N/mm)	2691.84	2774.74	2748.97	5663.25	6179.10	6006.52

由表 5.1 可知，通过对各站位的机器人姿态优化，相对初始姿态，轴向刚度的提升均达到一倍以上，且随着附加轴远离初始站位，机器人的刚度也会有较为明

显的提升。在此基础上，以 300 mm 为地轨移动位置的变化步长，进一步对该目标点对应的各个可达站位的机器人加工姿态开展优化。在地轨坐标系的 y 轴负方向，在 P_3 站位的基础上，得到 4 个机器人初始加工姿态满足运动学性能要求的加工站位，即站位 $P_4 \sim P_7$。在各个站位对机器人加工姿态进行优化，站位 $P_4 \sim P_7$ 下，优化前后的机器人加工姿态如图 5.19 所示，四个站位机器人优化后的姿态相对初始姿态，末端绕刀具轴向的转角 θ_x 的值分别为 60°、70°、80°、80°。

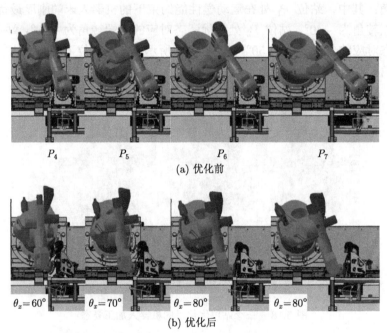

图 5.19　站位 $P_4 \sim P_7$ 优化前后的机器人加工姿态

　　同理，在地轨坐标系的 y 轴正方向，在 P_2 站位的基础上，可以得到 4 个机器人初始加工姿态满足运动学性能要求的加工站位，即站位 $P_8 \sim P_{11}$。在各个站位对机器人加工姿态进行优化，站位 $P_8 \sim P_{11}$ 下优化前后的机器人加工姿态如图 5.20 所示，四个站位机器人优化后的姿态相对初始姿态，末端绕刀具轴向的转角 θ_x 的值分别为 $-60°$、$-70°$、$-80°$、$-80°$。站位 $P_4 \sim P_{11}$ 下机器人加工姿态优化前后末端轴向刚度的对比如表 5.2 所示。

　　观察表 5.1 及表 5.2 中的机器人在各站位的最优姿态的刚度值可以发现，在机器人加工姿态满足运动学性能要求的前提下，随着机器人远离初始站位机器人的加工轴向刚度逐步提升，机器人在 P_{11} 或者 P_7 站位处可以得到较高的加工刚度；而在对应站位下机器人末端旋转角度越大机器人刚度提升效果越显著。综上所述，选择 P_{11} 站位下机器人末端绕刀具轴向旋转 $-80°$ 的加工姿态为最优刚度姿态。

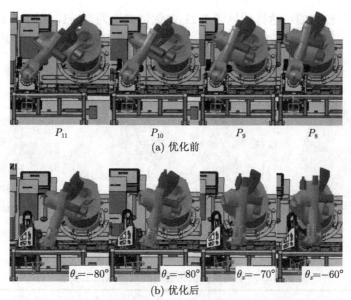

(a) 优化前

(b) 优化后

图 5.20 站位 $P_8 \sim P_{11}$ 优化前后的机器人加工姿态

表 5.2 站位 $P_4 \sim P_{11}$ 的机器人轴向刚度优化前后对比 (单位：N/mm)

姿态	优化前	优化后	姿态	优化前	优化后
P_4	2788.97	6349.10	P_8	2818.33	6364.34
P_5	2811.06	6562.43	P_9	2845.21	6582.81
P_6	2860.85	6820.72	P_{10}	2901.54	6854.93
P_7	2984.93	7134.15	P_{11}	3102.96	7249.24

根据 5.4.2 小节的姿态优化方法选择 P_{11} 站位为工作站位，对后续目标加工位置进行姿态优化，优化后果如图 5.21 所示。由于工件的尺寸较小，机器人在加

(a) 初始加工姿态   (b) 优化后加工姿态

图 5.21 第一个加工位置优化前后姿态对比

工范围内都有较好的可达性, 以图 5.21 中优化位置为 Tag1, 在 P_{11} 站位下分别针对三个不同目标位置 (Tag2~Tag4) 开展加工姿态优化, 点位位置和优化结果如图 5.22 所示, 优化前后的机器人加工姿态如表 5.3 所示。

图 5.22　　P_{11} 站位下不同位置对应的优化姿态

表 5.3　　不同点位优化前后的机器人加工姿态

姿态	$\theta_1/(°)$	$\theta_2/(°)$	$\theta_3/(°)$	$\theta_4/(°)$	$\theta_5/(°)$	$\theta_6/(°)$	$\theta_x/(°)$
Tag1 优化后	24.597	−57.745	93.143	96.003	64.379	−33.581	−80
Tag2 优化后	22.016	−59.209	95.763	94.922	66.566	−34.627	−80
Tag3 优化后	19.341	−60.503	98.050	93.651	68.769	−35.524	−80
Tag4 优化后	16.560	−62.048	99.620	91.925	70.972	−35.436	−80

由表 5.3 可以发现, 机器人相近孔位的加工姿态对应的关节转角变化较小, 而对应的最优刚度性能也变化不大, 主要的原因是工件尺寸较小, 导致相邻加工位置的机器人姿态具有较高的相似性。通过刚度值波动幅度量化评估指标 W 表现机器人不同加工位置的最优刚度变化情况, 如图 5.23 及表 5.4 所示。

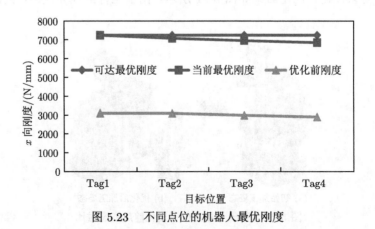

图 5.23　　不同点位的机器人最优刚度

表 5.4   不同位置对应的刚度值波动幅度量化评估指标值

位置	W
Tag2	2.14%
Tag3	4.00%
Tag4	5.48%

显然，几个加工位置的最优刚度相似度较高，但是相对第一个目标位置的刚度最优加工姿态，其他位置的优化姿态的刚度值都逐步有所降低。这主要是由目标孔位的空间分布的特殊性导致的：工件的安装面近似平行于地轨坐标系的 yoz 平面，且点位的分布为了便于比较，z 轴的坐标都保持一致，因此理论上各个点位对应的机器人最优姿态是一致的，因而对应的地轨位置是同步移动的。当保持第一个点位最优加工姿态的对应站位时，相当于机器人各后续点位优化姿态的末端位置相对最优姿态逐步向机器人基座偏移，因此相对最优刚度值会有一定程度的损失。第一个加工位置以外的目标点位虽然对应姿态没有调整加工站位，但是由于相邻目标位置较小的位置间距，最优刚度的损失较低，最高也仅有 5.48%，因此不需要调整机器人站位，只在 P_{11} 站位下就可以较好地完成所有规划位置的加工任务。

5.6.2   机器人铣削姿态优化及光顺仿真

铣削加工主要用来验证加工姿态优化策略及姿态平顺处理方法，利用 3.4 节搭建的机器人加工系统在 DELMIA 软件中的仿真布局开展验证，仿真环境如图 5.24 所示。

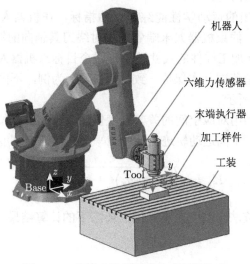

图 5.24   机器人铣削系统仿真环境构建

　　以固定在工装上的铝锭作为加工对象，在 DELMIA 软件中规划加工轨迹。在本仿真中主要通过直线轨迹铣削加工来开展姿态优化与光顺方法的验证，仿真环境中的铣削轨迹始末点与路径拐点的位置规划如图 5.25 所示。

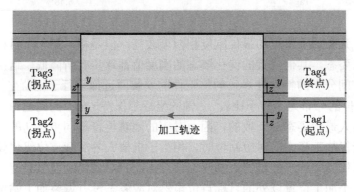

图 5.25　仿真环境中的运动轨迹及特征点位置

　　图 5.25 中轨迹起点 Tag1 到拐点 Tag2 的路径与机器人基坐标系的 y 轴平行，而拐点 Tag3 到终点 Tag4 的路径同样与机器人基坐标系的 y 轴平行。在连续轨迹加工过程中，加工平面内的机器人运动方向的法向刚度直接与轨迹精度相关，刀具轴向的刚度直接决定产品表面切削质量 (平面度与粗糙度)，而机器人末端进给方向的刚度对机器人连续轨迹加工的质量和精度影响较低，因此这里主要研究机器人刀具轴向 (工具坐标系 x 向) 与运动轨迹在其所在平面内的法向刚度值随末端姿态变化的情况。

　　利用 5.3 节提出的运动学性能综合评估指标，在机器人远离干涉和运动学极限位姿的前提下，约束机器人末端姿态相对绕刀具轴向的转角范围为 $-90° \leqslant \theta_x \leqslant 90°$，由于目标加工样件的尺寸较小，四个目标点机器人对应姿态变化也较小，因此对应的转角范围基本保持一致，以 Tag1 为例，不同轴向转角对应的机器人姿态如图 5.26 所示。

　　在此基础上，利用对应空间的关节刚度值计算不同目标位置下机器人末端轴向刚度指标，其中，不同运动轨迹在其所在平面内的法向刚度 K_v 计算公式为

$$K_v = \sqrt{(K_z\cos\theta_x)^2 + (K_y\sin\theta_x)^2} \tag{5.39}$$

　　刀具轴向与轨迹法向刚度在不同加工姿态下的计算结果如图 5.27 ~ 图 5.30 所示。

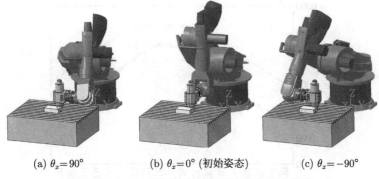

(a) $\theta_x=90°$ (b) $\theta_x=0°$ (初始姿态)   (c) $\theta_x=-90°$

图 5.26   Tag1 不同轴向转角对应的机器人姿态

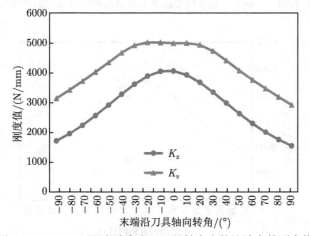

图 5.27   Tag1 不同末端姿态下刀具轴向和轨迹法向的刚度值

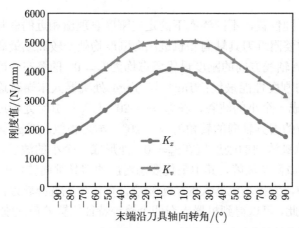

图 5.28   Tag2 不同末端姿态下刀具轴向和轨迹法向的刚度值

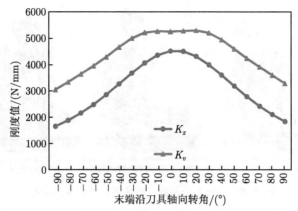

图 5.29　Tag3 不同末端姿态下刀具轴向和轨迹法向的刚度值

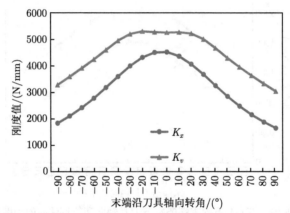

图 5.30　Tag4 不同末端姿态下刀具轴向和轨迹法向的刚度值

针对四个不同位置，不同姿态下的定向刚度表现出相近的变化趋势，即在机器人末端初始位姿附近刀具轴向和轨迹法向刚度均处于较高或最高值。具体来讲，Tag1~Tag4 刀具轴线方向的刚度最优姿态均为$\theta_x = 0°$ 的姿态，即机器人初始姿态刀具轴线方向刚度性能最优；Tag1 与 Tag4 处机器人末端轨迹法向的刚度值在$\theta_x = 0°$ 处形成一个小的波谷，在$\theta_x = -20°$ 与$\theta_x = 10°$ 处形成两个波峰，其中最优姿态对应的刀具轴向的转角$\theta_x = -20°$；与之相似，Tag2 与 Tag3 处机器人末端沿加工轨迹法向的刚度值在$\theta_x = 0°$ 处形成一个小的波谷，在$\theta_x = -10°$与$\theta_x = 20°$ 处形成两个波峰，其中最优姿态对应的刀具轴向转角$\theta_x = 20°$。在连续轨迹加工过程中，为提高机器人的轨迹精度，可以优先选择轨迹法向刚度值最优的加工姿态。因此，可以得到机器人在四个轨迹特征位置的最优刚度姿态如表 5.5 所示。

表 5.5 姿态优化后各轨迹特征点对应的机器人姿态

姿态	$\theta_1/(°)$	$\theta_2/(°)$	$\theta_3/(°)$	$\theta_4/(°)$	$\theta_5/(°)$	$\theta_6/(°)$	$\theta_x/(°)$
Tag1 优化后	1.138	−37.763	118.585	21.388	−81.445	176.666	−20
Tag2 优化后	−1.138	−37.763	118.586	−21.387	−81.445	183.334	20
Tag3 优化后	−1.172	−38.235	121.526	−21.304	−83.745	182.433	20
Tag4 优化后	1.172	−38.235	121.525	21.305	−83.745	177.567	−20

随着机器人末端的旋转角度远离刀具轴向刚度最优姿态或者轨迹法向两个峰值所对应转角区间时，对应的轴向刚度逐步降低。其中，对于位置 Tag1 与 Tag4，其初始位置在机器人基坐标系的左侧，当沿着末端刀具轴向逆时针旋转时，机器人刀具轴向及轨迹法向的刚度值下降速度较慢；对于位置 Tag2 与 Tag3，其初始位置在机器人基坐标系的右侧，在沿着末端刀具轴向逆时针旋转时，机器人刀具轴向及轨迹法向的刚度值下降速度较慢。综上所述，在当前机器人构型下，机器人末端向远离机器人基坐标系的方向旋转时，刀具轴向及轨迹法向的刚度值下降幅度较低。

图 5.31 与图 5.32 分别比较了机器人在加工轨迹法向与刀具轴向的刚度值的变化情况。四个加工轨迹特征位置是沿着机器人基坐标系 y 轴方向对称分布的，而对应位置的不同机器人姿态下的定向刚度变化曲线也表现出空间对称性，即在 Tag1 处机器人刀具轴向与轨迹法向的刚度随着末端姿态的变化曲线，与 Tag2 处机器人对应的刚度变化曲线沿着 $\theta_x= 0°$ 对称；同样的情况也出现在 Tag3 与 Tag4 处对应的刚度曲线分布情况上。此外，机器人在刀具轴向及轨迹法向的刚度值沿着机器人的基坐标系的 x 轴正方向刚度呈现下降趋势，即相同末端姿态下，Tag1 位置下的定向刚度小于 Tag3 位置下的对应方向刚度，Tag2 位置下的定向刚度小于 Tag4 位置下的对应方向刚度。

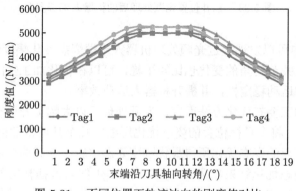

图 5.31 不同位置下轨迹法向的刚度值对比

在获得规划轨迹各特征位置优化姿态的基础上，分别在 Tag1 到 Tag2、Tag2

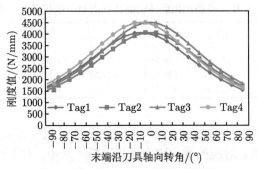

图 5.32　不同位置下刀具轴向的刚度值对比

到 Tag3、Tag3 到 Tag4 这三段轨迹的中间插补位置开展轨迹插补点的加工姿态光顺处理，以实现对应位置的最优刚度姿态的快速获取。在 Tag1 到 Tag2 的轨迹以及 Tag3 到 Tag4 的轨迹分别等分选取 7 个插补位置，在 Tag2 到 Tag3 的轨迹插补一个中间位置，对应插补位置光顺处理后的机器人末端加工姿态如图 5.33 所示。

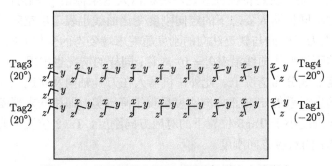

图 5.33　插补位置光顺处理后的机器人末端姿态

从图 5.33 中可以发现经过光顺处理机器人末端姿态变化幅度较小，因而在运动过程中机器人关节转角的变化也比较平稳，可以在优化加工性能的前提下保障姿态变化过程的运动稳定性，并提升机器人运动效率。

对机器人加工姿态优化方法而言，光顺处理可以大幅提升所有目标位置加工姿态优化的效率，将全目标位置的姿态优化压缩成几个几何特征位置的姿态优化。通过与针对目标点的姿态优化所得最优刚度姿态比较，来评估机器人光顺处理之后对应位置的姿态优化结果，选取 Tag3 到 Tag4 的轨迹插补位置，将 7 个插补位置定义为 Tag5~Tag11，开展姿态优化方法与光顺处理得到的优化姿态的轨迹法向刚度值如表 5.6 所示，对比结果如图 5.34 与图 5.35 所示。

根据图 5.35 的对比结果，可以发现经过光顺处理后的目标轨迹法向刚度整体上与姿态优化得到的姿态表现出刚度的较高相似性，光顺处理后的轨迹法向刚度相对最优刚度损失不超过 0.409%(Tag8 处)。其中光顺处理后 Tag5 与 Tag11 处目标方向的刚度甚至略高于对应位姿优化的刚度值，是因为关节刚度优化时末端姿态旋转角的步长较大，导致优化结果实际为最优刚度姿态附近姿态，当光顺处理后的目标姿态更接近刚度最优姿态时，目标方向的刚度值会出现优于直接姿态优化得到的刚度值的情况。

表 5.6 姿态优化与光顺处理得到的优化姿态的刚度值

目标位置	光顺处理		姿态优化	
	轴向转角/(°)	刚度值/(N/mm)	轴向转角/(°)	刚度值/(N/mm)
Tag5	15	5295.939	20	5295.692
Tag6	10	5288.137	20	5297.567
Tag7	5	5277.223	20	5294.692
Tag8	0	5272.422	10	5294.062
Tag9	−5	5277.223	−20	5294.696
Tag10	−10	5288.137	−20	5297.567
Tag11	−15	5295.988	−20	5295.692

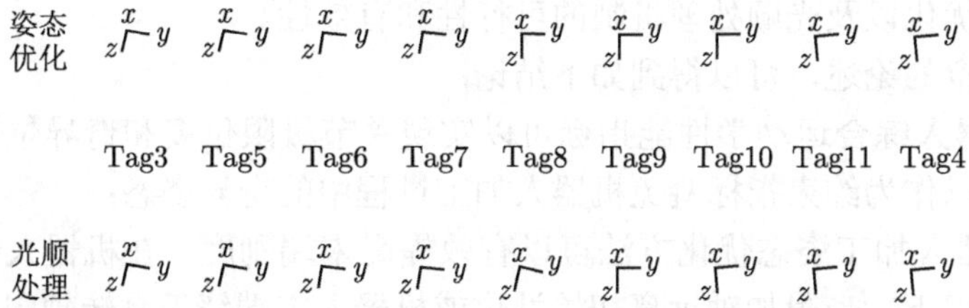

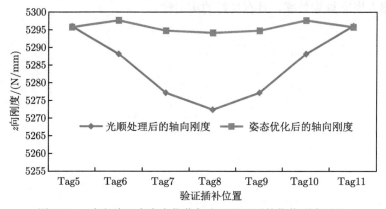

图 5.34 选取验证点姿态优化与光顺处理后的末端优化姿态

图 5.35 选取验证点姿态优化与光顺处理后的优化刚度对比

　　综上所述，机器人加工轨迹的光顺处理在有效提升机器人加工姿态优化效率的同时，保证了优化后姿态目标轴向刚度的提升效果相较于单点利用加工姿态综合优化方法的提升的效果没有明显下降，充分证明了本节提出的光顺处理方法的有效性。

5.7　本 章 小 结

　　本章首先在分析了机器人加工系统功能冗余自由度的基础上，提出了机器人运动灵巧性与关节极限位姿的量化评估指标，建立了一种融合灵巧性、关节极限的机器人加工系统运动学性能评价方法，在尽可能远离关节极限位姿的条件下保证了机器人运动的灵巧性；其次，以在较优运动学性能条件约束下获得特定方向最优刚度性能为目标，探索了一种机器人加工姿态综合优化策略，并分别阐述了机器人基座固定和附加外部轴两大类情况，实现了机器人加工姿态和站位的优选；再次，在机器人加工姿态优化方法的基础上，面向大量点位及连续轨迹加工提出了一种姿态光顺的高效处理方法，实现了优化姿态的快速获取；最后，分别针对附加外部轴的机器人钻孔系统以及基座固定的机器人铣削系统，仿真验证了机器人加工姿态优化以及光顺处理机制的可行性和有效性。

　　综合本章的论述，可以得到如下结论：

　　(1) 机器人综合运动学性能指标可以实现关节极限位姿和奇异位姿的有效规避，同时可以作为约束指标避免机器人加工过程中的奇异姿态；

　　(2) 机器人加工姿态优化方法可以有效提高末端刚度，在机器人钻孔加工姿态可达的前提下，当附加轴远离初始站位或机器人末端绕刀具转轴向远离基座的方向旋转时刚度提升较大；

　　(3) 针对大量点位及连续轨迹加工，通过机器人加工姿态光顺处理可以大幅提升机器人姿态规划效率，具有良好的实用性。

第 6 章　动力学性能最优的加工姿态优化方法

6.1　引　　言

本章以面向航空航天大型薄壁构件加工的移动加工机器人为对象，立足于移动加工机器人的本体动力学性能，采用多体系统传递矩阵法建立移动加工机器人的多体动力学模型，提出移动加工机器人振动特性和振动响应的求解方法，获得任意姿态下系统的振动特性与振动响应，构建末端执行器的振动响应预测模型；在此基础上，结合 AGV 的运动冗余自由度，在满足加工位姿及关节限角的前提下提出一种以移动加工机器人末端动力学振动位移响应最小为优化目标的姿态优化方法，降低加工过程中的振动、提高加工质量。

6.2　机器人多体动力学模型及其拓扑图

移动工业机器人系统是典型的由移动平台、连杆、关节和末端执行器组成的多体系统，根据其各部件的自然属性将它们等效为 "体" 元件和 "铰" 元件两大类。"铰" 不考虑其自身质量，并计入与其连接的 "体" 中一起考虑，"体" 元件和 "铰" 元件统一编号。以 KUKA KR500 型机器人与 AGV 组成的移动加工机器人为例，其多体系统动力学模型如图 6.1 所示，图中 $oxyz$ 为惯性坐标系。移动平台的四个支撑腿、车体、机器人连杆以及末端执行器依次编号为 2、5、8、11、13、15、17、19、21、23、25、27，并视作空间振动刚体，控制柜的质量及其分布均并入车体中一起考虑；车体与支撑腿、支撑腿与地面均由空间纵向弹簧连接，编号为 1、3、4、6、7、9、10、12；机器人底座与移动平台的连接以及机器人的转动关节分别编号为 14、16、18、20、22、24、26，并视作弹簧与扭簧并联的空间弹性铰。系统共有 5 个边界点，包括四个支撑腿与地面的接触点以及末端执行器的自由边界，统一编号为 0。需要指出的是，该型机器人的后轴三电机放在第 3 连杆上，因此体元件 21 的质量包括第 3 连杆及后三个伺服电机的质量；另外，前三个连杆的质量分别包括对应伺服电机的质量。移动机器人加工系统动力学模型即为：在地面接触和加工力耦合作用下的由多个弹簧、扭簧以及阻尼器连接的 12 个刚体组成的多体系统。

多体系统动力学模型拓扑图是对状态矢量、关系、位置序号、边界点序号以及体元件与铰元件之间传递方向的一种新的图形表示。为了便于描述各元件状态矢

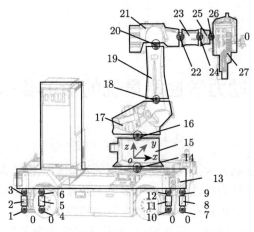

图 6.1　移动加工机器人动力学模型

量之间的传递方向及连接关系 [104]，建立移动加工机器人动力学模型拓扑图，如图 6.2 所示。

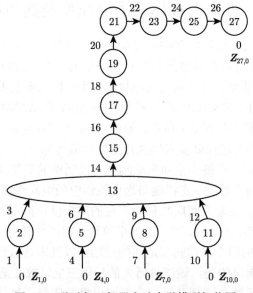

图 6.2　移动加工机器人动力学模型拓扑图

　　移动加工机器人系统的四个支撑腿与地面的接触点，即元件 1、4、7、10 的输入端定义为系统的树梢；将末端执行器的自由边界，即元件 27 的输出端，定义为系统的根。系统的动力学传递方向从系统的树梢传向系统的根。对于连接元件数大于 2 的元件，输入端与输出端的定义如下：传入元件的连接点为输入端

$I_i (i = 1, 2, \cdots, L)$, 传出元件的连接点为输出端 O。

6.3 机器人多体传递矩阵动力学方程

6.3.1 机器人振动模态特性

1. 机器人元件传递矩阵与传递方程

1) 元件的状态矢量

根据多体系统传递矩阵法 [105]，移动机器人加工系统中任意一点在物理坐标与模态坐标下的状态矢量分别定义为

$$z = \begin{bmatrix} x & y & z & \theta_x & \theta_y & \theta_z & m_x & m_y & m_z & q_x & q_y & q_z \end{bmatrix}^{\mathrm{T}} \tag{6.1}$$

$$Z = \begin{bmatrix} X & Y & Z & \Theta_x & \Theta_y & \Theta_z & M_x & M_y & M_z & Q_x & Q_y & Q_z \end{bmatrix}^{\mathrm{T}} \tag{6.2}$$

式中，x、y、z 表示连接点相对于其平衡位置沿坐标轴 x、y、z 方向线位移的物理坐标；θ_x、θ_y、θ_z 表示连接点相对于其平衡位置沿坐标轴 x、y、z 方向角位移的物理坐标；m_x、m_y、m_z 表示物理坐标下连接点处所受的内力矩；q_x、q_y、q_z 表示物理坐标下连接点处所受的内力；X、Y、Z、Θ_x、Θ_y、Θ_z、M_x、M_y、M_z、Q_x、Q_y、Q_z 分别为对应小写字母物理量的模态坐标。

2) 铰元件的传递矩阵与传递方程

根据所建立的移动加工机器人动力学模型，机械臂底座与移动平台的连接以及机械臂的六个转动关节，即元件 14、16、18、20、22、24、26 为空间弹性铰，如图 6.3 所示。其输出点的状态矢量 $Z_{r,O}$ 与输入点的状态矢量 $Z_{r,I}$ 之间的传递方程为 [105]

$$Z_{r,O} = U_r Z_{r,I}, \quad r = 14, 16, 18, 20, 22, 24, 26 \tag{6.3}$$

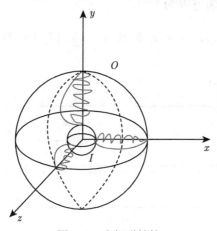

图 6.3 空间弹性铰

传递矩阵为 [105]

$$
\boldsymbol{U}_r = \begin{bmatrix} \boldsymbol{I}_3 & \boldsymbol{O}_{3\times3} & \boldsymbol{O}_{3\times3} & \boldsymbol{K}_r \\ \boldsymbol{O}_{3\times3} & \boldsymbol{I}_3 & \boldsymbol{K}_r' & \boldsymbol{O}_{3\times3} \\ \boldsymbol{O}_{3\times3} & \boldsymbol{O}_{3\times3} & \boldsymbol{I}_3 & \boldsymbol{O}_{3\times3} \\ \boldsymbol{O}_{3\times3} & \boldsymbol{O}_{3\times3} & \boldsymbol{O}_{3\times3} & \boldsymbol{I}_3 \end{bmatrix}
\tag{6.4}
$$

式中

$$
\boldsymbol{K}_r = \begin{bmatrix} -1/K_{r,x} & 0 & 0 \\ 0 & -1/K_{r,y} & 0 \\ 0 & 0 & -1/K_{r,z} \end{bmatrix}, \quad \boldsymbol{K}_r' = \begin{bmatrix} 1/K_{r,x}' & 0 & 0 \\ 0 & 1/K_{r,y}' & 0 \\ 0 & 0 & 1/K_{r,z}' \end{bmatrix}
$$

$\boldsymbol{I}_3$ 为 3×3 的单位矩阵；$\boldsymbol{O}_{3\times3}$ 为 3×3 的零矩阵；$K_{r,x}$、$K_{r,y}$、$K_{r,z}$ 分别为 x、y、z 方向上的线弹簧刚度；$K_{r,x}'$、$K_{r,y}'$、$K_{r,z}'$ 分别为 x、y、z 方向上的扭簧刚度。

　　工业机器人机械臂在末端受加工力作用，绝大部分变形均来源于各转动关节发生的弹性扭转 [85]。因此将机械臂的六个转动关节，除转动方向的扭簧刚度外，其他方向的刚度均视作无穷大。同时车体与支撑腿、支撑腿与地面之间，即元件 1、3、4、6、7、9、10、12 视为空间纵向振动弹簧，其传递方程与空间弹性铰相同，传递矩阵只需将式 (6.4) 中的 $\boldsymbol{K}_r'$ 替换为 $\boldsymbol{O}_{3\times3}$ 即可。

　　3) 体元件的传递矩阵和传递方程

　　根据移动加工机器人动力学模型，机械臂七个连杆、车体的四个支腿以及末端执行器，即元件 2、5、8、11、15、17、19、21、23、25、27 为单端输入单端输出的空间振动刚体，如图 6.4 所示，其输出点的状态矢量 $\boldsymbol{Z}_{r,O}$ 与输入点的状态矢量 $\boldsymbol{Z}_{r,I}$ 之间的传递方程为 [105]

$$
\boldsymbol{Z}_{r,O} = \boldsymbol{U}_r \boldsymbol{Z}_{r,I}, \quad r = 2,\ 5,\ 8,\ 11,\ 15,\ 17,\ 19,\ 21,\ 23,\ 25,\ 27
\tag{6.5}
$$

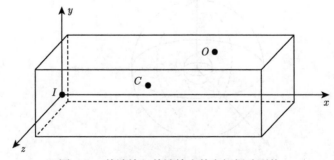

图 6.4　单端输入单端输出的空间振动刚体

传递矩阵为 [105]

$$
U_r = \begin{bmatrix}
I_3 & -\tilde{l}_{IO} & O_{3\times3} & O_{3\times3} \\
O_{3\times3} & I_3 & O_{3\times3} & O_{3\times3} \\
m\omega^2\tilde{l}_{CO} & -\omega^2\left(m\tilde{l}_{IO}\tilde{l}_{IC}+J_I\right) & I_3 & \tilde{l}_{IO} \\
m\omega^2 I_3 & -m\omega^2\tilde{l}_{IC} & O_{3\times3} & I_3
\end{bmatrix}
\tag{6.6}
$$

式中

$$
\tilde{l}_{IO} = \begin{bmatrix}
0 & -z_O & y_O \\
z_O & 0 & -x_O \\
-y_O & x_O & 0
\end{bmatrix}, \quad
\tilde{l}_{IC} = \begin{bmatrix}
0 & -z_C & y_C \\
z_C & 0 & -x_C \\
-y_C & x_C & 0
\end{bmatrix}
$$

$$
J_I = \begin{bmatrix}
J_x & -J_{xy} & -J_{xz} \\
-J_{xy} & J_y & -J_{yz} \\
-J_{xz} & -J_{yz} & J_z
\end{bmatrix}
$$

$\tilde{l}_{CO} = \tilde{l}_{IO} - \tilde{l}_{IC}$；$(x_O, y_O, z_O)$、$(x_C, y_C, z_C)$ 分别为输出点 O、刚体质心 C 在以输入点 I 为原点的连体坐标系中的坐标；J_I 为刚体相对于输入点 I 的惯量矩阵；m 为刚体的质量；ω 为机器人加工系统固有频率。

移动平台车体，即元件 13 为多端输入单端输出的空间振动刚体，如图 6.5 所示，其传递方程在式 (6.5) 的基础上还包含了描述多个输入点之间位置关系的几何方程，即

$$
\begin{cases}
Z_{13,O} = \displaystyle\sum_{i=1}^{4} U_{13,I_i} Z_{13,I_i} \\
H_{13,I_r} Z_{13,I_r} = H_{13,I_1} Z_{13,I_1}
\end{cases}, \quad r = 2, 3, 4
\tag{6.7}
$$

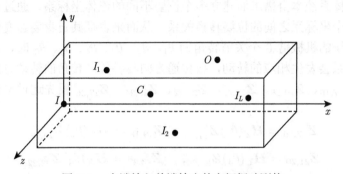

图 6.5 多端输入单端输出的空间振动刚体

传递矩阵为

$$
\boldsymbol{U}_{13,\,I_1} = \begin{bmatrix} \boldsymbol{I}_3 & -\tilde{\boldsymbol{l}}_{I_1O} & \boldsymbol{O}_{3\times3} & \boldsymbol{O}_{3\times3} \\ \boldsymbol{O}_{3\times3} & \boldsymbol{I}_3 & \boldsymbol{O}_{3\times3} & \boldsymbol{O}_{3\times3} \\ m\omega^2\tilde{\boldsymbol{l}}_{CO} & -(m\tilde{\boldsymbol{l}}_{I_1O}\tilde{\boldsymbol{l}}_{I_1C}+\boldsymbol{J}_{I_1})\omega^2 & \boldsymbol{I}_3 & \tilde{\boldsymbol{l}}_{I_1O} \\ m\omega^2\boldsymbol{I}_3 & -m\omega^2\tilde{\boldsymbol{l}}_{I_1C} & \boldsymbol{O}_{3\times3} & \boldsymbol{I}_3 \end{bmatrix} \tag{6.8}
$$

$$
\boldsymbol{U}_{13,\,I_r} = \begin{bmatrix} \boldsymbol{O}_{3\times3} & \boldsymbol{O}_{3\times3} & \boldsymbol{O}_{3\times3} & \boldsymbol{O}_{3\times3} \\ \boldsymbol{O}_{3\times3} & \boldsymbol{O}_{3\times3} & \boldsymbol{O}_{3\times3} & \boldsymbol{O}_{3\times3} \\ \boldsymbol{O}_{3\times3} & \boldsymbol{O}_{3\times3} & \boldsymbol{I}_3 & \tilde{\boldsymbol{l}}_{I_rO} \\ \boldsymbol{O}_{3\times3} & \boldsymbol{O}_{3\times3} & \boldsymbol{O}_{3\times3} & \boldsymbol{I}_3 \end{bmatrix}, \quad r = 2,\,3,\,4 \tag{6.9}
$$

$$
\boldsymbol{H}_{13,\,I_1} = \begin{bmatrix} \boldsymbol{I}_3 & \boldsymbol{O}_{3\times3} & \boldsymbol{O}_{3\times3} & \boldsymbol{O}_{3\times3} \\ \boldsymbol{O}_{3\times3} & \boldsymbol{I}_3 & \boldsymbol{O}_{3\times3} & \boldsymbol{O}_{3\times3} \end{bmatrix} \tag{6.10}
$$

$$
\boldsymbol{H}_{13,\,I_r} = \begin{bmatrix} \boldsymbol{I}_3 & \tilde{\boldsymbol{l}}_{I_1I_r} & \boldsymbol{O}_{3\times3} & \boldsymbol{O}_{3\times3} \\ \boldsymbol{O}_{3\times3} & \boldsymbol{I}_3 & \boldsymbol{O}_{3\times3} & \boldsymbol{O}_{3\times3} \end{bmatrix}, \quad r = 2,\,3,\,4 \tag{6.11}
$$

式中

$$
\tilde{\boldsymbol{l}}_{I_1I_r} = \begin{bmatrix} 0 & -z_{I_r} & y_{I_r} \\ z_{I_r} & 0 & -x_{I_r} \\ -y_{I_r} & x_{I_r} & 0 \end{bmatrix}, \quad r = 2,\,3,\,4
$$

$\tilde{\boldsymbol{l}}_{I_1O}$、$\tilde{\boldsymbol{l}}_{I_1C}$、$\tilde{\boldsymbol{l}}_{CO}$、$\tilde{\boldsymbol{l}}_{I_rO}$、$\boldsymbol{J}_{I_1}$ 的定义均与式 (6.6) 中的物理量相同；$\tilde{\boldsymbol{l}}_{I_rO} = \tilde{\boldsymbol{l}}_{I_1O} - \tilde{\boldsymbol{l}}_{I_1I_r}$，$(x_{I_r},\,y_{I_r},\,z_{I_r})$ 为第 r 个输入点 I_r 在以第一个输入点 I_1 为原点的连体坐标系中的位置坐标。

2. 机械臂各关节转角对应的坐标转换矩阵

根据多体系统本身需求而建立多个位姿不同的连体坐标系，通过方向余弦矩阵来描述各个坐标系之间的位姿转换关系，从而来表征其自身姿态变化。移动加工机器人系统的机械臂 6 个关节转角为 θ_1、θ_2、θ_3、θ_4、θ_5、θ_6 时，各关节固连的连体坐标系会发生相应的转动，按传递方向与各关节转角的转动方向，对应的状态矢量 $\boldsymbol{Z}_{17,16}$、$\boldsymbol{Z}_{19,18}$、$\boldsymbol{Z}_{21,20}$、$\boldsymbol{Z}_{23,22}$、$\boldsymbol{Z}_{25,24}$、$\boldsymbol{Z}_{27,26}$ 需先通过坐标变换后再进行传递：

$$
\boldsymbol{Z}_{17,16} = \boldsymbol{H}_Z(\theta_1)\boldsymbol{Z}'_{17,16}, \quad \boldsymbol{Z}_{19,18} = \boldsymbol{H}_Y(\theta_2)\boldsymbol{Z}'_{19,18} \tag{6.12}
$$

$$
\boldsymbol{Z}_{21,20} = \boldsymbol{H}_Y(\theta_3)\boldsymbol{Z}'_{21,20}, \quad \boldsymbol{Z}_{23,22} = \boldsymbol{H}_X(\theta_4)\boldsymbol{Z}'_{23,22} \tag{6.13}
$$

$$
\boldsymbol{Z}_{25,24} = \boldsymbol{H}_Y(\theta_5)\boldsymbol{Z}'_{25,24}, \quad \boldsymbol{Z}_{27,26} = \boldsymbol{H}_X(\theta_6)\boldsymbol{Z}'_{27,26} \tag{6.14}
$$

式中

$$
\boldsymbol{H}_X(\theta) = \begin{bmatrix} \boldsymbol{h}_X(\theta) & & & \boldsymbol{O} \\ & \boldsymbol{h}_X(\theta) & & \\ & & \boldsymbol{h}_X(\theta) & \\ \boldsymbol{O} & & & \boldsymbol{h}_X(\theta) \end{bmatrix}, \quad \boldsymbol{h}_X(\theta) = \begin{bmatrix} 1 & 0 & 0 \\ 0 & \cos\theta & \sin\theta \\ 0 & -\sin\theta & \cos\theta \end{bmatrix}
$$

$$(6.15)$$

$$
\boldsymbol{H}_Y(\theta) = \begin{bmatrix} \boldsymbol{h}_Y(\theta) & & & \boldsymbol{O} \\ & \boldsymbol{h}_Y(\theta) & & \\ & & \boldsymbol{h}_Y(\theta) & \\ \boldsymbol{O} & & & \boldsymbol{h}_Y(\theta) \end{bmatrix}, \quad \boldsymbol{h}_Y(\theta) = \begin{bmatrix} \cos\theta & 0 & -\sin\theta \\ 0 & 1 & 0 \\ \sin\theta & 0 & \cos\theta \end{bmatrix}
$$

$$(6.16)$$

$$
\boldsymbol{H}_Z(\theta) = \begin{bmatrix} \boldsymbol{h}_Z(\theta) & & & \boldsymbol{O} \\ & \boldsymbol{h}_Z(\theta) & & \\ & & \boldsymbol{h}_Z(\theta) & \\ \boldsymbol{O} & & & \boldsymbol{h}_Z(\theta) \end{bmatrix}, \quad \boldsymbol{h}_Z(\theta) = \begin{bmatrix} \cos\theta & \sin\theta & 0 \\ -\sin\theta & \cos\theta & 0 \\ 0 & 0 & 1 \end{bmatrix}
$$

$$(6.17)$$

移动加工机器人惯性坐标系 $oxyz$ 定义如下：以机械臂关节 1 的轴线与移动平台的交点为坐标原点，垂直于地面向上为 z 轴正方向，移动平台前进方向为 x 轴正方向，根据右手螺旋定则即可确定 y 轴正方向。

各状态矢量的定义方法如下。

(1) 状态矢量 $\boldsymbol{Z}'_{17,16}$ 定义在坐标系 $I_{17}X'Y'Z'$ 中，该坐标系以元件 17 的输入点为原点，其余各轴方向与惯性坐标系 $oxyz$ 坐标轴一致；状态矢量 $\boldsymbol{Z}_{17,16}$ 定义在连体坐标系 $I_{17}XYZ$ 中，该坐标系以元件 17 的输入点为原点，与坐标系 $I_{17}X'Y'Z'$ 之间仅相差机械臂关节 1 绕坐标系 $I_{17}X'Y'Z'$ 的 z 轴旋转的关节转角 θ_1。

(2) 状态矢量 $\boldsymbol{Z}'_{19,18}$ 定义在坐标系 $I_{19}X'Y'Z'$ 中，该坐标系以元件 19 的输入点为原点，其余各轴方向与连体坐标系 $I_{17}XYZ$ 坐标轴方向一致；状态矢量 $\boldsymbol{Z}_{19,18}$ 定义在连体坐标系 $I_{19}XYZ$ 中，该坐标系以元件 19 的输入点为原点，与坐标系 $I_{19}X'Y'Z'$ 之间仅相差机械臂关节 2 绕坐标系 $I_{19}X'Y'Z'$ 的 y 轴旋转的关节转角 θ_2。

(3) 状态矢量 $\boldsymbol{Z}'_{21,20}$ 定义在坐标系 $I_{21}X'Y'Z'$ 中，该坐标系以元件 21 的输入点为原点，其余各轴方向与连体坐标系 $I_{19}XYZ$ 坐标轴方向一致；状态矢量 $\boldsymbol{Z}_{21,20}$ 定义在连体坐标系 $I_{21}XYZ$ 中，该坐标系以元件 21 的输入点为原点，与坐标系 $I_{21}X'Y'Z'$ 之间仅相差机械臂关节 3 绕坐标系 $I_{21}X'Y'Z'$ 的 y 轴旋转的关节转角 θ_3。

(4) 状态矢量 $\boldsymbol{Z}'_{23,22}$ 定义在坐标系 $I_{23}X'Y'Z'$ 中，该坐标系以元件 23 的输入点为原点，其余各轴方向与连体坐标系 $I_{21}XYZ$ 坐标轴方向一致；状态矢量 $\boldsymbol{Z}_{23,22}$ 定义在连体坐标系 $I_{23}XYZ$ 中，该坐标系以元件 23 的输入点为原点，与坐标系 $I_{23}X'Y'Z'$ 之间仅相差机械臂关节 4 绕坐标系 $I_{23}X'Y'Z'$ 的 x 轴旋转的关节转角 θ_4。

(5) 状态矢量 $\boldsymbol{Z}'_{25,24}$ 定义在坐标系 $I_{25}X'Y'Z'$ 中，该坐标系以元件 25 的输入点为原点，其余各轴方向与连体坐标系 $I_{23}XYZ$ 坐标轴方向一致；状态矢量 $\boldsymbol{Z}_{25,24}$ 定义在连体坐标系 $I_{25}XYZ$ 中，该坐标系以元件 25 的输入点为原点，与坐标系 $I_{25}X'Y'Z'$ 之间仅相差机械臂关节 5 绕坐标系 $I_{25}X'Y'Z'$ 的 y 轴旋转的关节转角 θ_5。

(6) 状态矢量 $\boldsymbol{Z}'_{27,26}$ 定义在坐标系 $I_{27}X'Y'Z'$ 中，该坐标系以元件 27 的输入点为原点，其余各轴方向与连体坐标系 $I_{25}XYZ$ 坐标轴方向一致；状态矢量 $\boldsymbol{Z}_{27,26}$ 定义在连体坐标系 $I_{27}XYZ$ 中，该坐标系以元件 27 的输入点为原点，与坐标系 $I_{27}X'Y'Z'$ 之间仅相差机械臂关节 6 绕坐标系 $I_{27}X'Y'Z'$ 的 x 轴旋转的关节转角 θ_6。

3. 机器人加工系统总传递矩阵与总传递方程

1) 移动加工机器人系统主传递方程

移动加工机器人为树状系统，因此拼接从系统的每一个树梢节点沿着传递方向至根节点路径上所有元件的传递方程，即从 $\boldsymbol{Z}_{r,0}(r=1,~4,~7,~10)$ 到 $\boldsymbol{Z}_{27,0}$ 各元件传递矩阵的顺序连乘积，可得到系统的主传递方程为

$$-\boldsymbol{Z}_{27,0}+\boldsymbol{T}_{1-27}\boldsymbol{Z}_{1,0}+\boldsymbol{T}_{4-27}\boldsymbol{Z}_{4,0}+\boldsymbol{T}_{7-27}\boldsymbol{Z}_{7,0}+\boldsymbol{T}_{10-27}\boldsymbol{Z}_{10,0}=\boldsymbol{0} \tag{6.18}$$

式中

$$\begin{aligned}
\boldsymbol{T}_{1-27}={}&\boldsymbol{U}_{27}\boldsymbol{H}_X(\theta_6)\boldsymbol{U}_{26}\boldsymbol{U}_{25}\boldsymbol{H}_Y(\theta_5)\boldsymbol{U}_{24}\boldsymbol{U}_{23}\boldsymbol{H}_X(\theta_4)\boldsymbol{U}_{22}\boldsymbol{U}_{21}\boldsymbol{H}_Y(\theta_3)\boldsymbol{U}_{20}\boldsymbol{U}_{19}\\
&\cdot\boldsymbol{H}_Y(\theta_2)\boldsymbol{U}_{18}\boldsymbol{U}_{17}\boldsymbol{H}_Z(\theta_1)\boldsymbol{U}_{16}\boldsymbol{U}_{15}\boldsymbol{U}_{14}\boldsymbol{U}_{13,3}\boldsymbol{U}_3\boldsymbol{U}_2\boldsymbol{U}_1
\end{aligned} \tag{6.19}$$

$$\begin{aligned}
\boldsymbol{T}_{4-27}={}&\boldsymbol{U}_{27}\boldsymbol{H}_X(\theta_6)\boldsymbol{U}_{26}\boldsymbol{U}_{25}\boldsymbol{H}_Y(\theta_5)\boldsymbol{U}_{24}\boldsymbol{U}_{23}\boldsymbol{H}_X(\theta_4)\boldsymbol{U}_{22}\boldsymbol{U}_{21}\boldsymbol{H}_Y(\theta_3)\boldsymbol{U}_{20}\boldsymbol{U}_{19}\\
&\cdot\boldsymbol{H}_Y(\theta_2)\boldsymbol{U}_{18}\boldsymbol{U}_{17}\boldsymbol{H}_Z(\theta_1)\boldsymbol{U}_{16}\boldsymbol{U}_{15}\boldsymbol{U}_{14}\boldsymbol{U}_{13,6}\boldsymbol{U}_6\boldsymbol{U}_5\boldsymbol{U}_4
\end{aligned} \tag{6.20}$$

$$\begin{aligned}
\boldsymbol{T}_{7-27}={}&\boldsymbol{U}_{27}\boldsymbol{H}_X(\theta_6)\boldsymbol{U}_{26}\boldsymbol{U}_{25}\boldsymbol{H}_Y(\theta_5)\boldsymbol{U}_{24}\boldsymbol{U}_{23}\boldsymbol{H}_X(\theta_4)\boldsymbol{U}_{22}\boldsymbol{U}_{21}\boldsymbol{H}_Y(\theta_3)\boldsymbol{U}_{20}\boldsymbol{U}_{19}\\
&\cdot\boldsymbol{H}_Y(\theta_2)\boldsymbol{U}_{18}\boldsymbol{U}_{17}\boldsymbol{H}_Z(\theta_1)\boldsymbol{U}_{16}\boldsymbol{U}_{15}\boldsymbol{U}_{14}\boldsymbol{U}_{13,9}\boldsymbol{U}_9\boldsymbol{U}_8\boldsymbol{U}_7
\end{aligned} \tag{6.21}$$

$$\begin{aligned}
\boldsymbol{T}_{10-27} =& \boldsymbol{U}_{27} \boldsymbol{H}_X\left(\theta_6\right) \boldsymbol{U}_{26} \boldsymbol{U}_{25} \boldsymbol{H}_Y\left(\theta_5\right) \boldsymbol{U}_{24} \boldsymbol{U}_{23} \boldsymbol{H}_X\left(\theta_4\right) \boldsymbol{U}_{22} \boldsymbol{U}_{21} \boldsymbol{H}_Y\left(\theta_3\right) \boldsymbol{U}_{20} \boldsymbol{U}_{19} \\
& \cdot \boldsymbol{H}_Y\left(\theta_2\right) \boldsymbol{U}_{18} \boldsymbol{U}_{17} \boldsymbol{H}_Z\left(\theta_1\right) \boldsymbol{U}_{16} \boldsymbol{U}_{15} \boldsymbol{U}_{14} \boldsymbol{U}_{13,12} \boldsymbol{U}_{12} \boldsymbol{U}_{11} \boldsymbol{U}_{10}
\end{aligned}$$

$$(6.22)$$

$\boldsymbol{U}_r$ 为各元件的传递矩阵, 如式 (6.4)、式 (6.6)、式 (6.8) 和式 (6.9) 所示; $\boldsymbol{H}_Z(\theta_1)$、$\boldsymbol{H}_Y(\theta_2)$、$\boldsymbol{H}_Y(\theta_3)$、$\boldsymbol{H}_X(\theta_4)$、$\boldsymbol{H}_Y(\theta_5)$、$\boldsymbol{H}_X(\theta_6)$ 为移动加工机器人机械臂 6 个关节转角值 θ_1、θ_2、θ_3、θ_4、θ_5、θ_6 对应的坐标变换矩阵, 如式 (6.15)~ 式 (6.17) 所示。

2) 移动加工机器人系统几何方程

根据多体系统传递矩阵法中总传递方程自动推导定理, 用系统边界点的状态矢量来描述多端输入单端输出元件的几何方程, 且几何方程的数量为系统树梢数量减 1。由图 6.2 可得, 移动加工机器人系统树梢个数为 4, 因此其几何方程组数即为 3, 可推导移动加工机器人系统的几何方程为

$$\boldsymbol{G}_{1-13} \boldsymbol{Z}_{1,0} + \boldsymbol{G}_{4-13} \boldsymbol{Z}_{4,0} = \boldsymbol{0} \tag{6.23}$$

$$\boldsymbol{G}_{1-13} \boldsymbol{Z}_{1,0} + \boldsymbol{G}_{7-13} \boldsymbol{Z}_{7,0} = \boldsymbol{0} \tag{6.24}$$

$$\boldsymbol{G}_{1-13} \boldsymbol{Z}_{1,0} + \boldsymbol{G}_{10-13} \boldsymbol{Z}_{10,0} = \boldsymbol{0} \tag{6.25}$$

式中

$$\begin{cases} \boldsymbol{G}_{1-13} = -\boldsymbol{H}_{13,3} \boldsymbol{U}_3 \boldsymbol{U}_2 \boldsymbol{U}_1, & \boldsymbol{G}_{4-13} = \boldsymbol{H}_{13,6} \boldsymbol{U}_6 \boldsymbol{U}_5 \boldsymbol{U}_4 \\ \boldsymbol{G}_{7-13} = \boldsymbol{H}_{13,9} \boldsymbol{U}_9 \boldsymbol{U}_8 \boldsymbol{U}_7, & \boldsymbol{G}_{10-13} = \boldsymbol{H}_{13,12} \boldsymbol{U}_{12} \boldsymbol{U}_{11} \boldsymbol{U}_{10} \end{cases} \tag{6.26}$$

$\boldsymbol{H}_{13,r}(r = 3,\ 6,\ 9,\ 12)$ 如式 (6.10)、式 (6.11) 所示。

3) 移动加工机器人系统总传递方程

综合系统主传递方程式 (6.18) 和系统几何方程式 (6.23)~ 式 (6.25), 移动加工机器人系统总传递方程可列写为

$$\boldsymbol{U}_{\text{all}}\, \boldsymbol{Z}_{\text{all}} = \boldsymbol{0} \tag{6.27}$$

式中, $\boldsymbol{Z}_{\text{all}}$ 为边界点状态矢量

$$\boldsymbol{Z}_{\text{all}} = \begin{bmatrix} \boldsymbol{Z}_{27,0}^{\mathrm{T}} & \boldsymbol{Z}_{1,0}^{\mathrm{T}} & \boldsymbol{Z}_{4,0}^{\mathrm{T}} & \boldsymbol{Z}_{7,0}^{\mathrm{T}} & \boldsymbol{Z}_{10,0}^{\mathrm{T}} \end{bmatrix}^{\mathrm{T}} \tag{6.28}$$

$\boldsymbol{U}_{\text{all}}$ 为系统总传递矩阵

$$\boldsymbol{U}_{\text{all}} = \begin{bmatrix} -\boldsymbol{I}_{12} & \boldsymbol{T}_{1-27} & \boldsymbol{T}_{4-27} & \boldsymbol{T}_{7-27} & \boldsymbol{T}_{10-27} \\ \boldsymbol{O} & \boldsymbol{G}_{1-13} & \boldsymbol{G}_{4-13} & \boldsymbol{O} & \boldsymbol{O} \\ \boldsymbol{O} & \boldsymbol{G}_{1-13} & \boldsymbol{O} & \boldsymbol{G}_{7-13} & \boldsymbol{O} \\ \boldsymbol{O} & \boldsymbol{G}_{1-13} & \boldsymbol{O} & \boldsymbol{O} & \boldsymbol{G}_{10-13} \end{bmatrix} \tag{6.29}$$

$\boldsymbol{T}_{r-27}$、$\boldsymbol{G}_{r-13}(r = 1, 4, 7, 10)$ 分别如式 (6.19)~ 式 (6.22) 及式 (6.26) 所示。

4. 机器人系统特征方程

由式 (6.28) 可见，$\boldsymbol{Z}_{\text{all}}$ 是由末端执行器自由端以及四个支腿与地面接触点的状态矢量组成的 60×1 列向量。四个支腿与地面接触点，即元件 1、4、7、10 为固支点，故其线位移和角位移均为 0，而所受力与力矩未知。末端执行器，即元件 27 为自由端，故其所受力与力矩为 0，线位移与角位移未知。从而可确定系统的边界条件为

$$
\begin{cases}
\boldsymbol{Z}_{i,0} = [\, 0 \quad 0 \quad 0 \quad 0 \quad 0 \quad 0 \quad M_x \quad M_y \quad M_z \quad Q_x \quad Q_y \quad Q_z \,]^{\mathrm{T}}_{i,0}, i = 1,\, 4,\, 7,\, 10 \\
\boldsymbol{Z}_{27,0} = [\, X \quad Y \quad Z \quad \Theta_x \quad \Theta_y \quad \Theta_z \quad 0 \quad 0 \quad 0 \quad 0 \quad 0 \quad 0 \,]^{\mathrm{T}}_{27,0}
\end{cases}
\tag{6.30}
$$

将式 (6.30) 代入式 (6.27)，并去掉 $\boldsymbol{Z}_{\text{all}}$ 中所有零元素，可以得到一个简化的状态矢量 $\overline{\boldsymbol{Z}}_{\text{all}}$。删除 $\boldsymbol{U}_{\text{all}}$ 中与 $\boldsymbol{Z}_{\text{all}}$ 中零元素所在行对应的列，即删除 $\boldsymbol{U}_{\text{all}}$ 中的第 7~12 列、第 13~18 列、第 25~30 列、第 37~42 列以及第 49~54 列，可获得一个简化的矩阵 $\overline{\boldsymbol{U}}_{\text{all}}$。这样可得到一个关于所有边界点未知状态变量的齐次线性方程：

$$
\overline{\boldsymbol{U}}_{\text{all}} \overline{\boldsymbol{Z}}_{\text{all}} = \boldsymbol{0}
\tag{6.31}
$$

式中，$\overline{\boldsymbol{Z}}_{\text{all}}$ 为 $\boldsymbol{Z}_{\text{all}}$ 中未知元素组成的 30×1 列阵；$\overline{\boldsymbol{U}}_{\text{all}}$ 为与未知元素对应的 30×30 方阵，称为移动机器人系统的特征矩阵。

从以上推导过程可以看出，矩阵 $\boldsymbol{U}_{\text{all}}$ 和 $\overline{\boldsymbol{U}}_{\text{all}}$ 中的元素仅由移动机器人系统的结构参数和系统固有频率决定。对于一个真实的移动工业机器人系统的自由振动，式 (6.31) 应该有非零解，因此矩阵 $\overline{\boldsymbol{U}}_{\text{all}}$ 的行列式为零，即

$$
f(\omega) = \det\left(\overline{\boldsymbol{U}}_{\text{all}} \right) = 0
\tag{6.32}
$$

式中，$\det(\cdot)$ 表示求解矩阵的行列式函数。

式 (6.32) 为以系统固有频率 ω 为自变量的代数方程，称为系统特征方程。通过采用二分法、递归搜索法等多种方法求解该方程，即可获得移动机器人系统的固有频率 ω_k $(k = 1, 2, \cdots, n)$。将固有频率 ω_k 代入式 (6.31)，求解关于 $\overline{\boldsymbol{Z}}_{\text{all}}$ 的齐次线性方程组，即可得到对应于各阶固有频率 ω_k 的边界点状态矢量 $\boldsymbol{Z}_{\text{all}}$，然后沿着传递方向从系统输入边界点向输出边界点依次递推可获得任意连接点的状态矢量，从中取出各体元件的模态位移即可得到系统振型，即振动模态向量。至此，得到了移动工业机器人系统的振动模态，即固有频率 (也称模态频率) 和固有振型 (也称模态向量)。

6.3.2 机器人动力学响应

1. 机器人系统体动力学方程

利用多体系统传递矩阵法求解系统动力学响应无须系统总体动力学方程，而是使用系统体动力学方程。系统体动力学方程仅是系统各体元件体动力学方程的简单拼接。移动加工机器人中任一体元件 i 的体动力学方程为

$$M_i v_{i,tt} + C_i v_{i,t} + K_i v_i = f_i, \quad i = 2, 5, 8, 11, 13, 15, 17, 19, 21, 23, 25, 27 \quad (6.33)$$

式中，i 为体元件编号；M_i、C_i、K_i 分别为体元件 i 的质量参数矩阵、阻尼参数矩阵、刚度参数矩阵；f_i 为体元件 i 所受外力及外力矩组成的列阵；v_i 为各体元件 i 的线位移和角位移组成的列阵；下标 t 表示对时间求导。

拼接各体元件的体动力学方程，可得到移动加工机器人系统的体动力学方程为

$$M v_{tt} + C v_t + K v = f \quad (6.34)$$

式中，$M = \mathrm{diag}\,(M_1, M_2, \cdots, M_n)$ 为质量增广算子；$C = \mathrm{diag}\,(C_1, C_2, \cdots, C_n)$ 为阻尼增广算子；$K = \mathrm{diag}\,(K_1, K_2, \cdots, K_n)$ 为刚度增广算子，n 为体元件个数；$v = [\ v_1^\mathrm{T} \quad v_2^\mathrm{T} \quad \cdots \quad v_n^\mathrm{T}\ ]^\mathrm{T}$ 为系统位移列阵；$f = [\ f_1^\mathrm{T} \quad f_2^\mathrm{T} \quad \cdots \quad f_n^\mathrm{T}\ ]^\mathrm{T}$ 为系统所受外力列阵。

根据多体系统传递矩阵法，移动工业机器人系统的增广特征矢量为

$$V^k = \left[\ (V_{3i-1}^k)^\mathrm{T} \quad (V_{2j+11}^k)^\mathrm{T}\ \right]^\mathrm{T}, \quad i = 1, \cdots, 4; j = 1, \cdots, 8 \quad (6.35)$$

式中，上标 k 表示模态阶次。增广特征矢量 V^k 的元素由系统第 k 阶固有频率 ω_k 对应的所有体元件输入点模态坐标下的线位移和角位移构成。

可以证明移动机器人系统的增广特征矢量满足以下正交性原理：

$$\begin{cases} < MV^k, V^p > = \delta_{k,p} < MV^k, V^k > \\ < KV^k, V^p > = \delta_{k,p}\omega_k^2 < MV^k, V^k > \end{cases} \quad (6.36)$$

式中，$< >$ 表示向量的内积，且

$$\delta_{k,p} = \begin{cases} 0, & k \neq p \\ 1, & k = p \end{cases} \quad (6.37)$$

2. 机器人动力学方程

应用模态叠加法，移动工业机器人系统动力学响应可由增广特征矢量 V^k 展开为

$$v = \sum_{k=1}^{N} V^k q^k(t) \quad (6.38)$$

式中，N 是模态阶数；$q^k(t)$ 为系统的第 k 阶广义坐标；上标 k 表示模态阶次。

将式 (6.38) 代入式 (6.34)，得

$$\sum_{k=1}^{N} \boldsymbol{MV}^k \ddot{q}^k(t) + \sum_{k=1}^{N} \boldsymbol{CV}^k \dot{q}^k(t) + \sum_{k=1}^{N} \boldsymbol{KV}^k q^k(t) = \boldsymbol{f} \tag{6.39}$$

式 (6.39) 两边分别与增广特征矢量 $\boldsymbol{V}^k$ 求内积，且利用增广特征矢量的正交性，可得

$$M^k \ddot{q}^k(t) + < \sum_{k=1}^{N} \left(\boldsymbol{CV}^k \right) \dot{q}^k(t), \boldsymbol{V}^k > + K^k q^k(t) = < \boldsymbol{f}, \boldsymbol{V}^k > \tag{6.40}$$

式中，$M^k = < \boldsymbol{MV}^k, \boldsymbol{V}^k >$ 称为系统第 k 阶模态质量；$K^k = < \boldsymbol{KV}^k, \boldsymbol{V}^k >= \omega_k^2 M^k$ 称为系统第 k 阶模态刚度。

因为系统阻尼通常很小，所以工程上常将它假设为比例阻尼，即

$$\boldsymbol{C} = \alpha \boldsymbol{M} + \beta \boldsymbol{K} \tag{6.41}$$

式中，α 与 β 为常数，一般通过模态试验中得到的系统各阶振型阻尼比 ξ_k 来确定。振型阻尼比 ξ_k 为阻尼系数和临界阻尼系数的比值，用来衡量多体系统阻尼的强弱，将其表达式 $\xi_k = c^k/(2\omega_k M^k)$ 以及 $\omega_k^2 = K^k/M^k$ 代入式 (6.41) 中，则得到

$$\xi_k = \frac{\alpha + \beta \omega_k^2}{2\omega_k} \tag{6.42}$$

任意选取两阶固有频率 ω_i 与 ω_j 以及阻尼比 ξ_i 与 ξ_j，分别代入式 (6.42) 中，即可得到与 α 和 β 相关的线性代数方程：

$$\frac{1}{2} \begin{bmatrix} 1/\omega_i & \omega_i \\ 1/\omega_j & \omega_i \end{bmatrix} \begin{bmatrix} \alpha \\ \beta \end{bmatrix} = \begin{bmatrix} \xi_i \\ \xi_j \end{bmatrix} \tag{6.43}$$

求解式 (6.43) 得到 α 与 β 的值，即可确定 Rayleigh 比例阻尼。

但由式 (6.43) 求解得到的 Rayleigh 比例阻尼系数仅参考了任意选取参与求解的两阶模态参数，因此其他各阶模态的阻尼比均与真实值之间存在一定的偏差。通常来说，在参与求解的两阶模态参数中间阶数的阻尼比与真实阻尼比相比偏小，而在参与求解的两阶模态参数之外阶数的阻尼比与真实阻尼比相比偏大 [106,107]。所以若直接采用该比例阻尼系数，则会相应地高估或低估多体系统的动力学响应。因此本节基于最小二乘法将所获得所有阶数的模态参数均参与求解，即

$$\alpha = \frac{2\left(\sum\limits_{k=1}^{n}(\xi_k/\omega_k)\sum\limits_{k=1}^{n}\omega_k^2 - n\sum\limits_{k=1}^{n}\omega_k\xi_k\right)}{\sum\limits_{k=1}^{n}(1/\omega_k^2)\sum\limits_{k=1}^{n}\omega_k^2 - n^2} \tag{6.44}$$

$$\beta = \frac{2\left(\sum\limits_{k=1}^{n}(1/\omega_k^2)\sum\limits_{k=1}^{n}\omega_k\xi_k - n\sum\limits_{k=1}^{n}(\xi_k/\omega_k)\right)}{\sum\limits_{k=1}^{n}(1/\omega_k^2)\sum\limits_{k=1}^{n}\omega_k^2 - n^2} \tag{6.55}$$

式中，n 为所获得的最大模态阶数，该方法以最小化系统各阶模态的实际阻尼与所求得的理论阻尼之间绝对误差为目标，能更为真实地反映多体系统实际的阻尼特性。

将式 (6.41) 代入式 (6.40) 中，即可得到解耦的机器人动力学广义坐标微分方程：

$$\ddot{q}^k(t) + 2\zeta_k\omega_k\dot{q}^k(t) + \omega_k^2 q^k(t) = \frac{\langle \boldsymbol{f}, \boldsymbol{V}^k \rangle}{M^k}, \quad k = 1, 2, \cdots, N \tag{6.46}$$

应用四阶龙格库塔数值积分方法求解式 (6.46) 中的 $q^k(t)$、$\dot{q}^k(t)$，再代入式 (6.38) 进行模态叠加，从而计算得到移动加工机器人系统任意点的振动响应。因此，将作用于末端执行器的加工力 $\boldsymbol{f}$ 当作系统输入，即可构建出在加工力作用下移动加工机器人任意姿态下的振动响应。

6.4 关节刚度参数辨识

6.4.1 模态试验分析

1. 模态试验设备

根据被测对象的结构特点以及试验现场情况，本节采用单点激励多点拾振的测力法对 KUKA KR500 型机器人进行锤击模态试验。由于机器人上某些位置不适合敲击激励，但可以安装传感器进行响应测量，所以，在试验过程中采用固定力锤敲击位置、移动传感器拾取振动响应的方式进行。试验设备有下面几种。

(1) 激振装置。根据试验模态分析的对象和场景的不同，通常可以采用力锤或者激振器作为模态试验的激励装置。激振器激励产生的能量比较强，但是安装操作不方便，且附加的质量会对试验结果造成影响；力锤敲击操作简单方便，敲击过程中仅对系统施加外界力而不会带来附加质量，不会由于质量的改变而对试验对象的模态特性造成影响，得到的数据和分析的结果更加真实可靠，因此本节选择力锤敲击法对机器人进行激励。试验中采用的是 CL-YD-305 型脉冲力锤，灵敏度值为 0.41 mV/N，量程设定为 0~200 N，过载能力为 120%。力锤的组成元件有压电式力传感器、锤头以及配重块。通过附加配重块可以改变力锤的质量得到不同能量的敲击力，实现对机器人各部分结构的充分激励。不同材质的锤头通过改变力锤与试验结构的接触时间来获得不同的力谱，钢锤头更易激起高频模态，橡胶锤头更易激起低频模态。本试验中采用橡胶锤头，敲击效果较好。

(2) 拾振装置。受到力锤敲击产生的响应信号通过传感器进行采集。对于汽车、机床、机器人等小型机械结构，通常采用三向加速度传感器采集加速度信号并配合数据处理软件进行数据分析。加速度传感器由于可以适应的频率范围较宽，配合磁力吸附装置和黏性蜡等辅助装置可以快速安装在测试对象表面，已成为现在动力学试验中最常使用的传感器。本节所采用的三向加速度传感器型号为 1A314E，加速度传感器 X、Y、Z 方向的灵敏度值分别为 10.36 mV/m/s^2、11.10 mV/m/s^2、10.31 mV/m/s^2，量程为 100 m/s^2。

(3) 数据采集装置。本节使用 DH5922D 型数据采集仪，可以根据需求配备不同数量的采集通道，设置采样频率为 1.28 kHz，分析点数为 2048。该装置具有 12 个振动数据通道，可通过安装板卡扩展至 64 通道，每个通道的采样频率可达 256 kHz，支持长时间实时、无间断地记录多通道信号，并且可以实现所有通道并行同步测试和分析。该数据采集系统抗干扰能力较强，稳定性良好，测试精度高。

(4) 模态分析软件。试验中信号采集及分析均采用 DHDAS 模态分析软件系统完成。该软件实时性较强，可对信号实时采集、存储、显示和分析处理，并且可以一次性处理多次测量所得数据，操作便捷。同时，该系列软件兼具数据采集、基本分析以及试验模态分析等多种工程分析与应用功能，各个模块可相互结合、共享数据，使应用更加简便可靠。

2. 试验模态测试流程

完成机器人几何模型的建立以及测点的布置后，以多通道数据采集仪为中心，采用星形连接方法与装有模态测试分析软件的计算机、三向加速度传感器以及力锤通过专用数据线进行连接，并用磁力座将加速度传感器吸附在机器人的测点处，在贴附时传感器的方向应与直角坐标系 x、y、z 方向保持对应关系。每次移动传感器的位置后都需要进行平衡清零操作。在使用力锤进行敲击前，设置力信号的储存方式为"触发"，触发方式为"信号触发"，触发量级为 10%，即当系统测得力锤敲击的力信号大于所设量程的 10% 时，频响分析模块达到触发条件，从而获取数据。在正式采集测点信号前，先试敲测点观察每个通道的信号是否过载，如发生过载现象则调整相应通道的量程。

在试验过程中首先使用力锤在机器人激励点处进行敲击，使机器人产生振动；

然后通过安装在机器人上的加速度传感器测量振动响应，并通过数据采集仪采集机器人各个测点的加速度振动信号；最后采用模态分析软件分析多组测量得到的试验数据，拟合机器人系统的频响函数曲线，从而辨识出机器人的固有频率、振型等模态参数。

应当注意，在敲击过程中应保持每次敲击的位置和方向不变，尽量保证敲击方向垂直于敲击面。每测试完一批测点，观察所采集的数据是否正常，频谱曲线是否趋于稳定和清晰，以确保测量数据的真实可靠。如果测点的数据存在问题，则停止采样，重新对这些测点测量，直到达到要求。

3. 模态测试结果与分析

由于工业机器人共振发生的频率以低频为主，选取机器人的前 10 阶模态进行试验分析，关注的频率范围为 0~200 Hz。在试验时，对机器人上每个测点进行 5 次敲击，将 5 次结果进行平均处理得到该测点的频响曲线。

本节采用常用的多参考点复频域最小二乘法，即 PolyLSCF 识别方法，对试验测得的加速度频响函数进行模态参数识别。分析频段选择前 200 Hz，在机器人处于工况 1(0°, 40°, 0°, 0°, 0°, 0°) 的情况下，通过分析得到如图 6.6 所示的机器人模态稳态图。图中有两个纵坐标轴，左边表示频响函数幅值，右边表示用于拟合模态参数的数学模型的阶次，横轴表示频率。稳态图中的符号 "s" 代表在横坐标所对应的频率下，系统的阻尼和振型全部保持稳定状态；符号 "v" 代表横坐标模态频率和模态参与因子稳定。根据稳态图进行模态阶数选择的常规做法是把纵

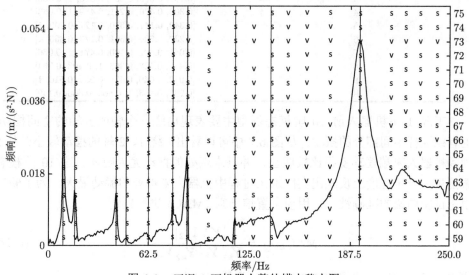

图 6.6 工况 1 下机器人整体模态稳态图

向 "s" 比较多的一列对应的频率看成某一阶模态。同时，结合所有测点的频响函数之和 (SUM) 或模态指示函数 (MIF) 进行对比确认。所有测点的频响函数之和能显示出所有阶数的模态峰值，可有效防止模态的遗漏，更利于全面地认识结构的模态。图中曲线为测试得到的频响函数。

根据前 200 Hz 稳态计算结果得到工况 1 下机器人的前 10 阶固有频率及阻尼比，结果如表 6.1 所示。依次确定加工机器人的前 10 阶模态振型的最大值，并采用最大值归一化处理得到机器人的振型向量如表 6.2 所示，前 10 阶模态振型如图 6.7 所示。

表 6.1　工况 1 下机器人前 10 阶模态试验结果

模态阶次	频率/Hz	阻尼比/(100%)
1	8.53	2.463
2	17.76	2.025
3	42.84	1.551
4	48.61	1.781
5	62.04	2.452
6	77.96	2.063
7	86.10	1.213
8	116.68	2.517
9	140.97	4.317
10	194.89	2.419

表 6.2　工况 1 下机器人前 10 阶模态振型向量

模态阶次	振型向量
1	[0.030, 0.143, 0.549, 0.787, 1, 0.915]
2	[0.086, 0.115, 0.776, 0.452, 1, 0.897]
3	[0.131, 0.059, 0.063, 0.810, 1, 0.800]
4	[0.302, 0.476, 0.241, 0.489, 1, 0.063]
5	[0.340, 0.147, 0.370, 0.121, 0.399, 1]
6	[0.237, 0.706, 0.501, 0.173, 0.360, 1]
7	[0.041, 0.302, 0.100, 0.471, 1, 0.066]
8	[0.462, 0.123, 0.363, 1, 0.203, 0.364]
9	[0.052, 0.049, 0.478, 0.955, 0.510, 1]
10	[0.231, 0.163, 1, 0.865, 0.666, 0.149]

工况 1 下机器人前 10 阶模态振型主要表现出绕一个轴或多轴的空间摆动，也有绕连杆中间部分的摆动。从图 6.7 中可以看出，绕 1、2 轴的摆动较小，从 2 轴到机器人末端摆动变得比较明显，并且末端处的摆动尤为明显。这 10 阶模态振型也在一定程度上反映出实际加工过程中机器人末端处的振动最大。为了验证模态试验结果的准确性，采用模态置信准则 (MAC) 进行判定：

$$\mathrm{MAC}_{k1k2} = \frac{\left|\boldsymbol{Y}_{k1}^{\mathrm{T}} \boldsymbol{Y}_{k2}\right|^2}{\boldsymbol{Y}_{k1}^{\mathrm{T}} \boldsymbol{Y}_{k1} \boldsymbol{Y}_{k2}^{\mathrm{T}} \boldsymbol{Y}_{k2}} \tag{6.47}$$

式中，$\boldsymbol{Y}_{k1}$、$\boldsymbol{Y}_{k2}$ 为振型向量；k_1、k_2 为模态阶次。

1 阶: 绕1轴摆动 2 阶: 绕1、4轴摆动 3 阶: 绕3轴摆动 4 阶: 绕3、6轴摆动 5 阶: 绕连杆4、
6中部摆动

6 阶: 绕1、3、   7 阶: 绕1、6轴及 8 阶: 绕3、5轴摆动 9 阶: 绕3轴及   10 阶: 绕2、6轴及连杆
5轴摆动   连杆4中部摆动   连杆4中部摆动   6中部和尾部摆动

图 6.7   工况 1 下机器人前 10 阶模态振型图

MAC 值可以用来检查模态振型向量之间是否具有相关性。理论上，同一阶模态振型之间的 MAC 值应该为 1，表示一致性；不同阶模态振型之间的 MAC 值应该为 0，表示相互独立。但是由于试验结构具有非线性，除此之外，在进行数据测量时存在噪声的干扰等，这些都会对 MAC 值造成一定的影响。因此，试验分析得到的 MAC 值与理论值之间会存在一定的误差。试验得到的 MAC 结果如图 6.8 所示。

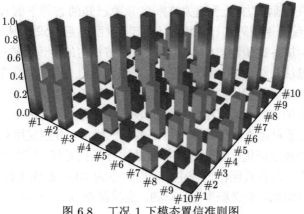

图 6.8   工况 1 下模态置信准则图

从图 6.8 中可以看出，本节中采用单点激励多点拾振法得到的机器人振型向量对角线上的 MAC 值全部是 1，非对角线上的 MAC 值仅在第一阶到第三阶之间存在较大波动，且最大值仅为 0.38。根据前面内容分析，该误差在允许的波动区间内，故可以证明模态试验分析得到 10 阶振型向量之间彼此独立不影响。

6.4.2　机器人关节刚度辨识

1. 关节刚度辨识方法

本节在已知机器人加工系统实测模态参数的情况下，提出一种融合多体系统传递矩阵法和遗传粒子群优化算法的机器人关节刚度识别方法，流程如图 6.9 所示。基本思想是在根据模态试验测量到的机器人系统固有频率和振型与采用多体系统传递矩阵法计算得到的机器人系统固有频率和振型之间进行参数拟合操作。也就是说，从机器人系统的多体动力学模型中获得的模态参数应与试验测量得到的模态参数一致。该方法将参数的识别问题转化为优化问题，以计算得到的系统固有频率和振型与试验测得的系统固有频率和振型之间的差最小来构建目标函数，通过遗传粒子群优化算法的迭代搜索确定最小目标函数值，此时对应的各参数变量的值即为机器人关节刚度的辨识结果。

最小误差目标函数定义为

$$F = \sum_{k=1}^{l} \left(\frac{\bar{\omega}_k - \omega_k}{\bar{\omega}_k} \right)^2 + \sum_{k=1}^{l} \sum_{r=1}^{m} \left(\bar{Y}_{kr} - Y_{kr} \right)^2 \tag{6.48}$$

式中，ω_k、Y_{kr} 分别为通过多体系统传递矩阵法计算得到的固有频率和振型；$\bar{\omega}_k$、$\bar{Y}_{kr}$ 分别为通过模态试验测量得到的固有频率和振型；r 为振型向量中的元素个数。

2. 数值仿真

本节首先在机器人加工系统关节刚度参数已知的条件下假设一组关节刚度值，应用多体系统传递矩阵法计算机器人振动特性。然后把求解得到的系统固有频率和振型当作由模态试验测得的参数，利用本节提出的多体系统传递矩阵法和遗传粒子群优化算法相结合的参数辨识方法来识别机器人系统的关节刚度，最后将识别出的关节刚度值与假设的关节刚度值进行对比验证参数辨识方法的可行性。

假设机器人的 36 个关节刚度参数如表 6.3 所示，选取机器人的 HOME 姿态进行仿真。为了对比不同优化算法计算效果的优劣，分别使用粒子群优化算法、遗传算法和遗传粒子群优化算法对目标函数进行迭代寻优，识别机器人系统的 36 个关节刚度参数。在参数优化过程中，种群大小为 100，迭代次数为 200，学习因子 $c_1 = c_2 = 1.49445$，交叉概率 $p_c = 0.9$，变异概率 $p_m = 0.05$，终止条件采用最大迭代次数法。

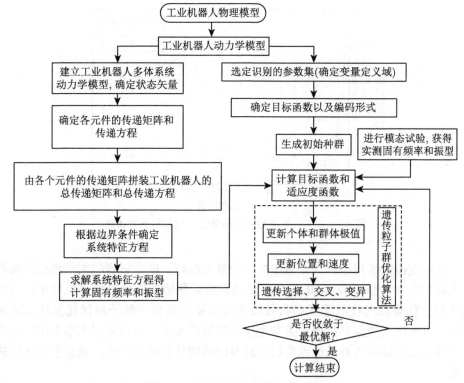

图 6.9 关节刚度参数辨识流程图

表 6.3 机器人关节刚度参数给定值

关节序号	刚度					
	$K_x/(\text{N/m})$	$K_y/(\text{N/m})$	$K_z/(\text{N/m})$	$K'_x/(\text{N·m/rad})$	$K'_y/(\text{N·m/rad})$	$K'_z/(\text{N·m/rad})$
1	9.3×10^{10}	1.0×10^{10}	5.4×10^{10}	6.3×10^{7}	3.1×10^{7}	2.1×10^{7}
2	6.9×10^{10}	8.6×10^{10}	6.6×10^{10}	7.0×10^{7}	2.0×10^{7}	3.3×10^{7}
3	1.4×10^{10}	7.9×10^{10}	5.6×10^{10}	6.0×10^{6}	2.3×10^{6}	4.2×10^{6}
4	1.8×10^{10}	3.2×10^{10}	2.5×10^{10}	3.7×10^{6}	6.1×10^{6}	8.4×10^{6}
5	3.5×10^{10}	1.1×10^{10}	2.9×10^{10}	3.5×10^{6}	2.1×10^{6}	5.8×10^{6}
6	2.0×10^{10}	3.4×10^{10}	9.6×10^{10}	2.0×10^{6}	5.8×10^{6}	5.1×10^{6}

三种算法的适应度函数值变化情况如图 6.10 所示,其中 GPSO、GA、PSO 分别表示遗传粒子群优化算法、遗传算法、粒子群优化算法。从图中可以看出,迭代次数在 10 次以内时三种方法的适应度函数均快速下降;而在 10 到 20 的迭代次数内,PSO 和 GA 算法的适应度函数值下降速度明显减慢,GPSO 的适应度函数值仍呈现快速下降趋势;当迭代次数超过 40 以后,三种方法的适应度函数值下降趋势逐渐平缓,但 GPSO 的适应度函数值仍持续降低达到最小值,而 GA 和 PSO 的适应度函数值却一直保持在较高水平。

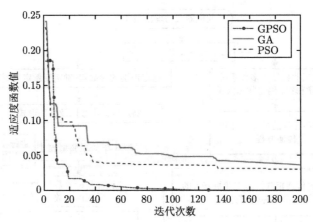

图 6.10　三种算法适应度函数值的收敛趋势对比图

适应度函数值越小，代表算法的收敛效果越好，即搜索到的关节刚度值越接近实际值。对比分析图 6.10 三种算法适应度函数值的变化趋势可以看出，遗传粒子群优化算法在收敛速度和收敛效果方面要明显优于粒子群优化算法和遗传算法，可以快速搜索到机器人关节刚度参数的最优值。所以采用本节提出的遗传粒子群优化算法可以有效地改善粒子群算法和遗传算法的不足，提高参数优化的效果。

本书使用遗传粒子群优化算法对机器人系统的关节刚度参数进行了多次辨识，并对辨识结果进行对比选出了一组最优值，如表 6.4 所示。从表中可以看出，机器人关节 1 和关节 2 的扭转刚度高于关节 3、4、5、6 的扭转刚度，机器人 6 个关节平移刚度数量级一致，但每个方向上的刚度大小变化规律并不相同。

表 6.4　机器人关节刚度参数识别值

关节序号	刚度					
	$K_x/(\mathrm{N/m})$	$K_y/(\mathrm{N/m})$	$K_z/(\mathrm{N/m})$	$K'_x/(\mathrm{N \cdot m/rad})$	$K'_y/(\mathrm{N \cdot m/rad})$	$K'_z/(\mathrm{N \cdot m/rad})$
1	7.0×10^{10}	8.1×10^{10}	8.8×10^{10}	6.2×10^{7}	4.7×10^{7}	2.2×10^{7}
2	1.1×10^{10}	1.0×10^{10}	1.0×10^{10}	5.3×10^{7}	1.3×10^{7}	3.8×10^{7}
3	8.7×10^{10}	4.5×10^{10}	7.4×10^{10}	5.8×10^{6}	2.2×10^{6}	4.5×10^{6}
4	9.5×10^{10}	5.9×10^{10}	9.6×10^{10}	4.4×10^{6}	6.2×10^{6}	8.4×10^{6}
5	8.9×10^{10}	9.3×10^{10}	1.0×10^{10}	9.0×10^{6}	2.0×10^{6}	5.8×10^{6}
6	8.2×10^{10}	9.1×10^{10}	7.6×10^{10}	4.6×10^{6}	9.0×10^{6}	5.3×10^{6}

在识别得到关节刚度值后，应用多体系统传递矩阵法计算机器人系统的固有频率和振型，并与使用给定关节刚度计算得到的固有频率和振型进行对比。以下给出了机器人在 HOME 姿态下使用给定关节刚度计算得到的模态参数 (理论值) 与使用识别的关节刚度计算得到的模态参数 (识别值)，前 10 阶固有频率的对比

值如表 6.5 所示，相应的部分振型向量的对比值如表 6.6 所示。

表 6.5 机器人固有频率的理论值与识别值对比表

模态阶次	理论值/Hz	识别值/Hz	相对误差/%
1	10.24	10.22	−0.195
2	12.85	12.86	0.078
3	16.28	16.27	−0.061
4	25.84	25.85	0.039
5	45.67	45.38	−0.635
6	64.16	64.44	0.436
7	94.03	94.24	0.223
8	115.72	115.95	0.199
9	121.69	121.27	−0.345
10	147.45	147.75	0.203

表 6.6 机器人部分振型向量的理论值与识别值对比表

模态阶次	理论值	识别值	相对误差/%
1	-5.700×10^{-10}	-5.500×10^{-10}	−3.510
2	2.476×10^{-9}	2.463×10^{-9}	−0.525
3	-6.890×10^{-8}	-6.840×10^{-8}	−0.726
4	1.000×10^{-12}	1.000×10^{-12}	0
5	-1.288×10^{-6}	-1.312×10^{-6}	1.860
6	-2.902×10^{-5}	-2.920×10^{-5}	0.620
7	-1.360×10^{-2}	-1.380×10^{-2}	1.470
8	2.700×10^{-3}	2.800×10^{-3}	3.700
9	2.004×10^{-1}	2.021×10^{-1}	0.848
10	8.530×10^{-2}	8.580×10^{-2}	0.586

经过辨识计算得到的前 10 阶固有频率与理论固有频率的相对误差整体上要小于振型向量的辨识误差。其中固有频率的辨识误差最大为第 5 阶模态下的 −0.635%，而最小误差为第 2 阶模态的 0.078%，且前 10 阶的辨识误差均小于 1%，相对误差的绝对值平均为 0.2414%。在振型向量的辨识结果中可以看出，第 1 阶和第 8 阶的相对误差较大，分别为 −3.510% 和 3.700%，其他各阶的相对误差较小，基本处于 1% 左右，前 10 阶的相对误差的绝对值平均为 1.3845%。

通过上述分析可以看出，采用融合多体系统传递矩阵法和遗传粒子群优化算法的辨识方法得到的计算结果与理论值吻合得非常好。由于机器人系统的动力学响应是通过每阶振型向量的叠加计算得到的，因此，当固有频率和振型向量的识别值与理论值一致性良好时，使用识别的关节刚度获得的动力学响应往往与使用给定的关节刚度获得的动力学响应一致，从而说明了本节提出的关节刚度识别方法的可行性与有效性。表 6.3 中识别得到的关节刚度值与表 6.4 中给定的关节刚度值不同，表明使用该辨识方法得到的机器人关节刚度参数是一组拟合值，但可以满足机器人动力学建模精度需求。

6.5　加工振动最小的机器人姿态优化方法

6.5.1　优化模型

1. 优化变量

优化目标是确定选取在满足加工位姿及关节限角约束前提下末端振动位移最小的加工姿态,移动加工机器人姿态变化共包含 8 个变量,即机械臂关节转角 θ_1、θ_2、θ_3、θ_4、θ_5、θ_6 以及移动平台的站位值 θ_7 和 θ_8,记为 8×1 的列向量 $\boldsymbol{\theta}$。θ_7 和 θ_8 为 AGV 在世界坐标系 x 和 y 方向上的坐标值。

由于工业机器人本身结构设计的原因,各关节转角只能在一定的转动范围内运动,因此首先根据工业机器人产品参数,确定机械臂关节转角的变化区间。考虑到实际加工中移动加工机器人与加工现场的相容性,再根据现场工况,确定 AGV 的移动范围,避免 AGV 与工装干涉碰撞,且需要在两者之间保持合适的距离,方便机械臂加工,表 6.7 为各变量的取值范围。

表 6.7　移动加工机器人姿态优化各变量取值范围

姿态变量	取值范围
$\theta_1/(°)$	$-185 \sim 185$
$\theta_2/(°)$	$-130 \sim 20$
$\theta_3/(°)$	$-94 \sim 150$
$\theta_4/(°)$	$-350 \sim 350$
$\theta_5/(°)$	$-118 \sim 118$
$\theta_6/(°)$	$-350 \sim 350$
θ_7/mm	$0 \sim 5000$
θ_8/mm	$0 \sim 5000$

2. 目标函数

根据末端执行器振动响应预测模型,选取末端振动位移作为衡量移动加工机器人加工过程中动力学性能以及加工稳定性的评价指标。

选取在加工力作用下末端振动响应幅值最小为优化目标,由式 (6.46) 与式 (6.38) 联立求解即可得到末端执行器在 x、y、z 方向上振动位移的最大值,取其范数最小化。更重要的是,移动加工机器人末端位姿还需满足加工要求,即末端刀具中心点与待加工位置重合以及末端执行器姿态角与加工姿态需求一致。因此本节移动加工机器人最优加工姿态定义如下:

(1) 在加工力作用下末端振动位移幅值最小;

(2) 满足加工目标的位姿要求;

(3) 各变量的取值范围在容许区间内。

上述最优加工姿态的定义是通过自然语言描述的，无法进行定量的数学运算，所以需要将上述定义转换为数学语言进行描述。分析可得，若将定义 (1) 与定义 (2) 作为姿态优化的目标，定义 (3) 作为姿态优化的约束，则移动加工机器人姿态优化的数学模型可写为

$$\begin{cases} \min \quad F(\boldsymbol{\theta}) = \sqrt{v_x^2 + v_y^2 + v_z^2} \\ \min \quad \Delta(\boldsymbol{\theta}) = \sqrt{\delta_x^2 + \delta_y^2 + \delta_z^2 + \delta_A^2 + \delta_B^2 + \delta_C^2} \\ \text{s.t.} \theta_{i\min} \leqslant \theta_i \leqslant \theta_{i\max}, \quad i = 1, 2, \cdots, 8 \end{cases} \tag{6.49}$$

式中，v_x、v_y、v_z 分别为末端在加工力作用下 x、y、z 方向振动位移响应的最大值；δ_x、δ_y、δ_z、δ_A、δ_B、δ_C 分别为末端刀具中心点与待加工目标点的位姿误差；$\theta_{i\max}$、$\theta_{i\min}$ 分别为各变量的约束上下限。

6.5.2 基于 NSGA-II 的机器人姿态优化算法

由式 (6.49) 可以看出，移动加工机器人姿态优化模型有 $F(\boldsymbol{\theta})$、$\Delta(\boldsymbol{\theta})$ 两个目标函数，需在满足振动位移最小的同时末端位姿误差也最小，很明显是一个多目标优化问题。针对该姿态优化问题，本节选取多目标优化问题中的经典算法 NSGA-II(Non-dominated Sorting Genetic Algorithm II) 进行求解。

利用 AGV 引入的冗余自由度，在满足加工位姿及关节限角的前提下，提出了一种以末端加工振动位移最小为优化目标的移动机器人加工姿态优化方法。其基本思路是在保证末端位姿满足加工需求的前提下，通过 AGV 站位的变化，优化选取动力学最优的加工姿态。

根据 NSGA-II 多目标优化遗传算法，移动加工机器人工业姿态优化步骤如下：

(1) 初始化姿态合集，首先随机生成一个父代种群 P_0，种群大小为 N，对其快速非支配排序，然后根据其 Pareto 等级作为适应度值，使用选择、交叉、变异三个遗传算法基本算子生成第一代子代种群；

(2) 第二代之后的种群则需要先将父代 P_i 和子代 Q_i 合并，生成一个种群大小为 $2N$ 的预种群 R_i，根据目标函数计算种群中每个姿态下末端振动响应和位姿误差，进行快速非支配排序和拥挤度计算，然后根据个体的 Pareto 等级和拥挤度来选取较优的 N 个解生成新的父代种群 P_{i+1}，最后同样使用选择、交叉、变异三个遗传算法基本算子生成新一代子代种群 Q_{i+1}；

(3) 重复步骤 (2) 直至种群迭代次数达到预设值，得到最优加工姿态集合。

基于 NSGA-II 的移动加工机器人姿态优化算法流程如图 6.11 所示。

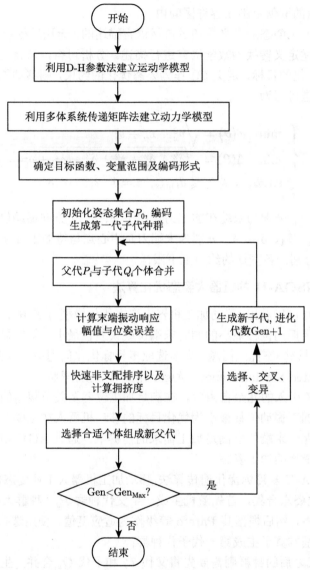

图 6.11　移动加工机器人姿态优化算法流程图

6.6　数值仿真与试验验证

6.6.1　振动模态仿真与试验验证

为验证移动加工机器人动力学模型及振动特性求解的正确性，选取移动加工机器人的 HOME 点位姿，即 $\theta = (0, -90°, 90, 0, 0, 0, 0, 0)$ 进行模态试验，试验场景如图 6.12 所示，模态试验装置如图 6.13 所示。

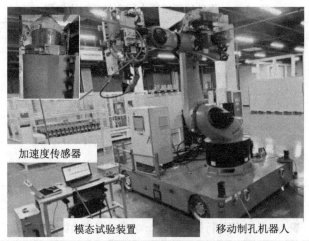

加速度传感器

模态试验装置　　　　　　　　移动制孔机器人

图 6.12　移动加工机器人模态试验场景

力锤　　　模态分析软件　　加速度传感器　多通道信号采集仪

图 6.13　模态试验装置

首先根据移动加工机器人物理模型提取模态辨识模型，依据动力学模型合理布置测量点与参考点；然后操作机器人移动至目标姿态，将 1 号加速度传感器放置于参考点，2 号加速度传感器依次放置于各测量点，使用力锤在系统结构上施加随机激励，并用多通道信号采集仪采集加速度传感器信号；最后使用东华测试 DHDAS 模态软件分析得到系统各阶固有频率与振型，与数值仿真结果作对比。表 6.8 和表 6.9 分别为移动加工机器人固有频率对比结果与末端执行器质心在 x 方向的模态坐标对比结果。可以看出，移动加工机器人在 HOME 点位姿下，前十阶固有频率的仿真值与试验值的最大相对误差为 7.26%，末端执行器质心位置 x 方向前十阶模态坐标的仿真值与试验值的最大相对误差为 8.33%，且数据上有较好的吻合度，所以可验证移动加工机器人动力学模型及振动特性求解的正确性。

表 6.8   移动加工机器人固有频率对比结果

模态阶数	仿真值/Hz	试验值/Hz	相对误差/%
1	5	4.8	−4
2	9.75	9.75	0
3	14.76	15.5	5
4	34.9	35.5	1.72
5	47.56	49.75	4.6
6	56.5	—	—
7	70.4	72.5	2.98
8	101.4	97.5	−3.85
9	121.57	112.75	−7.26
10	144.59	152.75	5.64

表 6.9   末端执行器质心在 x 方向的模态坐标对比结果

模态阶数	仿真值	试验值	相对误差/%
1	1.508	1.409	−6.56
2	0.727	0.671	−7.70
3	1.066	1.016	−4.69
4	1.128	1.071	−5.05
5	0.283	0.293	3.53
6	0.299	—	—
7	0.236	0.228	−3.39
8	0.281	0.294	4.63
9	0.108	0.117	8.33
10	0.316	0.297	−6.01

6.6.2   动力学响应仿真与试验验证

1. 钻削力的采集

以移动钻孔机器人为例，选取主轴转速为 4300 r/min，进给速度为 0.03 mm/r。移动钻孔机器人末端执行器与机械臂法兰连接处安装有 ATI 六维力传感器，用于测量钻孔过程中机器人末端所受力与力矩，结果如图 6.14 所示。

由于钻孔过程中刀具会产生高频振动，切削力会存在较大的噪声干扰，从原始的采集数据上无法直接获取钻孔过程中机器人末端所受力与力矩的真实值。本节使用高斯滤波去除噪声干扰，滤波后的钻孔切削力与力矩结果如图 6.15 所示。F_x 为钻孔轴向力，F_y 与 F_z 分别为径向切削力，T_x、T_y、T_z 为钻孔各向力矩。可以看出钻孔过程中切削力与力矩主要集中在刀具轴向方向，同时由于钻孔过程中进给速度较大，加工部位厚度较薄，导致稳定钻孔段较短，不过仍然可以看出加工过程中稳定钻孔段切削轴向力为 150 N 左右。

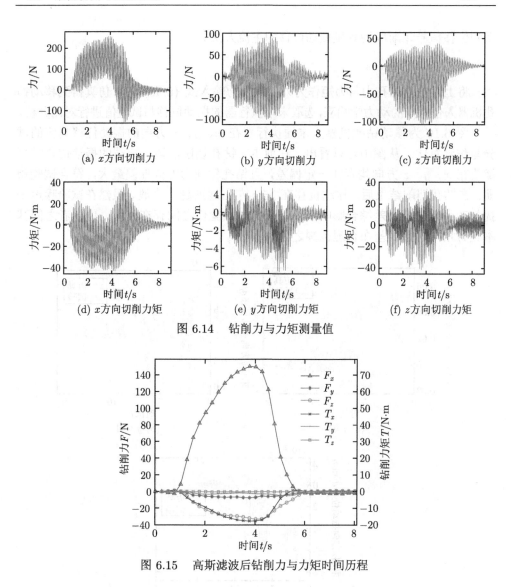

图 6.14 钻削力与力矩测量值

图 6.15 高斯滤波后钻削力与力矩时间历程

2. 振动位移的采集

在末端执行器上放置加速度传感器，通过对加速度信号的二次积分获得钻孔过程中末端执行器在 x、y、z 方向的振动位移响应。由于加速度传感器一般存在零点漂移，如果在加速度信号采集精度不高或噪声干扰较大且加速度信号未经处理的情况下，直接通过对加速度信号在时域上进行二次积分，则得到的位移信号会存在累计误差，且随着积分时间的增加，误差也会增大，无法获得真实的振动位移。因此利用傅里叶变换的积分性质，将加速度信号在频域内二次积分，从而得到位移信号逐渐成为测量振动位移的主流方法。

3. 结果与分析

将上述实测钻孔力与力矩作为外部激励力输入式 (6.46) 中可仿真得到移动钻孔机器人任意点的动力学响应,选取末端执行器的振动位移与试验值进行对比分析。

图 6.16 为移动钻孔机器人末端执行器在 x、y、z 方向的振动位移响应的试验与仿真对比。从图中可以看出,在前 5 s 钻孔切削阶段,末端的振动位移的平衡值在 x、y、z 方向均存在一定偏差,且钻孔轴向力方向偏差最大,符合试验预期;在钻孔切削结束后,振动位移在 15 s 左右逐渐趋于收敛。虽然在试验噪声干扰与动力学建模误差综合影响下,仿真值与试验值之间存在差别,但两者之间基本趋势相同,且误差在合理范围之内。

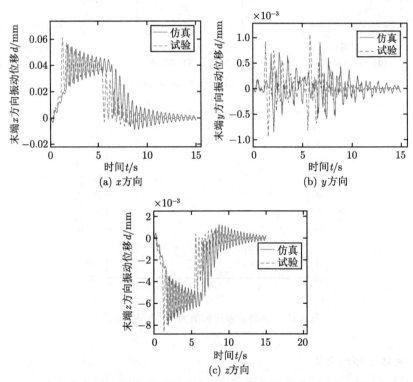

图 6.16　末端执行器 TCP 振动位移时间历程仿真与试验对比

6.6.3　加工姿态优化仿真验证

选取 $f_1(t) = 150\mathrm{N}$ 作为加工力,$\boldsymbol{P} = (300,\ 300,\ 0)$ 作为加工点的位置,设定末端执行器姿态与产品平面垂直。将钻孔力和力矩以及加工所需的末端位姿作为系统输入,利用前面移动钻孔机器人加工姿态优化方法求解姿态。设定 AGV x

和 y 方向取值步长为 5 mm，机械臂各关节角的取值步长为 $0.005°$，NSGA-II 算法种群数量为 50 个，迭代次数为 200，得到对应的最优加工姿态。最终的优化结果如图 6.17 所示，图中的每一个点代表使用多目标优化算法计算得到的一个非劣解，每一个非劣解都对应一个最优加工姿态，记为 θ_i。所有的最优加工姿态构成了多目标优化的非劣解集。值得注意的是，各个非劣解之间并不存在相互包含的关系。

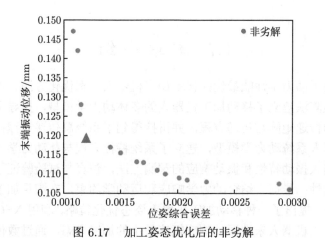

图 6.17 加工姿态优化后的非劣解

图 6.17 中的横纵坐标分别表示移动钻孔机器人加工姿态优化的两个目标函数。其中，横坐标表示计算得到的每个最优加工姿态的末端 TCP 位姿综合误差，纵坐标表示 TCP 在钻孔力作用下的振动位移。

通过分析加工姿态优化的非劣解集，可以得到如下结果。

(1) 加工姿态多目标优化的非劣解集呈现单调递减的趋势，说明 6.5 节中基于 NSGA-II 的移动机器人加工姿态优化算法中的两个目标函数存在一定的矛盾关系，即在末端 TCP 位姿与待加工目标点的综合误差最小时，往往无法保证末端执行器在钻孔力作用下的振动位移响应也最小，因此在选取最优加工姿态时应兼顾加工位姿误差与振动位移，使两者都尽量小。

(2) 最优加工姿态的非劣解中，各个最优加工姿态的加工位姿综合误差均在 $0.001\sim0.003$，说明在降低末端振动位移的同时，完全可以满足加工位姿精度。在末端执行器位姿与加工位姿存在极小误差的情况下，即可大幅降低钻孔过程中末端的振动位移，这也说明了本节的加工姿态优化算法具有实际意义。

(3) 从非劣解集中可以看到，遗传算法搜索出的最优加工姿态解集中，末端振动位移最小为 0.106 mm，加工位姿综合误差最小为 0.00108，说明遗传算法在搜索过程中并未能找出可进一步降低末端振动位移的同时加工位姿综合误差也更小，这也反映出在满足加工位姿要求的前提下末端振动位移并不能无限降低。

为了将移动机器人加工姿态优化算法应用于实际，需要从优化所得的非劣解集中选取一个最优加工姿态，选取的原则为要求最优加工姿态的两个目标函数值都尽量小。通过比较非劣解集的整体变化率与每个相邻非劣解之间的变化率，可以得到两个目标函数变化速度的转折点，即图 6.17 中的三角形，在该点下加工位姿综合误差与末端振动位移均可以保证在较小的范围内，因此选取该点作为最优加工姿态。

6.7　本章小结

本章提出了动力学性能最优的移动加工机器人姿态优化方法。首先，利用多体系统传递矩阵法建立了移动加工机器人的多体动力学模型，推导了机器人加工系统各元件的传递矩阵与传递方程，并拼接得到了系统总传递方程；其次，基于移动加工机器人系统动力学模型，建立了系统特征方程与体动力学方程，提出了移动加工机器人振动特性和振动响应的预测方法，仿真与试验验证了该动力学建模方法的正确性；最后，结合动力学响应和运动学约束，在满足加工位姿及关节限角的前提下，提出了一种移动加工机器人姿态优化策略，利用 NSGA-II 优化算法得到移动加工机器人末端振动响应幅值最小的加工姿态，通过数值仿真与试验验证了该姿态优化方法的有效性。

第 7 章 刚度最优的机器人加工误差预测与补偿

7.1 引　　言

对于面向重载加工的高精度机器人加工装备，几何尺寸误差及外部载荷引起的柔性误差是影响其末端位姿精度的主要因素。如何实现机器人加工轨迹误差补偿，是进行机器人在高精度加工领域推广应用的关键技术问题。针对机器人空载运动误差，现有参数辨识方法未考虑非几何参数误差对误差模型的影响，制约了其补偿效果的进一步提升。针对载荷引起的机器人柔性误差预测方法分为离线与在线预测两种，前者通过经典切削力模型实现加工载荷的预测，建模精度与任务适应性均不理想。载荷在线感知的误差预测方法，国内主要针对点位加工开展了一定的研究，对实时性要求较高的轨迹误差补偿研究较少，且尚未实现工程应用。

针对以上问题，本章提出了轨迹误差分级补偿策略。针对载荷引起的机器人柔性误差补偿中力/位匹配的技术要求，提出了微小线段拟合的插补位置规划方法；通过在线载荷测量与刚度模型的结合，实现了载荷引起的加工误差在线评估；针对连续轨迹加工边运动边修正的技术需求，提出了错位修正的轨迹补偿策略，在保证精度的前提下降低了延时对补偿结果的影响，并结合西门子 840Dsl 数控系统的同步动作功能实现了轨迹误差的实时补偿，最终实现加工轨迹的高精度控制。

7.2 机器人轨迹误差补偿策略

7.2.1 轨迹误差分级补偿

单纯通过离线误差建模的方式无法实现所有误差源的精确表征。机器人加工系统在加工过程中，除了机器人本体运动误差外，加工载荷引起的柔性误差是影响机器人切削轨迹精度、表面质量及稳定性的主要因素。因此为实现机器人连续轨迹加工任务的误差预测与精确补偿，本节通过分析机器人运动误差与柔性误差的表现形式与作用规律，将离线与在线误差预测方法有机结合，提出了机器人轨迹误差分级补偿策略，如图 7.1 所示。

第一个层级：针对机器人空载运动误差，建立运动学参数误差模型，通过误差采集试验辨识真实的运动学参数，并在离线编程软件中修正机器人理论位姿，运行修正后的数控程序以执行加工任务，从而保证机器人空载状态下的运动精度；

第二个层级：在加工过程中，通过在线采集加工载荷，利用机器人刚度模型进行柔性误差的评估，进而实现加工载荷引起的轨迹偏差的在线修正。

两个层级分别针对两类误差源，通过层层递进式的补偿策略，最终实现机器人系统加工轨迹的精确控制。

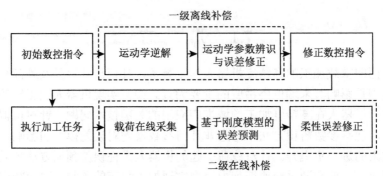

图 7.1   机器人轨迹误差分级补偿策略

7.2.2   微小线段拟合的插补位置规划

机器人的连续轨迹加工是机器人通过控制系统的运动指令来移动末端执行器以执行加工任务，主要的控制指令包括直线运动与圆弧运动指令。机器人控制指令往往是通过空间几何约束位置来实现机器人末端 TCP 沿直线或者圆弧轨迹的运动执行，如直线轨迹通过约束始末点、拐点来确定，圆弧轨迹通过 "圆心坐标-半径" 或三点位置约束来确定，轨迹的中间位置由控制系统在对应运动模式下自行插补来实现。对于复杂曲线加工轨迹 (如二次曲线轨迹) 现有固定加工模式是无法实现的，一般通过后置处理将机器人目标轨迹变成一组短行程的线段，进而通过直线运动指令驱动机器人进行加工，这与机器人直线运动与圆弧轨迹运动控制模式的插补原理本质上是相同的。

为解决机器人加工误差预测过程中目标位置与载荷读取信号或关节信号的时间统一问题，利用后置处理将直线轨迹、圆弧轨迹以及其他类型非直线轨迹变成一组等长的短行程线段。因此机器人运动轨迹可以被近似处理为各线段始末位置组成的点集，通过直线运动模式来执行，即机器人的直线轨迹按照给定步长等分为若干插补线段，机器人圆弧轨迹通过圆心角度步长得到对应的等分点，两两等分点通过直线轨迹相连从而拟合得到圆弧轨迹，如图 7.2 所示。由图 7.2 可知，直线步长或者圆心角度的步长越小，插补线段的拟合结果越接近理论圆轨迹。

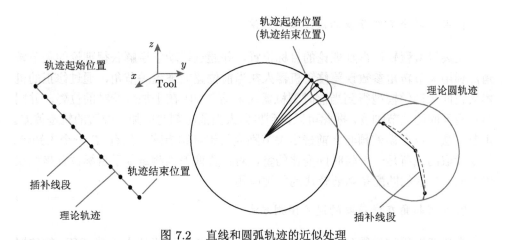

图 7.2 直线和圆弧轨迹的近似处理

在此基础上，约束机器人在加工过程中保持匀速运动，即机器人末端从初始加工位置开始到加工结束位置的过程中各插补线段的运动时间是一致的，从而得到机器人运动位置和加工时间的匹配关系：

$$\frac{T}{t} = \frac{S}{s} = \begin{cases} n, & \text{加工轨迹为闭合轨迹} \\ n-1, & \text{加工轨迹为非闭合轨迹} \end{cases} \tag{7.1}$$

式中，T 表示机器人加工周期；t 表示单段插补线段的机器人运动时间；S 表示实际运动轨迹的全长；s 表示单段插补线段的长度；n 为包括始末加工位置在内所有插补位置的数量。通过以上处理，确定了机器人给定时刻的加工载荷与末端目标位姿，进而可以实现对应轨迹的误差预测。

7.3 机器人加工轨迹误差在线预测与补偿

7.3.1 基于刚度模型的加工误差计算原理

基于刚度模型的加工误差计算的基本原理为 $\boldsymbol{X} = \boldsymbol{J}(\boldsymbol{\theta})\boldsymbol{K}_{\theta}^{-1}\boldsymbol{J}^{\mathrm{T}}(\boldsymbol{\theta})\boldsymbol{F}$，其中加工载荷 $\boldsymbol{F}$ 由六维力传感器在传感器坐标系 {Force} 下直接读取，不同加工区间对应的机器人关节刚度在第 3 章的辨识试验中已经获得。因此，得到当前时刻机器人的关节转角以完善机器人雅可比矩阵，同时识别机器人末端 TCP 所在的网格空间进而判别不同目标位置对应的关节刚度，是实现当前位置加工误差预测需解决的问题。

机器人的关节转角和末端位姿在时域上是一致的，且两者间相互关联。为此，根据关节转角的获取时间可以得到两种加工误差的在线预测思路。

1. 关节转角离线获取的误差预测方法

在离线编程软件得到理论的目标位置，并通过运动学逆解获得理论的关节转角，利用关节转角参数误差修正机器人在当前位置的理论关节角，通过修正的机器人正向运动学模型得到当前时刻机器人末端 TCP 在未加载荷时的位姿，并判断对应区间的关节刚度，据此可以得到机器人当前时刻对应加工位置的轨迹偏差。本节方法可以在误差预测之前确定关节刚度与雅可比矩阵，只有 $\boldsymbol{F}$ 一个未知量，但是读取的载荷是一个随时间变化的量，对位置偏差预测是基于目标位置坐标来确定的，二者的匹配是需要解决的关键问题。

2. 关节转角在线获取的误差预测方法

在离线编程软件得到理论轨迹的控制程序，并通过机器人末端 TCP 的位置判断其所在区间的关节刚度，在机器人加工过程中的某一时刻，从机器人控制系统读取当下的关节转角，利用关节转角参数误差修正角度值进而获得修正的雅可比矩阵，再通过这一时刻读取的末端载荷获得此时外部载荷引起的机器人末端位姿误差的预测值。该方法将机器人的关节角读取和柔度矩阵的计算放在加工过程中在线计算，关节转角的准确度较高但是会导致误差预测的计算时间较长，实时性会较低，进而影响轨迹误差的修正效果。要将某一时刻的误差预测值补偿到机器人插补位置的控制指令里同样存在时间和位置的对应问题。

关节转角离线获取的机器人加工轨迹误差在线预测方法的具体步骤如下：

(1) 在离线编程软件内建立机器人加工系统仿真加工环境，并确定机器人加工轨迹类型及其对应的关键几何位置，包括起始点和几何约束点；

(2) 将机器人目标轨迹按照给定步长 s 等分，圆弧轨迹按照圆心角等分，直线轨迹按照单段加工线段的始末位置等分，进而得到目标轨迹的一系列误差补偿点；

(3) 根据机器人在几何关键位置的加工姿态，通过光顺处理得到机器人误差补偿点的目标姿态，利用机器人运动学逆解算法获得各目标位置对应的关节转角；

(4) 利用第 3 章变刚度辨识方法将标定空间划分为 128 个立方体网格下的参数辨识结果，判别各目标位置所在网格空间，进而确定对应的关节刚度值；

(5) 通过步骤 3、步骤 4 得到的关节转角及对应刚度，可以构建所有目标位置对应的柔度矩阵 $\boldsymbol{J}_i(\boldsymbol{\theta})\boldsymbol{K}_{\theta i}^{-1}\boldsymbol{J}_i^{\mathrm{T}}(\boldsymbol{\theta})$，其中 $\boldsymbol{J}_i(\boldsymbol{\theta})$ 与 $\boldsymbol{K}_{\theta i}^{-1}$ 分别表示第 i 个目标位置对应的雅可比矩阵和关节柔度矩阵；

(6) 利用六维力传感器识别 $t' = jt(j = 0, 1, \cdots, n-1$，即 $j = i-1)$ 时刻传感器坐标系下的六维载荷读数 F_j，并根据第 $j+1$ 个目标位置对应的柔度矩阵，进而实现当前目标位置的误差预测。具体流程如图 7.3 所示。

关节转角在线获取的机器人加工轨迹误差在线预测方法的具体步骤如下：

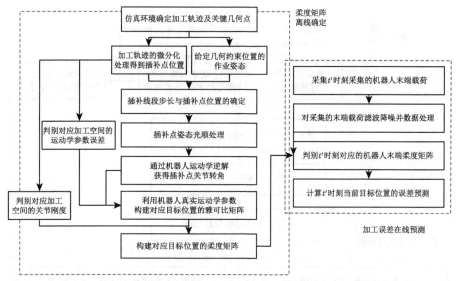

图 7.3　关节转角离线获取的加工轨迹误差在线预测方法

(1) 在离线编程软件内建立机器人加工系统仿真加工环境,并确定机器人加工轨迹类型及其对应的关键几何位置,包括起始点和几何约束点;

(2) 将机器人目标轨迹按照给定步长 s 等分以得到目标轨迹的一系列误差补偿插补点,根据机器人在几何关键位置的加工姿态,通过光顺处理得到机器人误差补偿点的目标姿态;

(3) 利用第 3 章变刚度辨识方法将标定空间划分为 128 个立方体网格下的辨识结果,判别机器人末端位置所在网格空间,进而得到对应的关节刚度值;

(4) 通过六维力传感器识别 $t' = jt$ 时刻传感器坐标系下的六维载荷 F_j,同时从机器人控制系统中读取当前对应的机器人关节转角;

(5) 利用读取到的机器人当前关节转角,结合关节刚度矩阵构建当前时刻目标位置对应的柔度矩阵 $J_i(\theta)K_{\theta i}^{-1}J_i^{\mathrm{T}}(\theta)$,进而预测得到机器人在当前目标位置的定位误差。具体误差在线预测方法流程如图 7.4 示。

比较两种误差预测方法,主要差别在于关节角的读取时间。关节转角离线获取的误差预测方法是在离线规划阶段,利用规划的各插补点理论位姿完成对应位置的柔度矩阵计算,因此离线阶段的处理工作较繁重,但在程序运行过程中只需要处理载荷数据便可以利用胡克定律完成误差预测,计算速度快,但对应柔度矩阵和当前时刻的载荷匹配准确度不高,影响误差预测准确度。关节转角在线获取的误差预测方法通过在线测量关节转角和加工载荷,对当前时刻载荷引起的轨迹误差预测的计算过程较长,但是随关节转角变化的柔度矩阵和载荷高匹配度使得误差的计算准确度较好。比较结果如表 7.1 所示。

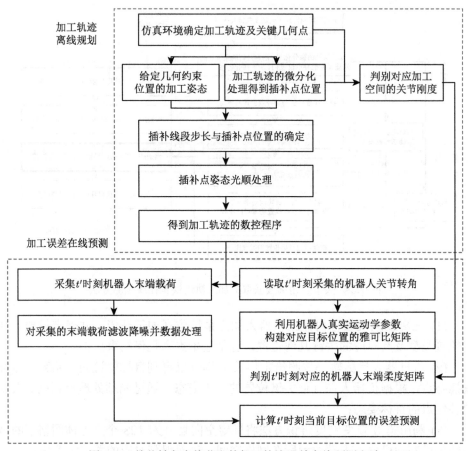

图 7.4　关节转角在线获取的加工轨迹误差在线预测方法

表 7.1　两种误差预测方法的比较

方法	前期处理	误测计算时间	柔度矩阵与载荷的匹配度	误差与当前位置的匹配度
关节转角离线获取	计算量较大	短	较低	一致
关节转角在线获取	计算量较小	长	高	

在关节转角离线获取的误差预测方法中，柔度矩阵与载荷匹配准确度主要与机器人在加工过程中的真实运动速度有关，即受到当前时刻的位置匹配度影响，关节转角在线获取的误差预测方法可以规避匹配度对误差预测的影响，但存在的主要问题是误差计算周期较长。为保障机器人的轨迹准确性，插补线段的距离要尽量短，因此单段插补线段的机器人运动时间 t 的周期很短。由于在线补偿的实时性是影响补偿效果的核心难题，因此为保证补偿的及时性，计算速度较快的误差预测方法，即关节转角离线获取的机器人加工轨迹误差在线预测方法应当优先考虑。

通过以上误差预测方法可以实现机器人轨迹加工过程中任一插补点处的载荷引起的误差预测，其思路同样可以应用于机器人点位加工任务中。

7.3.2 连续轨迹加工误差的补偿策略

当运用预测方法在机器人点位加工中开展误差修正时，机器人运动控制主程序并不向下继续运行，而是在当前指令位置处不断执行修正程序以逼近目标位置。但是，与机器人点位运动误差补偿不同，连续轨迹加工是在运动的过程中对误差进行不断修正。对于在线误差预测的补偿方法，信号采集与处理的时间、误差预测的算法运行时间以及机器人补偿策略的不同都对补偿及时性造成影响，因此如何解决补偿及时性问题是需要克服的关键技术难点。

在误差预测的处理中，将轨迹利用微分的原理划分为一组直线段，当线段距离足够短时，利用第 3 章提出的机器人刚度的空间相似性，可以近似认为从任一插补点到下一插补点的载荷引起的轨迹误差是具有相似性的，即对任一插补线段都近似对应同一组预测位姿误差。结合补偿过程不可避免的延时，提出了分段补偿和错位修正结合的补偿策略，补偿流程如图 7.5 所示。

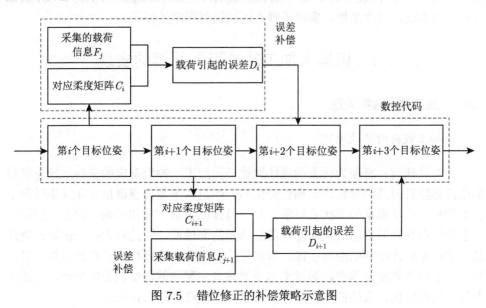

图 7.5 错位修正的补偿策略示意图

当控制指令驱动机器人运动到第 i 个目标位姿时，读取当前时刻的载荷信息，结合对应的柔度误差得到机器人运动到第 i 个目标位姿时载荷引起的误差 D_i，但是此时机器人已经沿着第 i 个目标位姿与第 $i+1$ 个目标位姿间的插补轨迹运动，正在执行第 $i+1$ 个目标位姿的数控程序，无法利用第 i 个目标位姿对应的误差预测值对第 $i+1$ 个目标位姿进行补偿，因此提出了错位修正的误差补偿策略，即利

用第 i 个目标位姿对应的误差预测值对第 $i+2$ 个目标位姿进行补偿，通过第 $i+1$ 个目标位姿对应的误差预测值对第 $i+3$ 个目标位姿进行补偿，以此类推。补偿过程如图 7.6 所示。

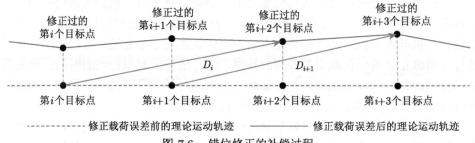

图 7.6　错位修正的补偿过程

通过错位修正可以实现任一插补线段的数控程序的修正，如补偿载荷误差前后第 $i+2$ 个目标位置到第 $i+3$ 个目标位置的理论运动轨迹由图 7.6 中对应的虚线修正到实线，以此类推，实现机器人运动控制程序的修正。

7.4　机器人加工轨迹误差补偿的实现

7.4.1　加工载荷数据处理

1. 加工载荷的滤波处理

针对以铣削、磨削为代表的连续轨迹切削加工，参数确定的条件下理论的切削载荷是随着刀具的旋转而周期性变化的，但是六维力传感器信号在采集过程中会受到外界环境因素的干扰及设备自身信号读取识别方式的影响，测量的载荷信息会产生不规则的波动，从而影响测量信息的准确性，因此对力信号的滤波处理是实现精准误差控制的必要手段。卡尔曼滤波作为一种最优估计理论方法，被广泛应用于动态数据处理中，通过卡尔曼滤波来实现当前切削载荷的估计，从而提升修正过程中机器人的控制稳定性，进而提升轨迹误差修正效果。

卡尔曼滤波主要包括两个变量——状态量与观测量，其表达式如下：

$$\begin{cases} \boldsymbol{X}_k = \boldsymbol{F}_k \boldsymbol{X}_{k-1} + \boldsymbol{W}_k \\ \boldsymbol{Z}_k = \boldsymbol{H}_k \boldsymbol{X}_k + \boldsymbol{V}_k \end{cases} \tag{7.2}$$

式中，$\boldsymbol{X}_k$ 为一个 12×1 的矩阵，代表 k 时刻测量载荷的状态量，即预测量，包

括六维载荷及其变化率，即

$$\boldsymbol{X}_k = \begin{bmatrix} f_{xk} & f_{yk} & f_{zk} & m_{xk} & m_{yk} & m_{zk} & \dot{f}_{xk} & \dot{f}_{yk} & \dot{f}_{zk} & \dot{m}_{xk} & \dot{m}_{yk} & \dot{m}_{zk} \end{bmatrix}^{\mathrm{T}}$$

(7.3)

$\boldsymbol{Z}_k$ 为一个 6×1 的矩阵，代表 k 时刻的加工载荷：

$$\boldsymbol{Z}_k = \begin{bmatrix} f_{xk} & f_{yk} & f_{zk} & m_{xk} & m_{yk} & m_{zk} \end{bmatrix}^{\mathrm{T}}$$

(7.4)

$\boldsymbol{F}_k$ 代表作用于 k 时刻下的测量载荷状态变换模型，观测模型 $\boldsymbol{H}_k$ 将真实状态空间映射为观测空间，两者在本节均利用单位矩阵来近似处理，即

$$\boldsymbol{H}_k = \begin{bmatrix} \boldsymbol{I}_{6\times 6} & \boldsymbol{0}_{6\times 6} \end{bmatrix}$$

(7.5)

$$\boldsymbol{F}_k = \boldsymbol{I}_{12\times 12}$$

(7.6)

$\boldsymbol{W}_k$ 和 $\boldsymbol{V}_k$ 分别为载荷预测量和观测量的噪声，且均为服从高斯分布的白噪声，即协方差矩阵 $\boldsymbol{Q}_k$ 和 $\boldsymbol{R}_k$，满足

$$\begin{cases} \boldsymbol{W}_k \sim N(0, \boldsymbol{Q}_k) \\ \boldsymbol{V}_k \sim N(0, \boldsymbol{R}_k) \end{cases}$$

(7.7)

卡尔曼滤波工作过程主要包括两个部分：预测与更新。预测过程分为载荷状态的预测和载荷估计误差的协方差的预测。载荷状态的预测通过式 (7.8) 实现：

$$_k^{k-1}\boldsymbol{X}' = \boldsymbol{F}_k\boldsymbol{X}'_{k-1}$$

(7.8)

载荷估计误差的协方差的预测则通过式 (7.9) 计算：

$$_k^{k-1}\boldsymbol{P}' = \boldsymbol{F}_k\boldsymbol{P}'_{k-1}\boldsymbol{F}_k^{\mathrm{T}} + \boldsymbol{Q}_{k-1}$$

(7.9)

式中，$_k^{k-1}\boldsymbol{X}'$ 是 $k-1$ 时刻对 k 时刻的预测状态估计；$\boldsymbol{X}'_{k-1}$ 是 $k-1$ 时刻的最优预测值估计；$_k^{k-1}\boldsymbol{P}'$ 代表 $k-1$ 时刻对 k 时刻的估计误差的协方差矩阵；$\boldsymbol{P}'_{k-1}$ 是 $k-1$ 时刻的估计误差的协方差矩阵。在此基础上对于卡尔曼滤波算法的更新过程主要包括滤波增益矩阵的计算、载荷状态的更新和载荷估计误差协方差的更新，分别通过式 (7.10) ~ 式 (7.12) 实现：

$$\boldsymbol{K}_k = {}_k^{k-1}\boldsymbol{P}'\boldsymbol{H}_k^{\mathrm{T}}(\boldsymbol{H}_k{}_k^{k-1}\boldsymbol{P}'\boldsymbol{H}_k^{\mathrm{T}} + \boldsymbol{R}_k)^{-1}$$

(7.10)

$$\boldsymbol{P}'_k = (\boldsymbol{I} - \boldsymbol{K}_k\boldsymbol{H}_k){}_k^{k-1}\boldsymbol{P}'$$

(7.11)

$$X'_k = {}^{k-1}_k X' + K_k(Z_k - H_k {}^{k-1}_k X') \tag{7.12}$$

式中，K_k 表示滤波增益矩阵；P'_k 与 X'_k 分别表示当前 k 时刻的载荷估计误差的协方差与载荷状态的更新，每一次采集新的载荷信息时上述数据更新一次。

对于载荷观测量的协方差矩阵 R_k 通常可以通过系统观测值来评估获得，一般 R_k 越小，滤波后的载荷信息对测量值的跟随性越强。对于载荷预测量的协方差矩阵 Q_k，与 R_k 相反，一般 Q_k 值越大，滤波后的载荷信息对测量值的跟随性越强。因此，随着 Q_k 的值的降低以及 R_k 的值的增大，优化后的估计值比含噪声的观测值更加平滑，可以展示出更佳的滤波效果。在实际应用中，可以在实际测量过程中调整协方差的参数值以达到目标滤波效果。

2. 加工载荷的均值处理

刀具形状导致在稳定切削的过程中切削载荷在每个旋转周期内规律性波动，但是以对铝板的铣削加工为例，主轴转速往往可以达到 2000 r/min 以上，因此刀具旋转周期小于 0.5 ms。高频波动的切削载荷提升了机器人补偿模型输入载荷的控制难度，因此对各向加工载荷做平均处理以保证误差预测的及时性与有效性。

假设机器人末端通过相邻的两个补偿位置的时刻分别为 k_1 与 k_2，设定六维力传感器的采样频率为 f，则在对应时间段内读到的机器人末端载荷信息组数为 $n = (k_2 - k_1)f$，则在 k_2 时刻机器人输入补偿模型的载荷为

$$F_{\text{in}} = \frac{1}{n} \sum_{i=1}^{n} F_i \tag{7.13}$$

式中，F_i 表示 k_1 到 k_2 这段时间所读取的第 i 组载荷。

综上，可以得到机器人控制系统真实输入载荷信息的前置处理策略：首先，对机器人从前一补偿位置运动到下一补偿位置的周期内读取的力信号通过卡尔曼滤波实现测量载荷的降噪处理；其次，对滤波后的载荷信息进行均值处理；最后，将读取的载荷信号从传感器坐标系 {Force} 转换到法兰坐标系 {Flange}，从而获取补偿模型真实的输入载荷，载荷处理流程如图 7.7 所示。

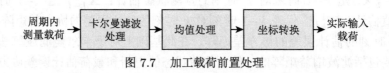

图 7.7　加工载荷前置处理

7.4.2　误差补偿系统实现

机器人铣削系统的控制系统由集成控制软件与西门子 840Dsl 数控系统组成，前者负责加工任务的规划、决策与指令下达，后者通过对集成控制软件任务指令

的接收与执行完成加工现场数据采集和加工任务指令执行。具体到本章提到的加工轨迹误差预测与补偿，在集成控制软件中实现加工载荷的读入、运动学参数误差离线修正以及加工载荷引起的轨迹误差的在线评估，将载荷引起的误差估算值传输到西门子数控系统通过同步动作功能实现误差的实时补偿。

1. 集成控制软件总体方案设计

机器人铣削加工系统的集成控制软件组态采用层级化设计，其系统架构如图 7.8 所示。集成控制软件主要分为人机交互层、逻辑处理层和底层通信层。人机交互层按照功能可以划分为 NC 代码加工总控、机器人运动控制、末端执行器控制、测量单元控制及系统管理五大组成模块，负责系统和用户之间的信息交互。逻辑处理层作为该集成控制软件的核心，集成了算法调用、NC/PLC 通信、程序实例服务、访问报警和事件、目录文件服务、驱动数据服务和刀具管理服务等七大功能模块，其中，算法调用处理模块中的机器人加工误差补偿算法可以实现机器人高精度运动控制。底层通信层主要负责数据的收发，实现集成控制软件与包括机器人、末端执行器及各种传感器在内的硬件设备之间的数据交互。值得注意的是，本章提出的加工误差预测方法作为一个核心算法被集成在集成控制软件的逻辑处理层，在加工任务执行前，利用运动学参数辨识结果修正数控指令；在机器人加工过程中，利用在线读取的加工载荷计算得到机器人的运动补偿量，并将补偿指令发送给 840Dsl 数控系统以执行误差修正。集成控制软件的工作界面如图 7.9 所示。

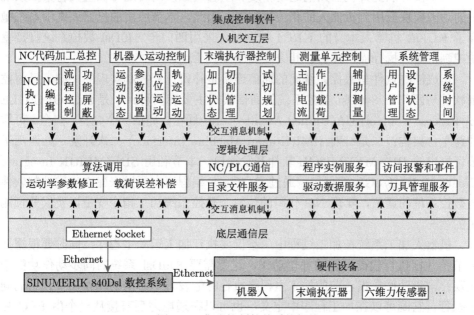

图 7.8　集成控制软件系统架构

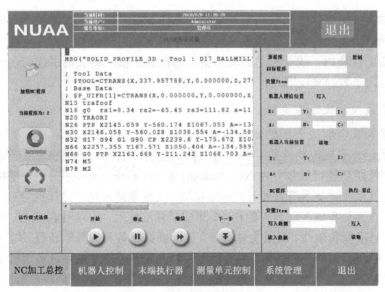

图 7.9　集成控制软件界面

2. 西门子 840Dsl 数控系统直驱方案

数控系统具有较高的开放性以及优秀的动态性能，通过采用数控系统来控制机器人不仅可以提升机器人的运动精度和动态响应，同时还可以直接将数控系统中的功能模块应用到机器人的相关控制中。因此，本节所用的机器人铣削系统抛弃了 KUKA 机器人本身的 KRC4 控制器，采用西门子 840Dsl 数控系统直接驱动控制机器人执行加工任务，其原理如图 7.10 所示。

集成控制软件与数控系统间的通信连接是补偿过程控制实现的关键，目前控制软件与西门子 840Dsl 数控系统的通信模式主要有两种：一是通过 OPC(OLE for Process Control) UA(Unified Architecture) 通信，提供一个完整、安全、可靠的跨平台架构；二是针对 HMI(Human Machine Interface) 二次开发，如西门子公司推出的 RUNMYHMI3GL 软件开发接口。本节利用 SINUMERIK Integrate Create MyHMI/3GL 编程包，通过 Qt/C++ 编程语言开发来建立集成控制软件与数控系统的通信，实现 NC 代码的传输、数控系统加工指令变量以及误差预测量的读写。

机器人加工系统在加工过程中，不仅要执行加工运动主程序，同时要根据插补节拍并行执行载荷误差的补偿动作，这就需要 840Dsl 系统的同步动作功能来实现。同步动作是指当前的加工主程序执行时触发几个不同的动作，并使它们同步执行。它既可以在加工程序中定义，也可以在通电之后直接从一个由 PLC 启动的异步子程序中定义。在每个同步动作中可以编程一个或者多个动作，且所有

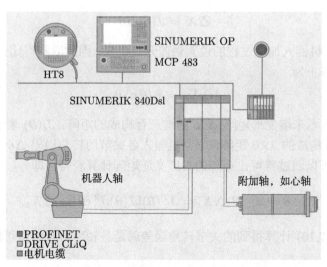

图 7.10 西门子直驱控制方案

在一个程序段中编程的动作以相同的插补节拍启动,这就满足了载荷引起的误差的补偿实时性技术需求。

关节误差补偿是西门子数控系统中针对不同加工环境下非几何误差引起的机器人姿态误差的开放式补偿接口,可以将误差值或误差计算函数写入系统以实现误差补偿。利用其功能开放性,将不同时刻机器人集成控制软件传输的载荷引起的机器人柔性误差信息输入,在关节空间实现加工载荷引起的各向轨迹误差的实时补偿。关节转角修正在数控系统界面的监视窗口如图 7.11 所示。

进给轴/主轴信息	AX1:RA11
信号	值 单位
跟随误差	0.000 度
控制偏差	0.000 度
轮廓偏差(单轴)	0.000 度
增益系数(计算出的值)	0.349 1000/min
有效测量系统	1
状态测量系统1	有效
状态测量系统2	被动
测量系统1测出的位置实际值	-0.325 度
测量系统2测出的位置实际值	-0.325 度
位置设定值	-0.325 度
测量系统1绝对补偿值	0.000 度
测量系统2绝对补偿值	0.000 度
垂度补偿·温度补偿	0.002 度

图 7.11 关节转角修正的监控界面

由于关节误差补偿是在关节空间下对轴向转角补偿实现的,因此,机器人载荷引起的末端变形误差需要转换到各关节的扭转变形。机器人的末端变形 $\Delta \boldsymbol{X}$ 与关节变形 $\Delta \boldsymbol{\theta}$ 之间的映射关系可以表示为

$$\Delta \boldsymbol{X} = \boldsymbol{J}(\boldsymbol{\theta})\Delta \boldsymbol{\theta} \tag{7.14}$$

本节针对机器人加工过程的位置误差开展研究，因此取雅可比矩阵的前三行，将式 (7.14) 修正为

$$\Delta \boldsymbol{X}_t = \boldsymbol{J}_t(\boldsymbol{\theta})\Delta \boldsymbol{\theta} \tag{7.15}$$

式中，$\Delta \boldsymbol{X}_t$ 表示末端变形矩阵 $\Delta \boldsymbol{X}$ 的前三行构成的矩阵；$\boldsymbol{J}_t(\boldsymbol{\theta})$ 表示机器人雅可比矩阵前三行构成的 3×6 矩阵，于是机器人各关节的转角误差 $\Delta \boldsymbol{\theta} = [\Delta \theta_1 \quad \Delta \theta_2 \cdots \quad \Delta \theta_6]^{\mathrm{T}}$ 可以通过雅可比矩阵的右广义逆矩阵计算获得，即

$$\Delta \boldsymbol{\theta} = \boldsymbol{J}_t^{+}(\boldsymbol{\theta})\Delta \boldsymbol{X}_t = \boldsymbol{J}^{\mathrm{T}}(\boldsymbol{\theta})[\boldsymbol{J}(\boldsymbol{\theta})\boldsymbol{J}^{\mathrm{T}}(\boldsymbol{\theta})]^{-1}\Delta \boldsymbol{X}_t \tag{7.16}$$

通过式 (7.16) 计算得到的关节转角误差就是各轴所对应的修正值。

7.5   误差预测与补偿试验验证

利用机器人试验平台开展轨迹误差分级补偿策略的验证试验。试验中选取长 1000 mm、平行于机器人基坐标系 y 轴的直线轨迹开展研究，如图 7.12 所示。为简化试验，选取较大的插补距离 (10 mm)，因此共得到 99 个插补位置，连始末位置一共 101 个目标位置。在离线编程软件里获得目标点位的位置坐标，并规划末端 TCP 位姿，保证在各插补点工具坐标系都与基坐标系同向。

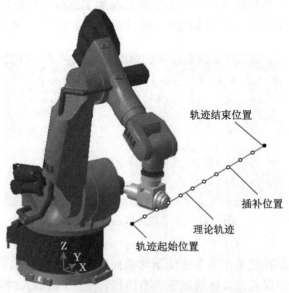

图 7.12   验证试验选取的运动轨迹及其插补点

试验的第一阶段, 利用辨识得到的机器人运动学参数误差修正机器人数控指令, 分别使用修正前后的数控指令驱动机器人运动, 利用激光跟踪仪测量修正前后的轨迹精度, 以验证机器人在空载条件下轨迹误差的补偿效果; 第二阶段, 通过在机器人末端挂载 50 kg 负重块, 使用修正的数控指令驱动机器人运动, 根据各轨迹插补点所在 150 mm 网格空间获得对应的关节刚度值, 并通过六维力传感器的感知信息实现载荷引起的运动轨迹误差的在线预测与修正, 通过与未补偿条件下的机器人轨迹精度进行对比, 以验证分级补偿策略的有效性。

1. 空载状态下的轨迹误差离线修正

分别使用运动学参数修正前后的数控指令驱动机器人运动, 激光跟踪仪测量得到的各目标点位的绝对定位误差如图 7.13 所示。修改运动学参数前后机器人绝对定位误差的平均值分别为 0.679 mm 与 0.145 mm, 最大值分别为 0.867 mm 与 0.312 mm, 机器人直线轨迹的位置精度提升了 77.17%。试验结果表明, 本节提出的运动学参数修正方法可以有效提升机器人空载运动精度, 为载荷引起的误差在线补偿打好了精度基础。

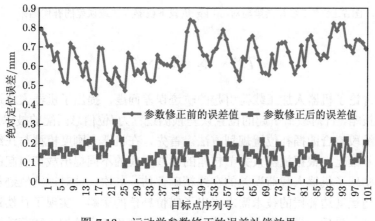

图 7.13 运动学参数修正的误差补偿效果

2. 负载状态下的轨迹误差分级补偿

通过在末端上固连 50 kg 负载以模拟加工过程中的加工载荷, 在第一阶段的运动学参数误差离线修正基础上, 通过六维力传感器采集当前位姿下的机器人末端载荷完成分级轨迹误差补偿的第二级任务, 即载荷引起的轨迹柔性误差的在线修正。通过分级补偿之后的轨迹误差与参数修正前数控程序下未补偿的轨迹误差的对比结果如图 7.14 所示。

补偿前后机器人直线轨迹前一个插补位置绝对定位误差的平均值分别为 0.865 mm 与 0.206 mm，最大值分别为 1.079 mm 与 0.319 mm，机器人在负载状态下直线轨迹的位置精度提升了 76.18%，从而验证了本节提出的机器人误差分级补偿策略的可行性。

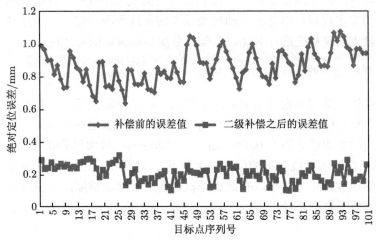

图 7.14　二级补偿策略对 50 kg 负载下机器人轨迹误差的补偿结果

7.6　本章小结

本章讨论了机器人加工载荷引起的轨迹误差问题，提出了机器人轨迹误差的分级补偿策略，针对载荷引起的位置误差预测过程力/位信息匹配的技术需求，提出了微小线段拟合的插补位置规划方法。首先，在机器人刚度模型与在线采集加工载荷的基础上，根据机器人关节转角的读取时间的不同提出载荷引起的误差预测方法，实现了机器人载荷误差的在线精确评估；其次，针对连续轨迹加工过程所要求的边运动边补偿的技术需求提出了错位补偿的策略，实现了补偿过程的有效延时控制；最后，提出了卡尔曼滤波与均值处理相结合的加工载荷前置处理策略，并结合西门子 840Dsl 数控系统的同步动作功能实现了轨迹误差的实时补偿，精确控制了机器人加工轨迹误差。

第 8 章 典型应用

8.1 引 言

第 5 章利用机器人加工系统的冗余自由度，提出了融合运动学性能与刚度性能的机器人加工姿态优化方法，强化机器人特定方向的刚度性能；第 6 章通过多体系统传递矩阵法建立移动加工机器人动力学模型，在此基础上提出了一种以移动加工机器人末端振动幅值最小为优化目标的加工姿态优化方法；第 7 章针对切削载荷引起的机器人加工定位误差，提出了机器人轨迹误差预测与在线补偿方法。本章将上述围绕机器人刚度性能提升而提出的姿态优化与轨迹误差补偿方法应用于机器人铣削与钻孔加工中，以验证本书所提出的方法在机器人实际加工任务中的有效性。

8.2 机器人铣削应用

8.2.1 航天类铝合金支架机器人铣削

本节针对航天舱体类构件上的铝合金支架产品端面铣削任务，利用第 6 章提出的动力学性能最优的机器人加工姿态优化策略提升机器人系统的加工刚度，进而保证产品的加工表面质量。

将机器人铣削轨迹的开始点、中间点和结束点作为对象分别进行优化。表 8.1 所示为优化前和优化后的机器人姿态所对应的 6 个关节转角，图 8.1 为其所对应的机器人姿态，空间惯性坐标系 $o_0x_0y_0z_0$ 与机器人基坐标系方向一致。

表 8.1 优化前后机器人铣削姿态

位姿	$\theta_1/(°)$	$\theta_2/(°)$	$\theta_3/(°)$	$\theta_4/(°)$	$\theta_5/(°)$	$\theta_6/(°)$
优化前开始点姿态	12.515	−32.575	94.599	14.109	−62.745	173.434
优化后开始点姿态	21.437	−24.248	71.346	74.897	−76.388	138.911
优化前中间点姿态	13.602	−35.961	105.750	14.458	−70.380	175.052
优化后中间点姿态	18.811	−34.218	99.796	42.055	−71.368	163.922
优化前结束点姿态	15.048	−38.745	117.170	15.346	−78.826	176.956
优化后结束点姿态	25.558	−29.643	85.966	88.893	−89.262	146.330

由表 8.1 和图 8.1 可以看出，优化前与优化后的机器人姿态存在明显的区别，其中差距最大且最直观的区别是机器人的第 4 关节。具体来说，优化前机器人第

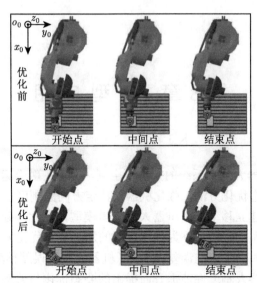

图 8.1   优化前后机器人铣削位姿示意图

4 关节的角度为 14° 左右,优化后的角度最大已经达到 88.893°。第 4 关节的角度变化带来的姿态上的直观表现是第 5 连杆与铣削轨迹方向的夹角变化。优化前第 5 连杆的方向与铣削方向基本相同,优化后第 5 连杆明显与铣削方向之间存在一定角度,并且开始点、中间点和结束点的角度也不同,其中,结束点处第 5 连杆与铣削方向之间的角度最大。将表 8.1 中的机器人姿态以及实际铣削力代入机器人动力学模型,计算得到姿态优化前后开始点、中间点和结束点的振动加速度响应对比如表 8.2 所示。从表中可以明显看出,优化后的振动加速度响应全部低于优化前对应点的加速度响应,验证了提出的机器人铣削加工姿态优化算法可以有效降低机器人铣削加工振动响应。

表 8.2   姿态优化前后的铣削振动加速度

加速度响应	开始点/(m/s²)	中间点/(m/s²)	结束点/(m/s²)
优化前	29.42	30.16	29.45
优化后	18.26	19.87	18.28

加工试验所选支架及其待加工端面如图 8.2 所示,其主体为壁厚 2.5 mm、高 300 mm 的薄壁棱台结构,支架端面处安装有 6061 铝合金块。通过对比铝块铣削过程中机器人在不同姿态下末端执行器的振动加速度响应与铣削加工表面质量来验证机器人姿态优化对铣削加工刚度提升的有效性,铣削试验布局如图 8.3 所示。

机器人铣削加工工作流程如图 8.4 所示。首先,确定铣削加工工件,采用激光跟踪仪标定待加工工件和铣削机器人的空间位置关系,并据此对加工工件进行

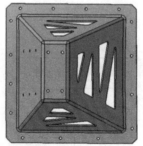

图 8.2 目标支架与待加工端面

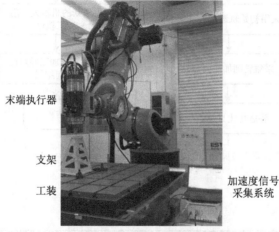

末端执行器

支架

工装

加速度信号
采集系统

图 8.3 铝合金支架产品铣削试验布局

离线编程,确定机器人初始加工轨迹;其次,以第一组初始加工轨迹对工件进行铣削,并采集铣削力信息;然后,将采集的铣削力信息代入优化函数中,以第二组铣削轨迹初始机器人姿态信息进行铣削姿态优化,确定铣削轨迹开始点 A、中间点 B 和结束点 C 的机器人位姿信息;随后采用机器人 LIN 指令进行编程,保证新的铣削轨迹为直线,以开始点 A 和中间点 B 作为第一条 LIN 指令,以中间点 B 和结束点 C 作为第二条 LIN 指令,将两条 LIN 指令拼成新的铣削轨迹;最后,以优化后的轨迹进行铣削加工。铣削加工中的工艺参数如表 8.3 所示。

为获得机器人的铣削加工轨迹,首先要确定机器人与待加工工件之间的空间位置关系。当待加工工件固定在定位工装后,利用激光跟踪仪和靶标球采集工件四个角上的点在激光跟踪仪坐标系中的空间位置信息,并采用三点法建立工件坐标系,确定待加工工件与激光跟踪仪的位置关系。为获得机器人在激光跟踪仪中的空间位置,将靶标球固定在机器人末端上,通过采集机器人关节运动时的点位

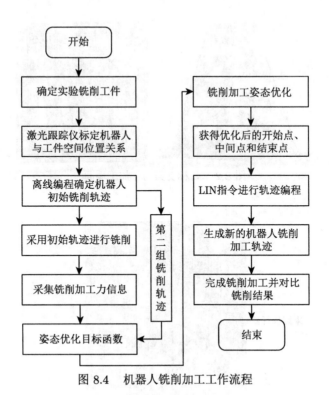

图 8.4　机器人铣削加工工作流程

表 8.3　直线铣削工艺参数

工艺参数	参数值
转速/(r/min)	5000
进给速度/(mm/s)	10
铣削深度/mm	1
铣刀直径/mm	8
轨迹长度/mm	200

信息，将机器人的基坐标系建立在 1 轴的旋转轴上。在上述采用激光跟踪仪采集靶标球点位信息过程中，激光跟踪仪在空间中的位置是一定的，因此可以推导出待加工工件在机器人工作空间中的位置，进一步结合机器人工具坐标系的空间位置，采用离线编程确定铣削工件时机器人的位姿信息。

如表 8.4 所示，设计了三组不同工况的机器人铣削加工试验，并根据开始点、中间点和结束点将铣削轨迹分成前半段和后半段。进一步采用控制变量法，保证三次铣削加工工艺参数与表 8.3 中的一致，保持三组试验中的铣削力是一致的，从而研究机器人姿态变化对铣削加工质量的影响。

表 8.4 机器人铣削位姿

位姿	$\theta_1/(°)$	$\theta_2/(°)$	$\theta_3/(°)$	$\theta_4/(°)$	$\theta_5/(°)$	$\theta_6/(°)$
第一组轨迹开始点	12.833	−33.987	95.319	14.554	−62.111	173.076
第一组轨迹中间点	13.813	−37.102	105.196	14.842	−68.759	174.516
第一组轨迹结束点	15.092	−39.836	115.420	15.559	−76.091	176.171
优化后的第二组轨迹开始点	17.776	−31.212	87.299	51.561	−67.317	154.086
优化后的第二组轨迹中间点	20.711	−32.671	91.449	63.487	−74.859	152.364
优化后的第二组轨迹结束点	13.450	−40.021	116.215	14.419	−76.612	176.593
优化后的第三组轨迹开始点	17.808	−29.797	83.389	61.264	−70.478	148.638
优化后的第三组轨迹中间点	19.534	−32.729	91.616	64.540	−75.455	152.190
优化后的第三组轨迹结束点	21.700	−35.146	98.858	70.102	−80.457	155.390

  第一组铣削加工试验,直接采用离线编程得到的机器人姿态进行铣削加工,并利用 ATI 六维力传感器实时采集铣削时产生的加工力。将离线编程确定的第二组初始加工轨迹开始点、中间点对应的机器人姿态以及第一组试验中采集的铣削力信息输入到机器人姿态优化函数中,获得优化后的开始点和中间点的机器人铣削姿态。把优化后的机器人姿态编译成第二组试验的铣削加工轨迹的前半段,后半段的开始点处为优化后的机器人铣削姿态,结束点处采用未优化的姿态,并保持加工工艺参数不变,开展第二组机器人铣削加工试验。按照第二组铣削中机器人姿态优化的方法对第三组铣削加工中的开始点、中间点和结束点同时进行姿态优化,并采用优化后的机器人姿态进行铣削加工,机器人铣削加工结果如图 8.5 所示,铣削轨迹的表面粗糙度结果如表 8.5 所示。

表 8.5 工件铣削表面粗糙度   (单位:μm)

试验	开始点到中间点	中间点到结束点
第一组试验	2.447	2.284
第二组试验	1.153	1.967
第三组试验	1.130	1.154

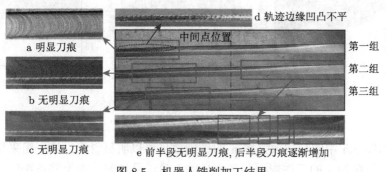

图 8.5 机器人铣削加工结果

铣削加工过程中采用三向加速度传感器采集机器人末端振动响应，结果如图 8.6 ~ 图 8.8 所示。在铣削的开始和结束阶段，由于刀具尚未完全进入和离开工件，铣削加工量较小，所以其对应的铣削响应略小于中间阶段。其中，第一组铣削加工中 x、y、z 三个方向的振动加速度均超过了 $15\ \text{m/s}^2$，其中 y 方向的最大值已经超过 $20\ \text{m/s}^2$；第二组铣削在前 $7.5\ \text{s}$ 左右的时间内，铣削振动响应变化不大，均在 $10\ \text{m/s}^2$ 左右，而超过 $7.5\ \text{s}$ 后，三个方向的振动逐渐增大，到 $9\ \text{s}$ 左右达到峰值并趋于稳定，最大值均为 $19\ \text{m/s}^2$ 左右，这是由于第二组加工的后半段未进行机器人姿态优化；第三组为姿态优化后的铣削加工工况，三个方向的振动加速度均在 $10\ \text{m/s}^2$ 以内，小于第一组优化前的铣削振动加速度。

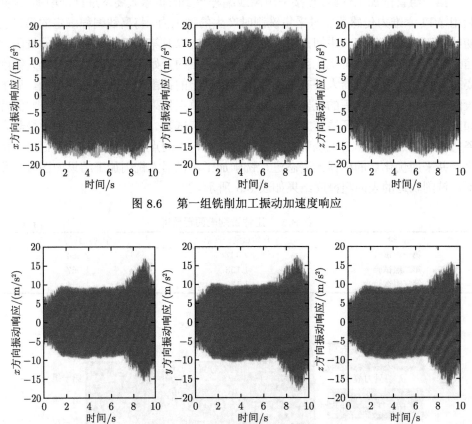

图 8.6　第一组铣削加工振动加速度响应

图 8.7　第二组铣削加工振动加速度响应

根据图 8.5 中的局部放大图 a 的铣削效果可以明显看出，第一组采用未优化姿态进行铣削加工的工件表面存在明显的刀痕，且均匀分布于整条铣削轨迹。从

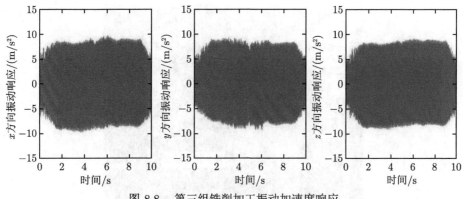

图 8.8 第三组铣削加工振动加速度响应

第一组轨迹放大图 d 中可以看出,在轨迹的边缘处具有明显的凹凸不平的现象。前后半段的表面粗糙度值分别为 2.447 μm 和 2.284 μm,两者之间的差距并不明显。

在第二组铣削轨迹中,以中间点位置为分界线,前半段采用了优化后的机器人姿态进行铣削加工。从工件铣削后的轨迹放大图 b 中可以看出,工件的表面质量明显高于第一组铣削轨迹,表面存在刀痕较少,粗糙度值为 1.153 μm,明显低于第一组中的前半段的粗糙度值,降低了 1.294 μm。局部放大图 e 为第二组铣削的后半段轨迹,其刀痕从中间位置开始到结束点逐渐增多,但整体刀痕数量和痕迹明显低于第一组铣削轨迹。这是由于第二组铣削轨迹中间点采用了姿态优化,因此后半段的铣削加工是以优化后的姿态开始加工的,其铣削加工振动响应低于优化前,但其结束点的机器人姿态并未进行优化。后半段铣削轨迹的平均表面粗糙度值为 1.967 μm,大于第二组前半段铣削轨迹粗糙度,但低于第一组整条铣削轨迹的表面粗糙度值。

观察在第三组铣削轨迹的局部放大图 c 发现,铣削效果与第二组铣削轨迹相似,且铣削刀痕明显低于第一组铣削轨迹。第三组铣削中整条铣削轨迹的表面较为光滑,前后半段的铣削表面粗糙度分别为 1.130 μm 和 1.154 μm,较第一组铣削明显降低。

铣削加工结果表明,通过优化机器人的加工姿态,能够有效降低机器人铣削时的振动响应,有效提升了机器人的铣削刚度与铣削表面质量。

综上所述,本书提出的机器人姿态优化与加工误差补偿方法满足铝合金支架端面加工的质量与精度要求,可推广至航天发动机复合材料舱段的铣削应用,如图 8.9 所示。

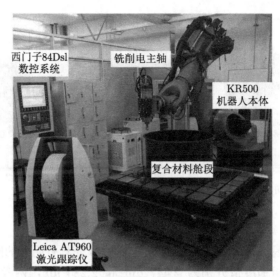

图 8.9   复合材料舱段机器人高精度铣削应用

8.2.2   航天类铝合金支架双机器人铣削

如图 8.10 所示为固定在大型结构件上的悬伸式铝合金支架，此类结构件通常具有尺寸大、形状各异等特点，设计专用的加工夹具和固定工装难度大、周期长，并且传统的反复装调的分体离线机床加工的方式成本高、柔性差，更重要的是重复装调会因基准频繁变化带来误差，难以满足生产任务的加工质量。针对此类加工任务采用第 6 章的动力学加工姿态优化方法以双机器人协作加工的方式来提高铣削刚度。

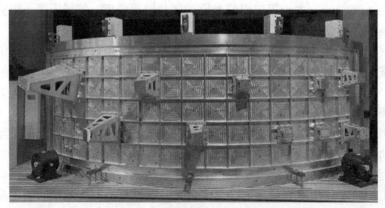

图 8.10   大型结构件上的铝合金支架

双机器人协作加工应用场景如图 8.11 所示。系统主要包括 AGV、铣削机器人、辅助机器人、电主轴、夹具、六维力传感器等。其中铣削机器人和辅助机器人均配有 AGV,可以根据离线编程数据或者地面路径标识进行自主移动,适用于大尺寸结构件的加工;六维力传感器为 ATI Axia80-M50 系列传感器,用以实时采集加工过程产生的力信息,并以减小工件的加工振动为目标调整辅助机器人的夹持状态;铣削机器人和辅助机器人分别为 KUKA KR210 和 KUKA KR60 HA 六轴工业机器人。

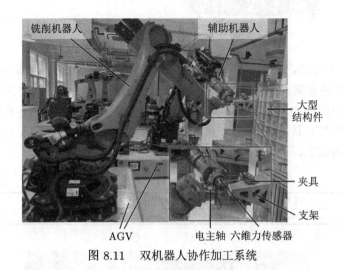

图 8.11 双机器人协作加工系统

由于大型结构件与悬伸式支架之间的连接刚性较弱,通过铣削机器人原位加工时会产生剧烈的加工振动,并且仅采用铣削机器人刚度优化对支架表面加工质量的提升效果有限,难以满足支架端面的加工精度和端面与基准面间的相对位置关系。采用夹具提升支架的加工刚度是弱刚性类工件振动抑制的常用方法,因此面对大型结构件采用移动机器人配以夹具的方式,提升支架的固定刚度。由于 AGV 和工业机器人的高自由度,使其在夹持支架时存在冗余自由度,并且机器人具有空间变刚度的特性,因此为进一步提高支架的加工刚度,需要对辅助机器人进行刚度优化。

如图 8.12 所示,在辅助机器人夹持支架时,AGV、辅助机器人、夹具、支架及大型结构件共同构成了一个闭链式系统,采用本书中的动力学性能最优的加工姿态优化方法辨识出辅助机器人系统的各关节刚度,建立系统动力学模型。当机器人夹具夹持支架时,机器人末端相对于基坐标系的姿态固定,但其相对于基坐标系的位置可以改变,因此可以通过 AGV 在平面内的移动来实现机器人位姿的变化。另外,在夹持过程中为进一步提高系统的刚性,通过 AGV 的支撑腿将辅助机器人和 AGV 支撑起来。

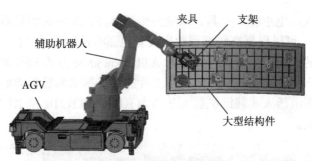

图 8.12　机器人辅助系统

如图 8.13 所示,在支架加工端面建立支架坐标系 $x_w y_w z_w$,辅助机器人夹爪沿 z_w 方向夹持支架,并在支架表面贴装三向加速度传感器,实时采集加工过程中支架产生的振动加速度响应。其中辅助机器人支撑姿态如表 8.6 所示,采用 8 mm 直径的铣削刀具,以 5000 r/min 的转速、1.2 mm 的切深和 1 mm/s 的进给速度进行铣削加工。

表 8.6　辅助机器人支撑姿态　(单位:°)

A1 轴	A2 轴	A3 轴	A4 轴	A5 轴	A6 轴
55.04	−38.16	59.06	84.99	43.09	−79.43

图 8.13　双机器人协作铣削加工场景

采用加速度传感器采集实际加工过程中支架在 x_w、y_w、z_w 三个方向上产生的振动响应,采样频率为 1000 Hz。同时 ATI 六维力传感器也采用同样的采集频率输出加工过程中产生的力信息,并作为外界激励力输入到建立的机器人加工系统动力学模型中,获得仿真的加工振动响应。将试验和仿真的加速度响应进行对比,结果如图 8.14 所示。

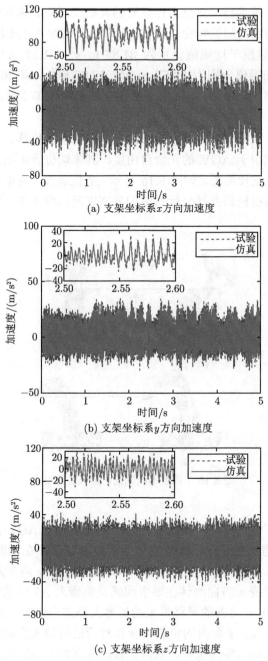

(a) 支架坐标系x方向加速度

(b) 支架坐标系y方向加速度

(c) 支架坐标系z方向加速度

图 8.14　振动加速度响应的试验和仿真对比

由图 8.14 可以看出，三个方向上仿真与试验的加速度响应吻合较好。但由于环境噪声、加速度传感器和六维力传感器的灵敏度不同等多种因素共同作用，加速度传感器采集的铣削加工响应均比仿真结果大。铣削加工实测的工件坐标系 x、y、z 方向上的加速度平均幅值分别为 31.85 m/s^2、21.17 m/s^2 和 29.51 m/s^2，仿真的加速度平均幅值分别为 29.67 m/s^2、19.97 m/s^2 和 26.94 m/s^2，相对误差为 6.84%、5.66% 和 8.7%，证明了所建立的机器人加工系统动力学模型的准确性。

辅助机器人在夹持支架时，末端法兰坐标系姿态在机器人基坐标系中的姿态是确定不变的，但由于 AGV 的冗余自由度，其末端位置可以发生变化，这也导致了不同的机器人支撑姿态。如图 8.15 所示，当机器人夹持壁板上某一固定支架时，机器人的末端在机器人基坐标系中的姿态以及高度不变，图中，机器人末端的高度均为 h。

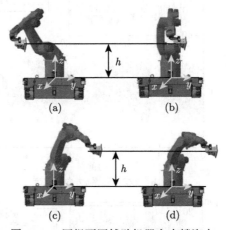

图 8.15　四组不同辅助机器人支撑姿态

除了机器人末端的姿态和高度不变外，支架相对于 AGV 的空间位置及机器人六个轴的角度均发生变化。这些变化主要是由 AGV 在地面上的移动导致的，因此当辅助机器人夹持支架时，仅存在 AGV 沿 x 和 y 两个方向平移和绕 z 方向旋转变化。其中绕 z 方向旋转主要引起辅助机器人 A1 轴的变化，而在本应用中主要考虑由 x 和 y 方向的平移带来的机器人姿态变化对系统整体刚度的影响。通过改变 AGV 在 xy 平面内的位置，获得对应的机器人姿态，并将机器人姿态代入建立的机器人动力学模型中，获得支架的铣削加工响应变化规律，如图 8.16 所示。

从图中可以看出，当 x 和 y 分别为 0.5 m 和 0 m 时，支架的加工振动响应最大，说明此姿态下辅助机器人的支撑刚性较差。以该点为中心，支架加工振动响应向四周逐渐降低, 其中当 y 逐渐减小时, 支架的振动响应先快速下降, 然后逐渐上升. 为验证辅助机器人姿态优化对支架支撑刚度的优化效果, 以表 8.6 中的机器人位姿为初始姿态进行优化, 获得优化后的机器人姿态如表 8.7 所示.

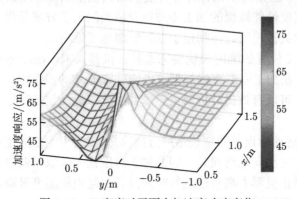

图 8.16 h 高度时平面内加速度响应变化

表 8.7   优化后辅助机器人姿态   (单位: °)

A1 轴	A2 轴	A3 轴	A4 轴	A5 轴	A6 轴
−21.729	−78.5	120.91	−264.816	36.835	231.3

优化前后支架的铣削振动加速度响应及铣削效果如图 8.17 所示, 其中优化前振动加速度为 48.03 m/s², 优化后变为 40.5 m/s². 优化前后铣削轨迹的表面粗糙度分别为 Ra 1.62 和 Ra 1.02, 证明通过优化辅助机器人的姿态可以有效提升辅助机器人支撑系统的刚度, 从而降低支架的加工振动.

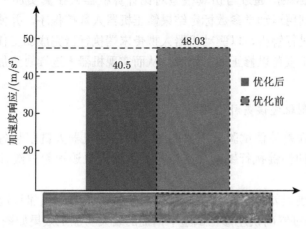

图 8.17   辅助机器人姿态优化前后的铣削结果

8.2.3 航天类铝锭样件机器人铣削

本节采用第 7 章提出的刚度性能最优的机器人误差补偿方法,针对 310 mm×
210 mm×30 mm 的某航空铝锭样件开展机器人铣削加工应用研究。在铣削加工
过程中,选定刚度性能较优的加工姿态以及适当的工艺方案是保证加工稳定性并
降低加工误差的关键,因此,制定了以下铣削加工策略。

(1) 目标加工位置的刚度最优姿态选择。机器人末端刚度随机器人加工姿态
的变化而变化,在加工姿态离线规划阶段通过第 5 章的姿态优化方法完成加工任
务姿态的优选,可以有效提升机器人笛卡儿刚度,提高加工稳定性并一定程度上
降低轨迹误差。

(2) 基于非运动学误差的轨迹运动方向选择。由于齿轮间隙影响,机器人各关
节往复运动会产生反向运动误差,因此加工时应优先采取单向进给;此外加工轨
迹不宜过长,防止机器人高负载运行时间过长引起电机温度升高,影响运动控制
精度。因此需合理选择加工区域,尽量缩短加工时间。

(3) 切削工艺参数与切削方式的优选。铣削力大小受主轴转速、切削深度、切
削宽度和进给速度等工艺参数影响,通过控制切削参数可以降低加工载荷,从而
减小轨迹偏差。因此,本书选取高转速、小切宽度、低进给的切削参数。对于铣
削等连续轨迹加工,顺铣与逆铣的选择也是影响切削表面质量与精度的重要因素,
逆铣的效率较高,但产品的表面粗糙度较大,刀具磨损较为严重,因此在加工过
程中应尽可能采用顺铣加工。

机器人铣削系统的工作流程如图 8.18 所示。首先,在离线编程软件平台下,
完成产品工艺信息提取、加工轨迹 (包括运动路径与加工姿态) 与工艺规划,通
过仿真环境校验得到可供集成控制系统使用的数控代码;其次,测量加工产品
的真实产品坐标系,通过与仿真模型对比计算机器人在真实加工环境下的实际
位姿;随后,利用运动学参数标定结果修正机器人数控程序,并使用集成控制系
统对数控程序进行解析,以驱动机器人携带末端执行器完成加工任务;最后,通
过在线感知加工载荷以修正加工轨迹,从而实现机器人连续轨迹加工任务的精确
执行。

1. 直线铣削轨迹误差补偿试验

铣削轨迹误差补偿试验采用如图 8.3 所示的机器人铣削装备,通过对利用
夹板固定装夹的铝锭执行铣削加工以开展机器人轨迹误差分级补偿策略的应用
验证。

在直线轨迹误差补偿试验中共规划三条加工轨迹,相邻轨迹之间的距离为
6 mm,直线轨迹铣削误差修正试验中铝锭的装夹与加工效果如图 8.19 所示。本
节针对虚线框中的单条直线轨迹分析误差补偿效果。利用激光跟踪仪的空间连续

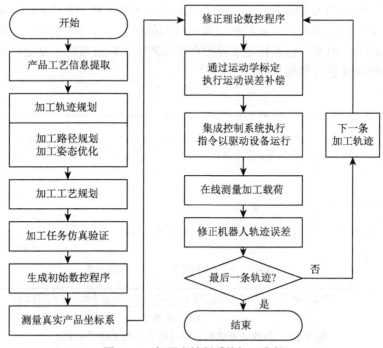

图 8.18　机器人铣削系统加工流程

图 8.19　直线铣削加工轨迹

扫描模式测量机器人直线铣削轨迹在基坐标系下的位置信息，机器人基坐标系下补偿前各向轨迹误差的分布如图 8.20 所示。由图 8.20 可以看出，持续的刀具径

向切削力导致 x 与 y 轴的加工位置误差表现出明显的累积与扩大,其中 y 向的变形明显大于 x 向。当机器人运动轨迹与机器人基坐标系 y 轴平行时,y 向的加工误差影响较小,但是坐标系标定误差的存在导致加工轨迹实际上是空间斜线,因此需对轨迹误差进行预测与补偿。

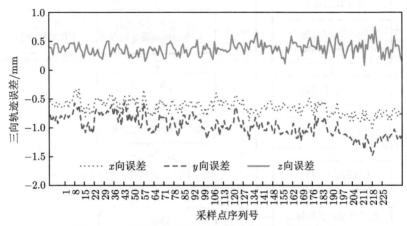

图 8.20   直线轨迹铣削补偿前的各向加工误差分布

在加工过程中通过六维力传感器对三向切削载荷实时测量,为便于观察载荷和轨迹误差变化趋势的关系,将力传感器坐标系下的测量结果转换到机器人基坐标系 {Base} 下,机器人末端所受载荷与经卡尔曼滤波处理的切削载荷如图 8.21 ～图 8.24 所示,可以观察到切削载荷与对应加工任务的匹配关系:经过滤波处理的切削载荷值基本都为单向力,其中 x 轴与 y 轴方向的所受载荷为负,z 向所受载荷为正,分别与加工载荷造成的位移方向一致。

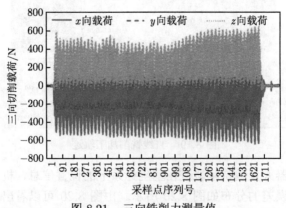

图 8.21   三向铣削力测量值

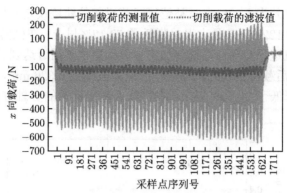

图 8.22 x 方向的铣削力与滤波处理结果

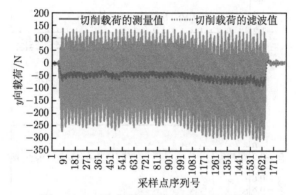

图 8.23 y 方向的铣削力与滤波处理结果

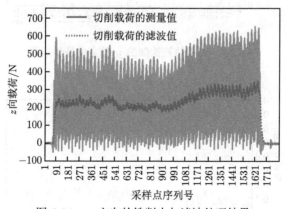

图 8.24 z 方向的铣削力与滤波处理结果

利用提出的轨迹误差修正策略开展轨迹修正试验,结果如图 8.25∼ 图 8.27 所示。在机器人基坐标系的 x 轴方向,补偿前轨迹误差在铣削加工任务结束位置附近达到最大, 最大误差为 1.008 mm, 补偿后载荷引起的轨迹误差的最大值降到 0.281 mm, 平均误差 0.122 mm, 最大误差降低了 72.12％以上; 在机器人基坐标系的 y 轴方向, 补偿前轨迹误差同样在铣削加工任务结束位置附近达到最大, 最大误差为 1.477 mm, 补偿后载荷引起的轨迹误差的最大值降到 0.336 mm, 平均误差 0.127 mm, 最大误差降低了 77.25％以上; 在机器人基坐标系的 z 轴方向的末端直线运

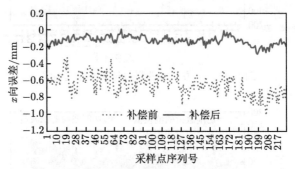

图 8.25　直线轨迹铣削的 x 轴方向补偿效果

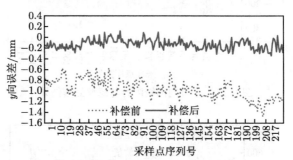

图 8.26　直线轨迹铣削的 y 轴方向补偿效果

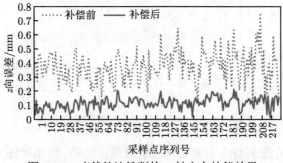

图 8.27　直线轨迹铣削的 z 轴方向补偿效果

动，补偿前后轨迹误差的最大值分别为 0.755 mm 与 0.215 mm，补偿前后轨迹误差的平均值分别为 0.374 mm 与 0.116 mm，误差最大值降低 71.52% 以上。综上所述，本书提出的分级误差预测方法可以实现机器人直线加工任务中轨迹误差的准确评估与补偿。

2. 圆弧铣削轨迹误差补偿试验

为验证机器人对圆弧铣削轨迹误差的补偿效果，在铝锭表面开展圆弧加工试验。在试验中共完成四条圆弧切削轨迹的加工试验，圆弧 1 和圆弧 2 是相同的工况，即以 30 mm 为半径的双侧切削，圆弧 3 与圆弧 4 的切削是在圆弧 2 基础上的单侧切削，切削轨迹半径分别为 36 mm 与 24 mm，规划的圆轨迹及切削效果如图 8.28 所示，所选择的工艺参数如表 8.8 所示。

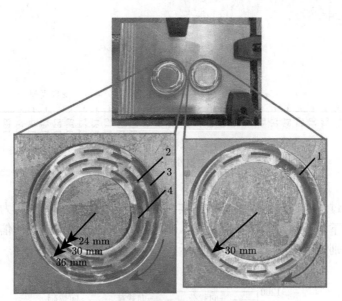

图 8.28　圆弧铣削加工轨迹

表 8.8　圆弧轨迹铣削试验工艺参数

工艺参数	参数值
主轴转速/(r/min)	4000
进给速度/(mm/min)	100
切深/mm	1
铣刀直径/mm	8
齿数	3
铣削方向	顺时针

　　在激光跟踪仪的空间连续扫描模式下测量机器人圆弧铣削轨迹在基坐标系下的位置信息，圆弧轨迹 1 补偿前各向轨迹误差的分布如图 8.29 所示。其中，x 轴方向的加工误差呈现出与象限相关的分布情况，y 轴的方向载荷引起的误差整体呈现正弦分布，不同于直线加工任务，两个方向的加工误差均需估计与补偿以保证加工圆的成型精度。此外，z 向的加工误差是垂直加工平面朝外的加工载荷的反作用力造成的，受到加工轨迹的位置影响较小，因此该向误差分布较为平稳。

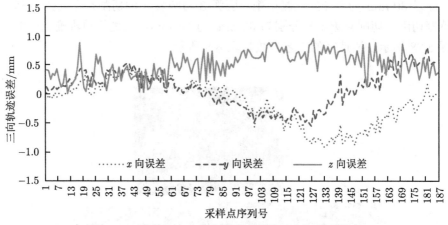

图 8.29　圆弧轨迹 1 铣削补偿前的各向加工误差分布

　　在加工过程中通过六维力传感器实时测量三向的切削载荷，将力传感器坐标系 {Force} 下的测量结果转换到机器人基坐标系下，所得三向载荷信息与卡尔曼滤波结果分别如图 8.30 ~ 图 8.33 所示。

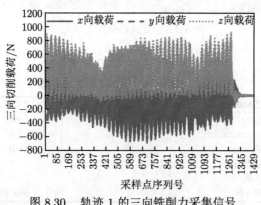

图 8.30　轨迹 1 的三向铣削力采集信号

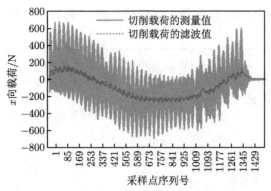

图 8.31 x 方向的铣削力采集及滤波处理结果 (一)

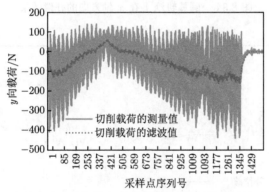

图 8.32 y 方向的铣削力采集及滤波处理结果 (一)

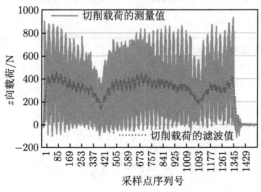

图 8.33 z 方向的铣削力采集及滤波处理结果 (一)

利用本书提出的分级误差修正策略开展圆弧轨迹修正试验, 试验结果如

图 8.34 ～ 图 8.36 所示。在机器人基坐标系的 x 轴方向，补偿前最大轨迹误差

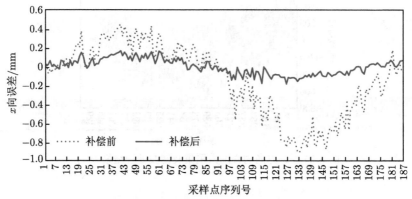

图 8.34　圆弧轨迹 1 在 x 轴方向的补偿效果

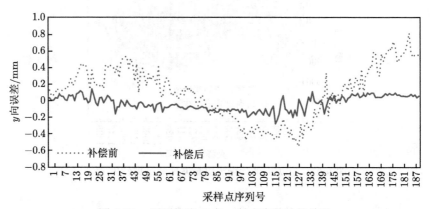

图 8.35　圆弧轨迹 1 在 y 轴方向的补偿效果

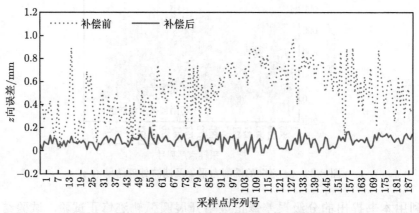

图 8.36　圆弧轨迹 1 在 z 轴方向的补偿效果

为 0.908 mm，补偿后轨迹误差的最大值降到 0.185 mm，降低了 79.63% 以上；在 y 轴方向轨迹误差补偿前最大值为 0.818 mm，补偿后最大误差降到 0.278 mm，降低了 66.01% 以上；在 z 轴方向补偿前后轨迹误差最大值分别为 0.967 mm 与 0.201 mm，误差降低了 79.21% 以上，补偿后各向误差整体上降到 0.2 mm 以内。综上所述，本书提出的预测方法可以有效实现机器人在圆弧 1 加工任务中轨迹误差的精确评估与补偿。圆弧轨迹 2 的加工状况与误差分布和轨迹 1 基本一致，因此不再进一步阐述。

圆弧轨迹 3 与轨迹 4 分别是在轨迹 2 的基础上，通过调整切削圆半径对轨迹 2 切削所得圆槽的两侧进行单侧铣削。通过六维力传感器对三向的切削载荷进行实时测量，并将测量结果转换到机器人基坐标系下，可得三向载荷信息与卡尔曼滤波结果分别如图 8.37 ~ 图 8.44 所示。

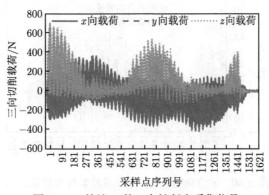

图 8.37 轨迹 3 的三向铣削力采集信号

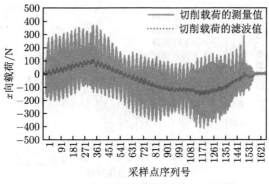

图 8.38 x 方向的铣削力采集及滤波处理结果 (二)

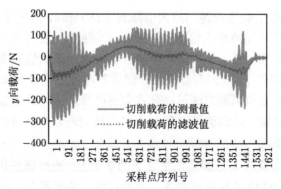

图 8.39 y 方向的铣削力采集及滤波处理结果 (二)

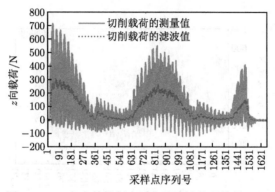

图 8.40 z 方向的铣削力采集及滤波处理结果 (二)

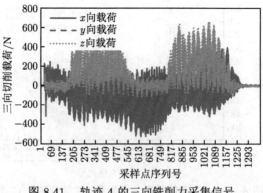

图 8.41 轨迹 4 的三向铣削力采集信号

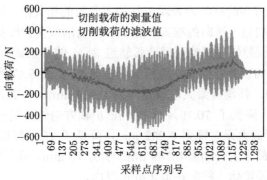

图 8.42 x 方向的铣削力采集及滤波处理结果 (三)

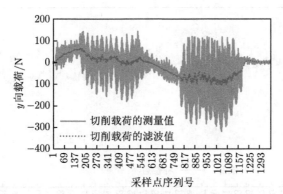

图 8.43 y 方向的铣削力采集及滤波处理结果 (三)

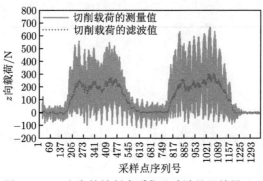

图 8.44 z 方向的铣削力采集及滤波处理结果 (三)

比较圆弧轨迹的切削力测量结果可以发现，轨迹 1、2 的三向切削载荷整体上等于轨迹 3、4 的三向切削载荷之和，其中 x 方向的铣削力采集信号表现出相同的变化趋势，y、z 方向的铣削力表现出与加工象限的相关性，局部载荷分布不规则的情况可能与末端加工法向的准确性相关。在切削载荷在线测量的基础上，利用本书提出的分级误差修正策略开展圆弧轨迹 3、4 的修正试验。

圆弧轨迹 3 各向误差补偿的试验结果如图 8.45 ~ 图 8.47 所示，在机器人基坐标系的 x 轴方向，补偿前最大轨迹误差为 0.944 mm，补偿后轨迹误差的最大值降到 0.276 mm，降低了 70.76% 以上；在 y 轴方向轨迹误差补偿前最大值为 1.019 mm，补偿后最大误差降到 0.252 mm，降低了 75.27% 以上；在 z 轴方向补偿前后轨迹误差最大值分别为 0.789 mm 与 0.170 mm，误差降低了 78.45% 以上，补偿后各向误差整体上控制在 0.2 mm 以内。

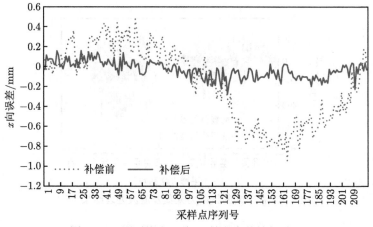

图 8.45　圆弧轨迹 3 在 x 轴方向的补偿效果

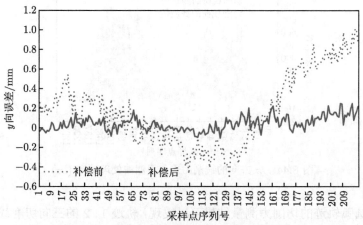

图 8.46　圆弧轨迹 3 在 y 轴方向的补偿效果

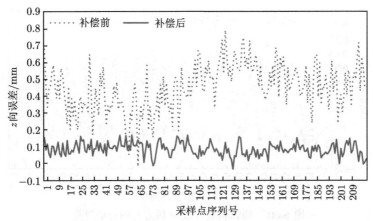

图 8.47 圆弧轨迹 3 在 z 轴方向的补偿效果

圆弧轨迹 4 各向误差补偿的试验结果如图 8.48 ~ 图 8.50 所示，在机器人基

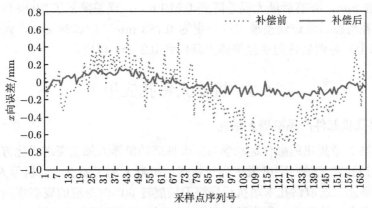

图 8.48 圆弧轨迹 4 在 x 轴方向的补偿效果

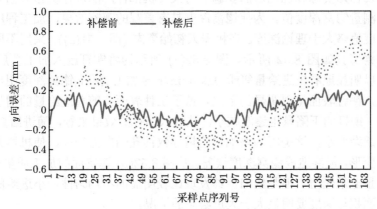

图 8.49 圆弧轨迹 4 在 y 轴方向的补偿效果

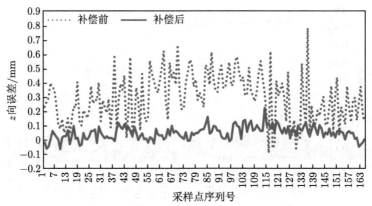

图 8.50   圆弧轨迹 4 在 z 轴方向的补偿效果

坐标系的 x 轴方向，补偿前最大轨迹误差为 0.865 mm，补偿后轨迹误差的最大值降到 0.194 mm，误差降低了 77.57% 以上；在 y 轴方向轨迹误差补偿前最大值为 0.747 mm，补偿后最大误差降到 0.219 mm，误差降低了 70.68% 以上；在 z 轴方向补偿前后轨迹误差最大值分别为 0.783 mm 与 0.224 mm，误差降低了 71.39% 以上，补偿后各向误差整体上降低到 0.2 mm 以内。

8.3   机器人钻孔应用

8.3.1   某飞机部件产品机器人钻孔

根据第 5 章提出的融合运动学与刚度性能的机器人加工姿态优化方法，以机器人末端钻孔加工轴向刚度最优为目标优化机器人加工姿态。以机器人 HOME 点为初始姿态，选取钻孔末端执行器绕刀轴旋转 60° 时对应的姿态作为优化钻孔姿态。机器人初始姿态与优化后加工姿态的对比结果如图 8.51 所示。

分别在初始姿态和优化后的姿态下对某飞机部件产品进行机器人钻孔、锪窝加工，并测量锪窝深度值。为使锪窝深度具有直观的观察效果，加工程序中设定的锪窝深度值略大于理论深度。在机器人初始姿态 (图 8.51(a))，采用不同的进给量得到的锪窝孔如图 8.52 所示。图 8.52(a) 所示为将铆钉放入加工孔后的效果，从图中可以明显地看出进给量等于 0.05 mm/r 时加工的孔，锪窝深度明显高于其他进给量，铆钉表面呈现明显的下陷，低于工件表面。随着进给量的增加，窝深逐渐变浅，铆钉的下陷量也逐渐减小。从放入铆钉的效果来看，随进给量的增加，锪窝深度逐渐变小，这是因为增加进给量导致钻孔轴向力变大，使机器人产生更大的后退变形，最终造成锪窝深度误差。从图 8.52(b) 锪窝面的加工质量来看，表面加工质量非常光滑，但是依旧能够发现比较明显的不均匀性，小进给的情况下锪窝面的面积与深度要明显大于大进给量的情况。

(a) 初始加工姿态　　　　　　　　　　　(b) 优化后的加工姿态

图 8.51　优化前后加工姿态对比

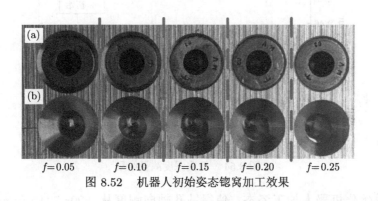

$f=0.05$　　　$f=0.10$　　　$f=0.15$　　　$f=0.20$　　　$f=0.25$

图 8.52　机器人初始姿态锪窝加工效果

　　在机器人优化姿态下 (图 8.51(b))，采用不同的进给量得到的锪窝孔如图 8.53 所示。如图 8.53(a) 所示，将铆钉放入锪窝孔后，铆钉表面与工件表面具有良好的平整度，没有出现明显的下陷或凸起。观察锪窝孔 (图 8.51(b))，加工质量明显优于初始姿态下的孔，无论进给量增加与否，锪窝表面都具有良好的一致性。

　　两个机器人姿态下，锪窝深度的测量结果如图 8.54 所示。无论初始姿态还是优化姿态，锪窝深度值都随着进给量的增加而减小，这与前面内容的分析是吻合的，说明机器人轴向刚度确实会导致锪窝深度误差。采用机器人优化姿态进行加工，相同的进给量水平下优化姿态加工的窝深明显高于初始姿态。由此说明，通过优化机器人加工姿态确实能够起到改善锪窝深度精度的效果。初始姿态下窝深值随进给量下降曲线的斜率明显高于优化姿态的曲线，如图 8.54 所示，进一步说明优化后的机器人姿态对于轴向加工载荷具有更好的耐受性，容易获得尺寸稳定锪窝深度值，有利于保证加工质量的稳定性。

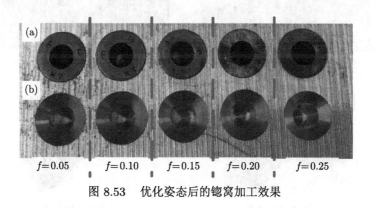

图 8.53   优化姿态后的锪窝加工效果

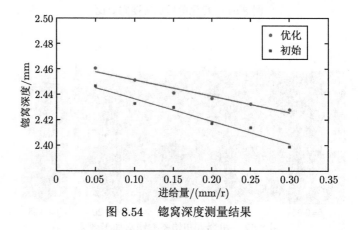

图 8.54   锪窝深度测量结果

通过优化机器人加工姿态，使得钻孔轴向刚度从 2208.73 N/mm 提高到 2553.82 N/mm，轴向刚度得到了显著提高。由此，提升了机器人的加工性能，使得机器人对钻孔轴向载荷具有更好的耐受性。对于加工装备而言，良好的刚度性能为工艺参数的选取提供了更大的范围。在初始姿态与优化姿态下分别对机器人末端施加三组不同大小的压紧力并测量刀具轴线法向的变化，结果如表 8.9 所示。优化姿态下的加工法向偏差明显低于初始姿态，说明通过优化机器人加工姿态不仅能够提高锪窝深度精度，还能够提高机器人抵抗姿态变形的能力，有助于提升钻孔法向精度。

表 8.9　法向偏差对比

压紧力/N	法向偏差/(°)	
	初始姿态	优化姿态
1000	0.0454	0.0234
2000	0.1058	0.0538
3000	0.1659	0.0832

　　该方法成功应用于某型教练机翼面类部件高精度钻孔，如图 8.55 所示，钻孔精度达到 H8，锪窝精度达到 0.05 mm。

图 8.55　某型教练机翼面类部件高精度钻孔

8.3.2　某飞机部件叠层材料机器人钻孔

　　为了验证第 5 章提出的运动学与刚度性能最优的机器人姿态优化方法对钻孔刚度提升的有效性，本节开展机器人叠层材料钻孔加工研究。选用的叠层材料分别是 7075-T651 型与 2024-T3 型铝合金试板，均为 4 mm 厚度，叠层总厚度为8 mm，利用专用工装夹具来固定试板并针对实际可加工范围各规划了 15 个待钻孔位，对优化前后的机器人姿态分别开展钻孔加工，结果如图 8.56 所示。

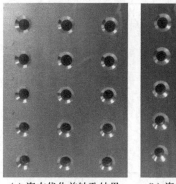

(a) 姿态优化前钻孔结果　　　　(b) 姿态优化后钻孔结果

图 8.56　机器人姿态优化前后的钻孔结果

通过三坐标测量仪测量得出所钻孔位的径向精度，并将机器人姿态优化前后的钻孔结果进行对比分析，如图 8.57 所示。

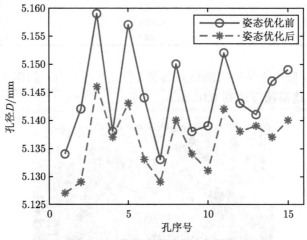

图 8.57　机器人钻孔的孔径结果

从图 8.57 可以看出，姿态优化前机器人钻孔的孔径范围为 [5.133 mm，5.159 mm]，平均值为 5.145 mm，最大偏差为 0.026 mm，标准差为 0.00756 mm。姿态优化后，机器人钻孔的孔径范围为 [5.127 mm，5.146 mm]，平均值为 5.136 mm，最大偏差为 0.017 mm，标准差为 0.00546 mm。由此可见，姿态优化后机器人钻孔精度优于姿态优化前的钻孔结果，特别是孔径偏差明显减小，孔径波动偏差也稍有改善。这表明，优化机器人的钻孔加工姿态能够提升孔径精度。

利用激光显微镜测得叠层铝板的层间毛刺，包括上层铝板出口毛刺和下层铝板入口毛刺，结果如图 8.58 和图 8.59 所示。叠层钻孔层间毛刺数据统计如表 8.10 所示。

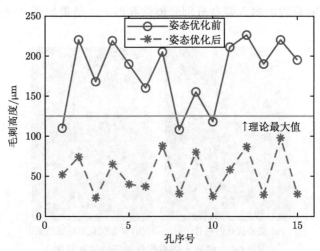

图 8.58　机器人叠层钻孔上层出口毛刺高度

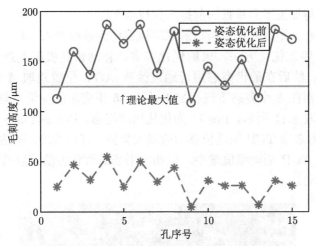

图 8.59　机器人叠层钻孔下层入口毛刺高度

表 8.10　叠层钻孔层间毛刺的统计数据

毛刺位置	试验方法	毛刺区间/μm	平均值/μm	标准差/μm
上层出口	姿态优化前	[108.136, 226.231]	179.667	39.953
	姿态优化后	[23.327, 98.264]	54.354	25.516
下层入口	姿态优化前	[109.018, 187.128]	151.639	27.048
	姿态优化后	[4.768, 55.949]	30.697	13.568

可以看出,机器人钻孔姿态优化后,叠层材料层间毛刺高度要远优于姿态优化前钻孔的层间毛刺高度,且均优于航空制造业叠层钻孔的层间毛刺高度的理论最大值 125 μm。

综上所述,优化机器人的钻孔姿态能够提升机器人钻孔的孔径精度,并能够抑制钻孔毛刺的产生,证明了姿态优化对机器人钻孔质量提升的有效性。

8.3.3　航天类铝合金产品移动机器人钻孔

为验证第 6 章的移动钻孔机器人动力学加工姿态优化方法的有效性,进行实际钻孔加工试验。针对产品上一组待加工孔对移动钻孔机器人加工姿态进行优化,得到最优加工姿态;同时选取 4 个随机姿态,在这 5 个姿态下进行钻孔试验,测量末端执行器振动响应以及钻孔质量。

选取一组横向排布、孔间距均为 8 mm、孔径为 $\phi 4.2$ mm、锪窝深度为 1.8 mm 的 10 个钻锪一体的待加工孔。机器人动力学性能在笛卡儿空间的一定加工范围内具有连续性,因此在实际加工中对于一组待加工孔,可选择其特征位置作为加工姿态优化的目标位置,这样可提高姿态优化效率,更符合实际加工需求。故本试验选取 10 个加工孔分布的中心位置当作优化输入的末端位置,末端姿态则选取在刀具轴向与加工平面垂直的前提下保持水平。

　　将钻孔力和力矩以及加工所需的末端位姿作为系统输入，利用本书的移动钻孔机器人加工姿态优化方法，求解优化姿态。移动钻孔机器人最优加工姿态如图 8.60 所示。然后在最优姿态附近通过改变 AGV 位置选取 4 组随机姿态作为对照组，分别在 5 个姿态下进行加工试验，5 组姿态的变量值与末端 TCP 振动位移响应如表 8.11 所示。Pos.1* 为优化出的姿态，Pos.2~Pos.5 为随机选取的对照姿态，v 为末端 TCP 振动位移响应最大幅值。可以看出，在钻孔力作用下最优姿态的末端 TCP 振动幅值最小，说明本书姿态优化方法可以有效抑制钻孔过程中产生的振动。

图 8.60　移动钻孔机器人最优加工姿态

　　同时评价每个姿态下的钻孔质量，探究加工姿态优化对加工质量的提升效果。Pos.1*~Pos.5 下的部分钻孔质量结果如图 8.61 所示。测量每个姿态下各孔的孔径和锪窝深度，结果如图 8.62 所示。可以看出，最优姿态下机器人制得的孔锪窝表面无明显刀痕，更为光洁，而且出口毛刺高度也有所降低。此外，与对照组相比，经过姿态优化后加工孔的孔径和锪窝深度均更接近理论值，且上下偏差更小，说明通过优化加工姿态可以显著提高钻孔过程中末端稳定性，从而提高钻孔质量和精度。

表 8.11　试验验证的 5 组加工姿态和响应

姿态编号	$\theta_1/(°)$	$\theta_2/(°)$	$\theta_3/(°)$	$\theta_4/(°)$	$\theta_5/(°)$	$\theta_6/(°)$	θ_7/mm	θ_8/mm	v/mm
1*	2.880	−48.157	50.601	−1.748	92.648	2.792	1550	455	0.156
2	3.295	−63.314	76.589	−1.727	81.835	3.530	1250	455	0.432
3	9.973	−46.081	46.737	−1.109	94.614	9.847	1550	155	0.640
4	−4.703	−47.854	50.041	−2.405	92.630	−4.799	1550	755	0.585
5	6.881	−55.593	63.854	−1.389	86.942	6.930	1400	305	0.527

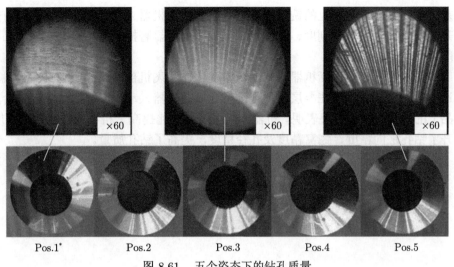

图 8.61 五个姿态下的钻孔质量

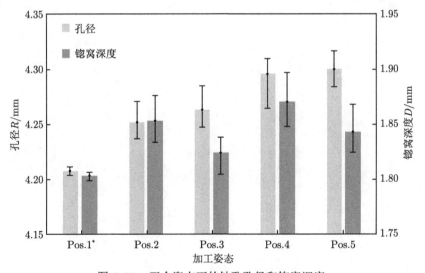

图 8.62 五个姿态下的钻孔孔径和锪窝深度

8.4 本章小结

本章以航空航天产品加工中常见的铣削和钻孔为典型代表,开展本书所提出的机器人加工系统刚度优化的应用研究。

机器人铣削应用包括机器人动力学姿态优化在铝合金支架产品上的机器人铣削、动力学姿态优化在铝合金支架上的双机器人辅助铣削以及基于变刚度模型的误差补偿在铝合金产品上的铣削。铣削结果表明，机器人姿态优化方法可以有效提升机器人加工系统的刚度、降低铣削加工振动，显著提高了铝合金支架产品的铣削轨迹精度。

　　机器人钻孔应用包括机器人辅助压紧优化在某飞机部件产品上的钻孔、机器人运动学加工姿态优化在叠层材料上的钻孔以及机器人动力学姿态优化在铝合金产品上的钻孔。钻孔结果表明，机器人加工姿态优化提高了机器人钻孔加工刚度，提升了钻孔法向精度、锪窝精度及孔径精度，提高了钻孔质量。

参 考 文 献

[1] Wan J, Cai H, Zhou K. Industrie 4.0: Enabling technologies[C]//2015 International Conference on Intelligent Computing and Internet of Things. New York: IEEE, 2015: 135-140.

[2] Cheng G J, Liu L T, Qiang X J, et al. Industry 4.0 development and application of intelligent manufacturing[C]//International Conference on Information System & Artificial Intelligence (ISAI). New York: IEEE, 2016.

[3] Wan J, Tang S, Shu Z, et al. Software-defined industrial internet of things in the context of industry 4.0[J]. IEEE Sensors Journal, 2016, 16(20): 7373-7380.

[4] 樊振中, 熊艳才. 航空先进制造技术的应用及发展趋势 [J]. 装备制造技术, 2011(11): 86-88, 91.

[5] 杜兆才, 姚艳彬, 王健. 机器人钻铆系统研究现状及发展趋势 [J]. 航空制造技术, 2015(4): 26-31.

[6] Bitar N, Gunnarsson L. Assembly analysis-fixed leading edge for Airbus A320[D]. Linköping: Linköping University, 2010.

[7] 曲巍崴, 董辉跃, 柯映林. 机器人辅助飞机装配制孔中位姿精度补偿技术 [J]. 航空学报, 2011, 32(10): 1951-1960.

[8] Guo Y, Dong H, Wang G, et al. Vibration analysis and suppression in robotic boring process[J]. International Journal of Machine Tools and Manufacture, 2016, 101: 102-110.

[9] Bi S, Jie L. Robotic drilling system for titanium structures[J]. The International Journal of Advanced Manufacturing Technology, 2011, 54(5): 767-774.

[10] 韩志仁. 大飞机数字化制造关键技术 [J]. 航空制造技术, 2016(Z1): 53-57.

[11] Lehmann C, Pellicciari M, Drust M, et al. Machining with industrial robots: The comet project approach[C]//Robotics in Smart Manufacturing. Berlin: Springer, 2013: 27-36.

[12] 沈建新, 田威. 基于工业机器人的飞机柔性装配技术 [J]. 南京航空航天大学学报, 2014, 46(2): 181-189.

[13] Garnier S, Subrin K, Waiyagan K. Modelling of robotic drilling[J]. Procedia CIRP, 2017, 58: 416-421.

[14] DeVlieg R, Sitton K, Feikert E, et al. Once (one-sided cell end effector) robotic drilling system[J]. SAE Technical Paper, 2002, 26(1): 20-38.

[15] Russell D. High-accuracy robotic drilling/milling of 737 inboard flaps[J]. SAE International Journal of Aerospace, 2011, 4(2): 1373-1379.

[16] 陈亚丽. 机器人自动钻铆系统离线任务规划方法研究 [D]. 南京: 南京航空航天大学, 2015.

[17] Moeller C, Schmidt H C, Koch P, et al. Real time pose control of an industrial robotic system for machining of large scale components in aerospace industry using laser tracker

system[J]. Sae International Journal of Aerospace, 2017, 10(2): 100-108.

[18] 郑法颖. 基于二级反馈的机器人精度补偿技术及应用 [D]. 南京: 南京航空航天大学, 2019.

[19] 康仁科, 杨国林, 董志刚, 等. 飞机装配中的先进制孔技术与装备 [J]. 航空制造技术, 2016(10): 16-24.

[20] Logemann T. Mobile robot assembly cell (race) for drilling and fastening [C]. SAE 2016 Aerospace Manufacturing and Automated Fastening Conference and Exhibition, Bremen, 2016.

[21] 郭英杰. 基于工业机器人的飞机交点孔精镗加工关键技术研究 [D]. 杭州: 浙江大学, 2016.

[22] 丰飞, 严思杰, 丁汉. 大型风电叶片多机器人协同磨抛系统的设计与研究 [J]. 机器人技术与应用, 2018(5): 16-24.

[23] 陈亚丽, 田威, 廖文和, 等. 基于 MBD 的飞机自动化装配孔工艺特征快速添加技术 [J]. 航空制造技术, 2016(Z2): 82-86.

[24] 何晓煦, 田威, 曾远帆, 等. 面向飞机装配的机器人定位误差和残差补偿 [J]. 航空学报, 2017, 38(4): 292-302.

[25] Zeng C, Tian W, Liao W H. The effect of residual stress due to interference fit on the fatigue behavior of a fastener hole with edge cracks[J]. Engineering Failure Analysis, 2016, 66: 72-87.

[26] 洪鹏, 田威. 基于构架和构件复用的飞机自动钻铆开放式数控系统 [J]. 航空精密制造技术, 2016, 52(1): 39-42.

[27] 胡坚, 田威, 廖文和, 等. 麻花钻钻削碳纤维复合材料/铝合金叠层材料的轴向力研究 [J]. 航空精密制造技术, 2016, 52(1): 30-33, 38.

[28] 肖亮. 双机器人协同自动钻铆控制方法与应用 [D]. 南京: 南京航空航天大学, 2019.

[29] Zhang L, Tian W, Li D W, et al. Design of drilling and riveting multi-functional end effector for CFRP and aluminum components in robotic aircraft assembly[J]. Transactions of Nanjing University of Aeronautics and Astronautics, 2018, 35(3): 529-538.

[30] 向勇, 田威, 洪鹏, 等. 双机器人钻铆系统协同控制与基坐标系标定技术 [J]. 航空制造技术, 2016(16): 87-92.

[31] Cen L, Melkote S N, Castle J, et al. A wireless force-sensing and model-based approach for enhancement of machining accuracy in robotic milling[J]. IEEE/ASME Transactions on Mechatronics, 2016, 21(5): 2227-2235.

[32] Zaeh M F, Roesch O. Improvement of the machining accuracy of milling robots[J]. Production Engineering, 2014, 8(6): 737-744.

[33] Olsson T, Haage M, Kihlman H, et al. Cost-efficient drilling using industrial robots with high-bandwidth force feedback[J]. Robotics and Computer-Integrated Manufacturing, 2010, 26(1): 24-38.

[34] Matsuoka S, Shimizu K, Yamazaki N, et al.High-speed end milling of an articulated robot and its characteristics[J]. Journal of Materials Processing Technology, 1999, 95(1/2/3): 83-89.

[35] Abele E, Schützer K, Bauer J, et al. Tool path adaption based on optical measurement data for milling with industrial robots[J]. Production Engineering, 2012, 6(4/5): 459-

465.

[36] Schneider U, Drust M, Ansaloni M, et al. Improving robotic machining accuracy through experimental error investigation and modular compensation[J]. The International Journal of Advanced Manufacturing Technology, 2016, 85(1/2/3/4): 3-15.

[37] Klimchik A, Pashkevich A, Chablat D, et al. Compliance error compensation technique for parallel robots composed of non-perfect serial chains[J]. Robotics and Computer Integrated Manufacturing, 2013, 29(2): 385-393.

[38] Pan Z, Hui Z, Zhu Z, et al. Chatter analysis of robotic machining process[J]. Journal of Materials Processing Technology, 2006, 173(3): 301-309.

[39] Pan Z, Zhang H. Analysis and suppression of chatter in robotic machining process[C]// International Conference on Control, Automation and Systems. New York: IEEE, 2007: 595-600.

[40] Thomson W T. Theory of Vibration with Applications[M]. London: CRC Press, 1993.

[41] Abele E, Weigold M, Rothenbücher S. Modeling and identification of an industrial robot for machining applications[J]. CIRP Annals - Manufacturing Technology, 2007, 56(1): 387-390.

[42] Chen S, Kao I. Conservative congruence transformation for joint and cartesian stiffness matrices of robotic hands and fingers[J]. The International Journal of Robotics Research, 2000, 19(9): 835-847.

[43] Dumas C, Caro S, Garnier S, et al. Joint stiffness identification of industrial serial robots[J]. Robotica, 2011, 27(4): 881-888.

[44] Zhou J, Nguyen H N, Kang H J. Simultaneous identification of joint compliance and kinematic parameters of industrial robots[J]. International Journal of Precision Engineering and Manufacturing, 2014, 15(11): 2257-2264.

[45] Slavkovic N R, Milutinovic D S, Glavonjic M M. A method for off-line compensation of cutting force-induced errors in robotic machining by tool path modification[J]. The International Journal of Advanced Manufacturing Technology, 2014, 70(9): 2083-2096.

[46] Slavkovic N R, Milutinovic D S, Kokotovic B M, et al. Cartesian compliance identification and analysis of an articulated machining robot[J]. FME Transactions, 2013, 41(2): 83-95.

[47] Klimchik A, Wu Y, Dumas C, et al. Identification of geometrical and elastostatic parameters of heavy industrial robots[C]//IEEE International Conference on Robotics and Automation. New York: IEEE, 2013.

[48] Alici G, Shirinzadeh B. Enhanced stiffness modeling, identification and characterization for robot manipulators[J]. IEEE Transactions on Robotics, 2005, 21(4): 554-564.

[49] Klimchik A, Furet B, Caro S, et al. Identification of the manipulator stiffness model parameters in industrial environment[J]. Mechanism and Machine Theory, 2015, 90: 1-22.

[50] 王玉新, 石则昌. 考虑关节刚度机器人误差响应研究 [J]. 天津大学学报, 1992(3): 8-16.

[51] 窦永磊, 汪满新, 王攀峰, 等. 一种 6 自由度混联机器人静刚度分析 [J]. 机械工程学报,

2015, 51(7): 38-44.

[52] 王友渔. 一类球坐标型混联机器人静刚度建模理论与方法研究 [D]. 天津: 天津大学, 2008.

[53] 刘本德. 基于 D-H 参数精确标定的工业机器人关节刚度辨识 [D]. 天津: 天津大学, 2014.

[54] 黄心汉. 机器人刚度的测试方法 [J]. 机器人, 1988(3): 47-52.

[55] 张永贵, 刘晨荣, 刘鹏. 6R 工业机器人刚度分析 [J]. 机械设计与制造, 2015(2): 257-260.

[56] 张永贵, 刘文洲, 高金刚. 切削加工机器人刚度模型研究 [J]. 农业机械学报, 2014, 45(8): 321-327.

[57] 李成群, 付永领, 负超, 等. 三自由度柔性砂带磨床各关节轴的刚度和角位移对机器人磨削加工轨迹的影响 [J]. 机床与液压, 2010, 38(21): 33-36.

[58] 侯鹏辉. 机器人加工系统刚度性能优化研究 [D]. 杭州: 浙江大学, 2013.

[59] 曲巍崴, 侯鹏辉, 杨根军, 等. 机器人加工系统刚度性能优化研究 [J]. 航空学报, 2013, 34(12): 2823-2832.

[60] Guo Y, Dong H, Ke Y. Stiffness-oriented posture optimization in robotic machining applications[J]. Robotics and Computer Integrated Manufacturing, 2015, 35: 69-76.

[61] 戴孝亮. 工业机器人运动学标定及刚度辨识的研究 [D]. 广州: 华南理工大学, 2013.

[62] 韩书葵, 方跃法, 槐创锋. 4 自由度并联机器人刚度分析 [J]. 机械工程学报, 2006, 42(S1): 31-34.

[63] 陈伟海, 陈竞圆, 崔翔, 等. 绳驱动拟人臂机器人的刚度分析和优化 [J]. 华中科技大学学报 (自然科学版), 2013, 41(2): 12-16.

[64] 郭江真, 王丹, 樊锐, 等. 3PRS/UPS 冗余驱动并联机器人刚度特性分布 [J]. 北京航空航天大学学报, 2014, 40(4): 500-506.

[65] Kurazume R, Hasegawa T. A new index of serial-link manipulator performance combining dynamic manipulability and manipulating force ellipsoids[J]. IEEE Transactions on Robotics, 2006, 22(5): 1022-1028.

[66] Kim C J, Moon Y M, Kota S. A building block approach to the conceptual synthesis of compliant mechanisms utilizing compliance and stiffness ellipsoids[J]. Journal of Mechanical Design, 2008, 130(2): 284-284.

[67] Hardeman T, Aarts R, Jonker B. Modelling and identification of robots with joint and drive flexibilities[J]. Solid Mechanics and Its Applications, 2005, 130: 173-182.

[68] 陈勉. 前后大臂偏置式七自由度工业机器人本体设计与仿真优化 [D]. 杭州: 浙江大学, 2016.

[69] 管贻生, 邓休, 李怀珠, 等. 工业机器人的结构分析与优化 [J]. 华南理工大学学报 (自然科学版), 2013, 41(9): 126-131.

[70] 王若宇. 基于小六轴工业机器人的动力学仿真及结构优化设计 [D]. 厦门: 厦门大学, 2017.

[71] 费少华, 方强, 孟祥磊, 等. 基于压脚位移补偿的机器人制孔锪窝深度控制 [J]. 浙江大学学报 (工学版), 2012, 46(7): 1157-1161, 1181.

[72] Zhang J, Liao W, Bu Y, et al. Stiffness properties analysis and enhancement in robotic drilling application[J]. The International Journal of Advanced Manufacturing Technology, 2020, 106: 5539-5558.

[73] 李夏. 机器人自动化螺旋铣制孔过程压脚压紧力优化 [D]. 杭州: 浙江大学, 2015.

[74] 布音. 工业机器人精密制孔系统刚度特性研究 [D]. 南京: 南京航空航天大学, 2017.

[75] Bu Y, Liao W, Tian W, et al. Stiffness analysis and optimization in robotic drilling application[J]. Precision Engineering, 2017, 49: 388-400.

[76] Albu-Schffer A, Hirzinger G. Cartesian impedance control techniques for torque controlled light-weight robots[C]//IEEE International Conference on Robotics and Automation. New York: IEEE, 2002: 657-663.

[77] Chávez-Olivares C, Reyes-Cortés F, González-Galván E. On stiffness regulators with dissipative injection for robot manipulators[J]. International Journal of Advanced Robotic Systems, 2015, 12(6): 1-15.

[78] 汪选要, 曹毅, 黄真. 冗余并联柔索机器人变刚度控制的研究 [J]. 机械设计与制造, 2014,(4): 111-113.

[79] 尹鹏, 李满天, 查富生, 等. 基于解耦线性化的变刚度关节动态刚度辨识 [J]. 机器人, 2015, 37(5): 522-528.

[80] 郑威. 机器人变刚度柔性关节动态特性与控制方法研究 [D]. 徐州: 中国矿业大学, 2019.

[81] 孟西闻. 变刚度柔性关节的动态刚度辨识和控制方法研究 [D]. 哈尔滨: 哈尔滨工业大学, 2014.

[82] Farley C T, González O. Leg stiffness and stride frequency in human running[J]. Journal of Biomechanics, 1996, 29(2): 181-186.

[83] 田威, 戴家隆, 周卫雪, 等. 附加外部轴的工业机器人自动钻铆系统分站式任务规划与控制技术 [J]. 中国机械工程, 2014, 25(1): 23-27.

[84] Vosniakos G C, Matsas E. Improving feasibility of robotic milling through robot placement optimisation[J]. Robotics and Computer-Integrated Manufacturing, 2010, 26(5): 517-525.

[85] Andres J, Gracia L, Tornero J. Implementation and testing of a CAM postprocessor for an industrial redundant workcell with evaluation of several fuzzified redundancy resolution schemes[J]. Robotics and Computer-Integrated Manufacturing, 2012, 28(2): 265-274.

[86] Slamani M, Gauthier S, Chatelain J F. A study of the combined effects of machining parameters on cutting force components during high speed robotic trimming of CFRPs[J]. Measurement, 2015, 59: 268-283.

[87] Angeles J. Fundamentals of Robotic Mechanical Systems: Theory, Methods, and Algorithms[M]. Berlin: Springer, 2007.

[88] Pei J, Cheng J. Optimization of force directional manipulability of dexterous robot hand[C]//2010 International Conference on System Science, Engineering Design and Manufacturing Informatization. New York: IEEE, 2010: 226-229.

[89] Friedman J, Flash T. Task-dependent selection of grasp kinematics and stiffness in human object manipulation[J]. Cortex, 2007, 43(3): 444-460.

[90] Zargarbashi S, Khan W, Angeles J. Posture optimization in robot-assisted machining operations[J]. Mechanism and Machine Theory, 2012, 51: 74-86.

[91] Sabourin L, Subrin K, Cousturier R, et al. Redundancy-based optimization approach to

optimize robotic cell behaviour: Application to robotic machining[J]. Industrial Robot, 2015, 42(2): 167-178.

[92] He X, Li W, Yin Z. Posture optimization based on both joint parameter error and stiffness for robotic milling[C]//International Conference on Intelligent Robotics and Applications. Berlin: Springer, 2018.

[93] Xiong G, Ding Y, Zhu L M. Stiffness-based pose optimization of an industrial robot for five-axis milling[J]. Robotics and Computer-Integrated Manufacturing, 2019, 55: 19-28.

[94] Ajoudani A, Tsagarakis N G, Bicchi A. On the role of robot configuration in cartesian stiffness control[C]//2015 IEEE International Conference on Robotics and Automation (ICRA). New York: IEEE, 2015: 1010-1016.

[95] Hartenberg R, Danavit J. Kinematic Synthesis of Linkages[M]. New York: McGraw-Hill, 1964.

[96] 张玄辉. 工业机器人刚度的辨识方法与性能分析 [D]. 武汉: 华中科技大学, 2009.

[97] 郭沛霖. 机器人用 RV 减速器动态传动精度分析 [D]. 重庆: 重庆大学, 2017.

[98] 孟聪. RV 减速器动力学特性分析 [D]. 天津: 天津大学, 2016.

[99] 陈川. RV 减速器静力学与动力学研究 [D]. 天津: 天津大学, 2017.

[100] 吕明帅. RV 减速器传动特性的仿真与试验研究 [D]. 哈尔滨: 哈尔滨工业大学, 2016.

[101] 陈启军, 王月娟, 李自育, 等. 避免关节限制的机器人冗余分解方法 [J]. 同济大学学报 (自然科学版), 2000,(1): 41-45.

[102] Zargarbashi S, Khan W, Angeles J. The Jacobian condition number as a dexterity index in 6r machining robots[J]. Robotics and Computer-Integrated Manufacturing, 2012, 28(6): 694-699.

[103] Yoshikawa T. Foundations of Robotics: Analysis and Control[M]. Cambridge: MIT Press, 1990.

[104] Rui X T, Zhang J S, Zhou Q B. Automatic deduction theorem of overall transfer equation of multibody system[J]. Advances in Mechanical Engineering, 2014,(2): 1-12.

[105] 芮筱亭, 贠来峰, 陆毓琪, 等. 多体系统传递矩阵法及其应用 [M]. 北京: 科学出版社, 2008.

[106] 刘红石. Rayleigh 阻尼比例系数的确定 [J]. 噪声与振动控制, 1999,(6): 21-22.

[107] 刘红石. 相对误差与 Rayleigh 阻尼比例系数的确定 [J]. 湖南工程学院学报 (自然科学版), 2001,(Z1): 36-38.